U0254299

国家科学技术学术著作出版基金资助出版

纳米增强体有序组装三维结构陶瓷基复合材料

Orderly Assembly by Nano-reinforcement of 3D Structured Ceramic Matrix Composites

梅 辉 成来飞 张立同 著

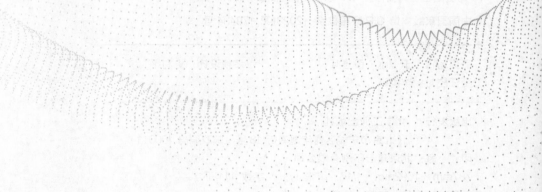

 化学工业出版社

·北京·

内容简介

微观上纳米增强体是以 3D 网络形式存在于陶瓷基体中的，宏观上可以是不同形式的存在，比如纤维、薄膜（纸）以及各种 3D 组装体等，除能极大改善陶瓷力学性能之外，其有序结构还可导通纳米增强体，提高其功能性。本书以纳米增强体有序组装陶瓷基复合材料为研究对象，旨在通过多种方式将纳米增强体有序组装 3D 网络引入陶瓷基体中，并研究纳米增强体的组装网络对陶瓷基复合材料强韧性的影响及其作用机制，从而解决轻量化复杂陶瓷结构强韧化问题。

本书的出版将为陶瓷基复合材料专业的师生和相关科研院所的研究人员以及生产设计人员提供有益参考。

图书在版编目（CIP）数据

纳米增强体有序组装三维结构陶瓷基复合材料 / 梅辉，成来飞，张立同著. —北京：化学工业出版社，2023. 10

ISBN 978-7-122-44221-5

Ⅰ. ①纳… Ⅱ. ①梅…②成…③张… Ⅲ. ①纳米材料-陶瓷复合材料-研究 Ⅳ. ①TB383②TQ174. 75

中国国家版本馆 CIP 数据核字（2023）第 179434 号

责任编辑：于 水 段志兵 装帧设计：史利平
责任校对：李雨晴

出版发行： 化学工业出版社
（北京市东城区青年湖南街 13 号 邮政编码 100011）
印 装：北京建宏印刷有限公司
787mm×1092mm 1/16 印张 17¾ 字数 441 千字
2023 年 10 月北京第 1 版第 1 次印刷

购书咨询：010-64518888 售后服务：010-64518899
网 址：http://www.cip.com.cn
凡购买本书，如有缺损质量问题，本社销售中心负责调换。

定 价：128.00 元 版权所有 违者必究

连续纤维增韧补强碳化硅陶瓷基复合材料（continuous fiber-reinforced SiC ceramic matrix composites，CFCC-SiC）具有耐高温、强韧、轻质等优异特点，是发展高超声速飞行器和高推重比航空发动机等国家战略装备的核心热结构材料。20 世纪 80 年代以来，以法国、美国为代表的发达国家通过各种国家计划发展 CFCC-SiC，并成功应用于航空、航天等领域，是其国防战略的重要支撑。20 世纪 90 年代至今，西北工业大学超高温结构复合材料重点实验室张立同院士团队自主发展了以化学气相渗透（chemical vapor infiltration，CVI）工艺为主的 CFCC-SiC 制备技术，实现了工程化应用，发展了多种强韧化理论、复合材料自愈合理论，填补了我国本领域多项研究空白。

近年来，航空航天飞行器等国家战略装备的快速发展对 CFCC-SiC 提出了更高的要求，比如抗弯能力，抗分层能力，优异的电磁波吸收、屏蔽能力，制备复杂异形件等。因此，在此基础上利用一些纳米增强体对 CFCC-SiC 进行二次增强、增韧、改性等成为了一大研究方向。纳米增强体，如碳纳米管（carbon nanotube，CNT）、SiC 纳米线（SiC nanowire，SiCnw）、Si_3N_4 纳米线（Si_3N_4 nanowire，Si_3N_4nw）、SiC 晶须（SiC whisker，SiCw）等一维纳米材料具有优异的力学与功能性能，已在诸多领域得到广泛应用，作为增强体、改性剂引入到陶瓷、树脂、金属等基体中，可改善复合材料力学、电磁、热学等性能。

笔者作为张立同院士团队核心成员，目前仍致力于 CFCC-SiC 基础研究、工程化应用、装备考核等研究，并在此基础上扩展至纳米增强体强韧化陶瓷基复合材料领域。近十年的研究发现，传统方法将纳米增强体引入到陶瓷基体中存在诸多问题，比如体积分数低、界面结合差和不易分散等，因此开发了纳米增强体有序组装三维结构强韧化新方法，纳米增强体与纤维协同的多尺度强韧化方法以及将连续纤维、短纤维、晶须、纳米线等多尺度增强体 3D 打印引入到陶瓷基体中，从而解决轻量化复杂陶瓷结构强韧化问题。微观上纳米增强体在陶瓷基体中以 3D 网络形式存在，宏观上可以是不同形式的存在，比如纤维、薄膜（纸）以及各种 3D 组装体等，除能极大改善陶瓷力学性能之外，其有序结构还可导通纳米增强体，提高其功能性。

笔者在张立同院士带领下以纳米增强体有序组装 3D 结构陶瓷基复合材料为对象，在国防 973 项目、国家杰出青年科学基金项目、国家自然科学基金重点项目等的支持下，研究了上述问题。本书是上述研究成果的总结和归纳，也是从纳米增强体有序组装 3D 结构角度系统研究陶瓷基复合材料的专著。本书旨在通过多种方式将纳米增强体有序组装 3D 网络引入到陶瓷基体中，研究纳米增强体的组装网络对陶瓷基复合材料强韧性以及功能性的影响及作用机制等，解决轻量化复杂陶瓷结构强韧化问题。

全书共 6 章。第 1 章介绍陶瓷复合材料的强韧化基础，注重介绍纳米增强体。第 2 章介绍将纳米增强体引入陶瓷基体中的几大途径以及致密化工艺，重点讨论纳米增强体强韧化机理及效果以及纳米增强体的有序组装。第 3 章介绍一维组装体/陶瓷基复合材料，包括几大一维 Mini 复合材料以及将此一维复合材料制备成多维陶瓷基复合材料的力学、电磁等性能，重点讨论纳米增强体强韧化机理。第 4 章介绍二维组装体的基本形式及其陶瓷复合材料，重点讨论二维复合材料以及将此二维复合材料制备成多维陶瓷基复合材料的力学、电磁等性能。第 5 章介绍三维组装体的基本形式及其陶瓷复合材料，重点讨论复合材料的力学、电磁、热学等性能。第 6 章介绍陶瓷材料 3D 打印原理与技术，重点讨论了打印结构、纳米增强体种类、引入方式对 3D 打印多孔陶瓷的影响。

本书包含了韩道洋、肖珊珊博士论文的主要内容，还包括了李海青、孙雨尧、百强来、季天鸣、夏俊超、张卉、赵伊之、李开元、解玉鹏等学位论文的部分内容。在长期研究过程中，课题组的全体成员参加了部分试样制备、性能测试等工作。博士研究生潘龙凯、闫岳凯、张明刚参加了资料收集、整理和校对工作。

本书力求专业性和实用性结合，希望为陶瓷基复合材料专业师生和相关研究人员提供参考，但是，陶瓷基复合材料强韧化问题十分复杂，虽经团队十余年研究，一些研究成果仍在实践检验过程中，一些问题还处于不断认识阶段，不当之处在所难免，恳请广大读者批评指正。

西北工业大学

梅　辉　教授

2023 年 1 月

目录

第3章　一维组装体/陶瓷基复合材料 ———————— 29

第 6 章　纳米增强体 3D 打印陶瓷基复合材料 ——————— 226

第 1 章
绪　论

1.1 ▶ 引言

　　陶瓷材料具有强度高、耐磨损、耐腐蚀、抗氧化、热膨胀系数小等优异特性，在能源、机械、电子、化工、冶金、汽车、纺织、航空、航天、医学等领域得到了广泛应用。然而陶瓷材料具有较大脆性，限制了其广泛应用，本章简要介绍陶瓷的脆性本质及其强韧化途径，重点介绍纳米增强体。

1.2 ▶ 陶瓷材料

1.2.1　陶瓷材料的弹性

　　陶瓷材料为脆性材料，在室温下承载时几乎不能产生塑性变形。因此，其弹性性质十分重要。与其他固体材料一样，陶瓷的弹性变形可以用胡克定律来描述。假设拉伸应力为 σ、剪切应力为 τ，则其伸长率 ε、扭转应变 γ 为：

$$\varepsilon = \frac{\sigma}{E} 、 \gamma = \frac{\tau}{G} \tag{1-1}$$

　　式中，E 为弹性模量，G 为剪切模量。

　　陶瓷的弹性变形实际上是在外力的作用下原子由平衡位置产生了很小位移的结果。弹性常数是表征材料弹性的重要物理参数，它受到晶体结构、晶格振动等微观因素制约，是材料内部原子结合力的一种度量。原子间距的不同表现在弹性模量的差异上。因此，弹性模量反映了原子间距的微小变化所需外力的大小。影响弹性模量的重要因素是原子间结合力，即化学键。表 1-1 给出了一些常见陶瓷材料在室温下的弹性模量。

表 1-1　部分无机非金属材料在室温下的弹性模量

材料	E/GPa	材料	E/GPa
金刚石	1000	ZrO_2	$160 \sim 241$
WC	$400 \sim 600$	莫来石	145
TaC	$301 \sim 550$	碳纤维	$250 \sim 450$
NbC	$340 \sim 520$	AlN	$310 \sim 350$
SiC	450	$MgAl_2O_4$	240
Al_2O_3	390	BN	84
BeO	380	MgO	250
TiC	379	多晶石墨	10
Si_3N_4	$220 \sim 320$	烧结 $MoSi_2$（气孔率 5%）	407
SiO_2	94	TiO_2	29

原子间结合力与弹性模量密切相关，因此，影响原子间结合力的因素会对弹性模量产生重要影响。由于原子间距与结合力随温度变化而变化，所以弹性模量对温度变化很敏感。当温度升高时，原子间距增大，弹性模量降低。因此，固体的弹性模量一般随温度的升高而降低。物质熔点的高低反映原子间结合力的大小，一般来说，弹性模量与熔点呈正比例关系。例如，在 300K 下，弹性模量 E 与熔点 T_m 之间满足如下关系：

$$E = 100kT_m/V_a \tag{1-2}$$

式中，V_a 为原子体积或分子体积。不同种类的陶瓷材料弹性模量之间大体有如下关系：氧化物＜氮化物≈硼化物＜碳化物。理论计算表明，等静压力下固体的压缩弹性模量与原子对体积的 4/3 次方呈反比。此外，陶瓷材料的致密性对其弹性模量影响很大，弹性模量 E 与气孔率 p 之间满足如下关系式：

$$E = E_0(1 - f_1 p + f_2 p^2) \tag{1-3}$$

式中，E_0 为气孔率为 0 时的弹性模量；f_1 及 f_2 为由气孔形状决定的常数。根据 Mackenzie 公式求出，当气孔为球形时，$f_1 = 1.9$，$f_2 = 0.9$。

1.2.2　陶瓷材料的断裂

陶瓷特有的共价键和离子键结构使其具有耐高温、低密度、高比强、高比模、高硬度、抗氧化、耐腐蚀、耐磨损等优异性能，但同时具有脆性大和可靠性差的致命弱点。高键能使陶瓷材料具有很强的缺陷敏感性，而缺陷敏感性又有显著的体积效应，即陶瓷材料的强度取决于缺陷的尺寸而不是数量。高模量使陶瓷材料具有很强的裂纹敏感性，而裂纹敏感性存在显著的能量积累效应，即陶瓷材料的裂纹扩展取决于能量的释放而不是最大应力。因此，陶瓷材料的脆性主要表现为缺陷容易导致裂纹的生成和扩展。

陶瓷材料的室温强度是弹性变形抗力，即当弹性变形达到极限程度而发生断裂时的应力，可采用金属材料的断裂强度计算公式进行计算。强度与弹性模量和硬度一样，是材料本身的物理参数，它取决于材料的成分及组织结构，同时也随外界条件如温度、应力状态等的变化而变化。

气孔是绝大多数陶瓷的主要组织缺陷之一，气孔的存在会明显降低载荷作用的横截面积，同时气孔也是引起应力集中的地方。

有关强度与气孔率的关系式有多种，其中最常用的是 Ryskewitsch 提出的经验公式：

$$\theta = \theta_0 \exp(-\alpha p) \tag{1-4}$$

式中，θ 为强度；p 为气孔率；θ_0 为 $p=0$ 时的强度；α 为常数，其值在 4～7 之间。许多试验数据与此式接近。

陶瓷材料的强度与晶粒尺寸的关系和金属有类似的规律，也符合 Hall-Petch 关系式：

$$\sigma_f = \sigma_0 + kd^{1/2} \tag{1-5}$$

式中，σ_0 为无限大单晶的强度；k 为系数；d 为晶粒直径。陶瓷材料的烧结大都要加入助烧剂，因此形成一定量的低熔点晶界相，从而促进致密化。晶界相的成分、性质及数量（厚度）对强度有显著影响。晶界相最好能起阻止裂纹过界扩展并松弛裂纹尖应力场的作用。晶界玻璃相的存在对强度是不利的，所以应通过热处理使其晶化。对单相多晶陶瓷材料，晶粒形状最好为均匀的等轴晶粒，这样承载时变形均匀而不易引起应力集中，从而使强度得到充分发挥。另外，陶瓷材料一个最大的特点是高温强度比金属高得多。例如 Si_3N_4、SiC 陶瓷等都具有很好的高温强度。当温度 $T < 0.5T_m$（T_m 为熔点）时，陶瓷材料的强度基本保持不变，当温度高于 $0.5T_m$ 时，高温强度才出现明显降低。但是，陶瓷材料的强度随材料的纯度、微观组织结构因素及表面状态（粗糙度）的变化而变化。因此，即使是同一种材料，由于制备工艺不同，其 σ_f 及其随温度的变化关系也有差异。

1.2.3　陶瓷材料的韧性

陶瓷材料在室温下，甚至在 $T < 0.5T_m$ 的温度范围内很难产生塑性变形，其断裂方式为脆性断裂，所以陶瓷材料的裂纹敏感性很强。基于陶瓷的这种特性可知，断裂力学性能是评价陶瓷材料力学性能的重要指标，同时也正是由于这种特性，其断裂行为非常适合于用线性弹性断裂力学来描述。常用来评价陶瓷材料韧性的断裂力学参数就是断裂韧性（K_{IC}），其可以表示为：

$$K_{IC} = \sigma\sqrt{\pi C_0} = \left(\frac{2E\delta}{1-\nu^2}\right)^{1/2} \tag{1-6}$$

显然，K_{IC} 与缺陷尺寸无关，可以根据弹性模量（E）、表面能（δ）和泊松比（ν）进行计算。由于陶瓷材料泊松比很小，对断裂韧性的影响可以忽略，断裂韧性主要取决于表面能。表 1-2 列出来几种常见陶瓷材料断裂韧性的计算值。

表 1-2　几种常见陶瓷材料的弹性模量、表面能、泊松比、断裂韧性和理论拉伸强度

陶瓷材料	弹性模量 E/GPa	表面能 δ/(J/m²)	泊松比 ν	断裂韧性 K_{IC}/(MPa·m^{1/2})	理论拉伸强度/MPa
α-SiC	454.54	2.40	0.169	1.477	35.5
β-SiC	436.20	2.3827	0.170	0.442	34.5
β-Si_3N_4	306	1.4473	0.286	0.941	22.6
B_4C	456.0	2.85	0.181	1.612	41.0
α-石英(SiO_2)	95.5	2.6780	0.078	0.715	16.6
α-方石英(SiO_2)	65.17	3.8714	-0.166	0.710	16.2
刚玉(Al_2O_3)	399.76	9.625	0.2335	2.774	45.2

1.3 ▶ 陶瓷材料强韧化途径

陶瓷材料本身的脆性主要来自于其化学键的特性（共价键和离子键），多数晶体内部结

构复杂，平均原子间距大，极易因表面或内部存在的缺陷引起应力集中而产生脆性断裂。这是陶瓷材料固有脆性的原因，也是其强度值分散性较大的原因。

提高陶瓷材料强韧性的关键因素有两点：第一点是减缓裂纹尖端的应力集中，也就是减小材料内部裂纹缺陷尺寸；第二点是提高陶瓷材料抵抗裂纹扩展的能力，主要是提高材料的断裂能。结构陶瓷强韧化的发展方向是提高材料断裂韧性的同时提高材料的强度。陶瓷材料中能量的释放决定了裂纹扩展，因此可以通过提高裂纹扩展的累积能量来提高陶瓷材料的断裂能。在裂纹扩展过程中，能够提高断裂能的能量耗散机制都有助于提高陶瓷材料的强韧性[1]。

1.3.1 纳米晶粒增韧

1987 年，德国的 Karch 等报道了纳米陶瓷的高韧性和低温超塑性。理论上，如果晶粒尺寸为 3~6nm，晶界厚度为 1~2nm，纳米陶瓷晶界体积约占整个体积的 50%，这种纳米陶瓷颗粒的尺寸效应和晶界效应具有显著的强韧效果。但实际上，纳米陶瓷颗粒巨大的表面积和表面活性使晶粒在烧结过程中容易长大，解决单相纳米陶瓷脆性和可加工性的努力并未取得实质性进展。因此，纳米强韧化研究的重点从纳米单相陶瓷转为纳米复相陶瓷。多相多晶陶瓷中只要有一相的尺度在纳米级，即称为纳米复相陶瓷。表 1-3 列出了几种纳米复相陶瓷的体系与性能。

表 1-3　几种典型纳米复相陶瓷材料体系与性能

母相/分散相	断裂强度/MPa	断裂韧性/$(MPa \cdot m^{1/2})$	最高温度/℃
Al_2O_3/SiC	350→1520	3.5→4.8	800→1200
Al_2O_3/Si_3N_4	350→850	3.5→4.7	800→1300
Al_2O_3/TiC	350→1100	3.5→6.0	—
3Y-TZP/SiC	950→1554	5.3→6.0	—
Ce-TZP/Al_2O_3	625→910	6.0→6.1	—
Mg/SiC	340→700	1.2→4.5	800→1400
莫来石(mullite)/SiC	150→700	1.2→3.5	700→1200
Y_2O_3/SiC	290→420	1.6→2.7	—
$BaTiO_3$/SiC	180→350	0.86→1.6	—
B_4C/SiC	500→775	3.5→5.6	600→1200
Si_3N_4/SiC	850→1550	4.5→7.5	1200→1400

注：表中→表示性能的提高。

1.3.2 原位自生增韧

原位自生增韧即在制备过程中通过对材料组元的形核和晶体生长的控制，使微结构细化或取向生长，从而抑制陶瓷材料对缺陷和裂纹的敏感性。原位自生增韧有自生晶棒、纳米层状和定向共晶等。

① 自生晶棒增韧陶瓷是利用陶瓷在烧结过程或随后热处理过程中，晶粒取向生长形成晶棒状微结构进行增韧的。该晶棒的生成大多是主晶相通过"溶解-沉淀"的方式生成，烧结助剂形成的晶界玻璃相可以起到溶剂作用。自增韧陶瓷具有优异的强韧性，以 La_2O_3 和 Y_2O_3 作为烧结助剂的自增韧氮化硅已成功应用于高温陶瓷轴承和高温机械密封等领域。

表 1-4 列出了几种自增韧陶瓷的体系与性能。

表 1-4 自增韧陶瓷材料体系与典型性能

材料	相对密度	维氏硬度 /GPa	弯曲强度 /MPa	断裂韧性 /(MPa·m$^{1/2}$)
α-SiC，少量 β-SiC，YAG	95.9	—	550±46	5.8±0.3
α-SiC，少量 β-SiC，YAG[①]	95.3	—	468±29	6.0±0.1
95%α-SiC+5%β-SiC(体积比)	—		620±15	6.2
15%(Y$_2$O$_3$ + La$_2$O$_3$)+85%Si$_3$N$_4$	>99		960	12.3
5%Y$_2$O$_3$ + 10%La$_2$O$_3$+85%Si$_3$N$_4$			911.3	10.02
α-Al$_2$O$_3$，助剂(氟化钙，高岭土)			408.76	5.25
α-Al$_2$O$_3$			630	7.1
Al$_2$O$_3$-TiC-Co			783	11.3
Y α-SiAlON	>98	17.6	—	6.2
Yb α-SiAlON		20.8±0.6		6.2±0.4
Yb α-SiAlON[①]		21.6		7.5
B$_4$C，WC，W$_2$B$_5$，C			453±26.7	8.70±0.41
40%BAS(质量分数)/Si$_3$N$_4$			565	7.4
Al$_2$O$_3$/Fe$_3$Al			832	7.96
TiB$_2$/SiC	99.33		392±30	6.21±0.59

① 由于制备工艺不同，导致同种物质性能有差异。

② 纳米层状陶瓷，如具有独特微观层状结构的新型碳化物材料 M$_3$AX$_2$（如 Ti$_3$SiC$_2$，Ti$_3$GeC$_2$）和氮化物材料 M$_2$BX（如 Ti$_2$AlC，Ti$_2$AlN，Ti$_2$GeC），兼顾了颗粒内部纳米层间解理和颗粒之间的增韧作用，具有良好的强韧效果。表 1-5 列出了几种纳米层状陶瓷的性能。

表 1-5 几种纳米层状陶瓷的性能

性质	Ti$_3$SiC$_2$	Ti$_3$AlC$_2$	Ti$_2$AlC
密度/(g/cm^3)	4.53	4.25	4.10
热膨胀系数/(×10^{-6}K^{-1})	9.2	9.0	9.62
压缩强度/MPa	700~1000	764	670
弯曲强度/MPa	480	375	384
断裂韧性/(MPa·m$^{1/2}$)	8.5	7.2	7.0
维氏硬度/GPa	4.0	3.5	4.2~5.7

③ 定向共晶复相陶瓷在定向凝固条件下，陶瓷共晶组织中的第二相可以生长为长径比很高的纤维状，这种陶瓷称为定向共晶自生复相陶瓷。根据定向凝固原理，定向共晶组织的间距与生长速度呈反比，如式(1-7) 所示：

$$\lambda^2 R = C \tag{1-7}$$

式中，λ 为相间距；C 为与共晶体系有关的定向凝固特征常数；R 为与温度梯度有关的生长速度。根据 Hall-Petch 公式，共晶复相陶瓷第二相的强度与相间距呈反比。

$$\sigma = \sigma_0 k \lambda^{-1/2} \tag{1-8}$$

式中，k 为常数；σ_0 为第二相理论强度。

根据混合定律和 Hall-Petch 公式，提高定向共晶复相陶瓷的强韧化效果要求尽可能高的温度梯度和第二相体积分数。由于陶瓷材料的共晶温度都很高，提高温度梯度给定向凝固技术和设备带来很大挑战。与非氧化物共晶陶瓷相比，氧化物共晶陶瓷的定向凝固特征常数小，对温度梯度的要求低，而且第二相体积分数高。因此，氧化物共晶复相陶瓷是目前研究最多的共晶复相陶瓷体系。但是，目前的制备技术只能制备很小的氧化物共晶复相陶瓷块体材料，块体材料的尺寸甚至不能满足基本力学性能测试的要求，因而共晶复相陶瓷的力学性能数据很少。表 1-6 列出了几种典型的氧化物共晶复相陶瓷体系，其中 YAG/Al_2O_3 是目前研究最多的共晶复相陶瓷体系。

表 1-6　几种典型的氧化物共晶复相陶瓷体系

共晶相	共晶熔点 T_E/K	组成（质量分数）/%	第二相体积分数/%	定向凝固特征常数 $C/(\mu m^3/s)$
Al_2O_3/YSZ	2135	$42YSZ+58Al_2O_3$	$32.7ZrO_2$	11
$Al_2O_3/Y_3Al_5O_{12}$	2100	$33.5Y_2O_3+66.5Al_2O_3$	$45Al_2O_3$	100
$Al_2O_3/Er_3Al_5O_{12}$	2075	$52.5Al_2O_3+47.5Er_2O_3$	$42.5Al_2O_3$	≈ 60
$Al_2O_3/EuAlO_3$	1985	$46.5Al_2O_3+53.5Eu_2O_3$	$45Al_2O_3$	—
$Al_2O_3/GdAlO_3$	2015	$47Al_2O_3+53Gd_2O_3$	$48Al_2O_3$	6.3
$Al_2O_3/Y_3Al_5O_{12}/YSZ$	1990	$54Al_2O_3+27Y_2O_3+19ZrO_2$	$18YSZ$	70
$Ca_{0.2}Zr_{0.8}O_{1.8}/MgO$	2525	$23.5CaO+76.5ZrO_2$	$41MgO$	400
$Mg_{0.2}Zr_{0.8}O_{1.8}/MgO$	2445	$27MgO+73ZrO_2$	$28MgO$	50
$CaSZ/NiO$	2115	$61NiO+39Zr_{0.85}Ca_{0.15}O_{1.85}$	$44CaSZ$	32.5
$CaSZ/CoO$	2025	$64CoO+36Zr_{0.89}Ca_{0.11}O_{1.89}$	$38.5CaSZ$	25
$MgAlO_4/MgO$	2270	$45MgO+55Al_2O_3$	$23.5MgO$	150
CaF_2/MgO	1625	$90CaF_2+10MgO$	$9MgO$	68

1.3.3　仿生结构增韧

仿生结构陶瓷是受贝壳珍珠等生物材料结构启发而提出的一种增韧陶瓷，主要由高、低模量两种陶瓷材料组成。其中高模量陶瓷的主要作用是承载而增强，低模量陶瓷主要作用是偏转裂纹而增韧。根据两种陶瓷相的分布方式，仿生结构陶瓷有层状结构增韧和纤维独石结构增韧两种。在仿生结构陶瓷中高模量陶瓷相较厚，低模量陶瓷相较薄。

（1）层状结构增韧

20 世纪 80 年代末，英国剑桥大学的 Clegg 等提出了层状陶瓷的概念。层状结构陶瓷的两种陶瓷呈叠层交替分布，其基本原理是利用裂纹沿层间析出消耗裂纹扩展能量而有效增韧。表 1-7 是三种典型层状陶瓷的力学性能。

表 1-7　三种典型层状陶瓷的力学性能

性质	SiC-graphite	Al_2O_3-ZrO_2	Si_3N_4-BN
弯曲强度/MPa	480	167	600
断裂韧性/($MPa \cdot m^{1/2}$)	10.2～14	6.7	20

（2）纤维独石结构增韧

纤维独石结构陶瓷的高模量陶瓷相呈纤维状分布，低模量陶瓷相以纤维表面涂层形式存在。表 1-8 为三种典型纤维独石结构陶瓷的力学性能。

表 1-8　三种典型纤维独石结构陶瓷的力学性能

性质	Si_3N_4-BN	Si_3N_4-BN-Al_2O_3	Al_2O_3-ZrO_2
弯曲强度/MPa	380	530	545
断裂韧性/($MPa \cdot m^{1/2}$)	8.8	17	6.2

1.3.4 增强体增韧

增强体根据长径比可分为颗粒、晶须和连续纤维三种。其中颗粒的长径比一般在 5 以下，晶须的长径比为 5～100，连续纤维的长径比远大于 100。增强体的直径都在微米量级，但由于长径比不同，增强体的强韧化效果有显著差别[2-6]。

（1）颗粒增韧

颗粒增韧是提高陶瓷材料强韧性最简单、最廉价的途径。颗粒具有一定的增韧效果，但强化效果不明显。表 1-9 列出了几种典型颗粒增韧陶瓷的性能。

表 1-9　典型颗粒增韧陶瓷的性能

颗粒增韧陶瓷	弯曲强度/MPa	断裂韧性/(MPa·m$^{1/2}$)	备注
Al_2O_3-Al_2TiO_{5p}	约 510	—	20%（体积分数）Al_2TiO_5
glass-Al_2O_{3p}	50～150	0.8～1.9	
Al_2O_3-SiC_p	约 1050,退火处理后可达 1520	4.70	5%（体积分数）SiC
SiC-TiB_{2p}	—	4.1	16%（体积分数）TiB_2
ZrB_2-SiC_p	710±110	4.55±0.10	18.5%（体积分数）SiC 助烧剂：Si_3N_4/Al_2O_3/Y_2O_3
Al_2O_3-ZrO_{2p}	620	11.8	12.5%（体积分数）ZrO_2
mullite-ZrO_{2p}	328	5.03	57.56%ZrO_2,2.43%（质量分数）添加剂
Si_3N_4-TiB_{2p}	—	5.8	40%（体积分数）TiB_2 HV=14.5GPa

（2）晶须增韧

晶须的直径相对较小，强度很高，最常用的 SiC 晶须的强度达到 7 GPa 以上，晶须的主要作用是增韧，也有一定的补强作用。表 1-10 列出了几种典型晶须增韧陶瓷的性能。

表 1-10　几种典型晶须增韧陶瓷的性能

材料	弯曲强度/MPa	断裂韧性/(MPa·m$^{1/2}$)	备注（体积分数）
Si_3N_4-SiCw	500～900	5～10	—
TiB_2-SiCw	469±38	7.8±0.4	30%SiCw
ZrB_2-SiCw	651±33	5.97±0.3	20%SiCw
BAS-SiCw	408	4.30	40%SiC
Al_2O_3-SiCw	566±41	6.87±0.28	20%SiC
Al_2O_3-ZrO_2p-SiCw	1207±59	10.9	20%SiCw,30%ZrO_{2p}
BAS-Si_3N_4w	916±49	6.6±0.2	70%Si_3N_4,30%BAS
Al_2O_3-TiCw	780.9	7.27	40%TiC

（3）连续纤维增韧

在上述陶瓷材料的强韧化途径中，自增韧效果往往受制于材料体系、制备方法和增韧方向，因而增韧效果和可应用范围有限。颗粒和晶须增韧也不能有效解决作为热结构件的强韧性和可靠性问题。

连续纤维增韧补强陶瓷基复合材料（continuous fiber-reinforced ceramic matrix composites，CFCC）能够最大限度地抑制陶瓷缺陷的体积效应，有效偏析裂纹，最终纤维拔出来消耗断裂能，从而发挥纤维的增韧和补强作用。同时可通过纤维预制体设计，实现强韧性能的控制。CFCC 可以从根本上克服陶瓷脆性大和可靠性差的弱点，具有类似金属的断裂行为，对裂纹不敏感，不发生灾难性损毁的特征。CFCC 优异的强韧性使其成为新型耐高温、低密度热结构材料发展的主流，在航空航天等领域具有广阔的应用前景。

1.4 ▶ 纳米增强体

目前，陶瓷强韧化的手段主要分为自增韧和第二相增韧：前者是用烧结或热处理等工艺使显微结构内部生长出增韧相，如 Si_3N_4 柱状增韧陶瓷；后者是在材料制备时加入起增韧作用的第二相组元，如颗粒、晶须或纤维等。相对于其他增强增韧方法而言，添加颗粒、晶须或纤维增强陶瓷，能够获得较好的增强效果，且制备工艺简单，更适合大规模工业化生产，从而受到人们广泛关注[7-9]。

1.4.1 纳米颗粒

陶瓷材料的颗粒增韧是指把第二相颗粒引入陶瓷基体中，使其弥散分布并起到增韧补强陶瓷基体的作用。颗粒增韧补强具有工艺简单、第二相容易分散且材料致密等优点，易于大规模生产。氧化物或非氧化物陶瓷颗粒、金属或者金属间化合物颗粒都可以作为第二相颗粒，依据其性质、大小和来源等情况，可将第二相颗粒强韧化分为相变强韧化、非相变强韧化和界面改性强韧化等[13]。

（1）相变强韧化

相变增韧是利用 ZrO_2 能够在应力的诱导下发生四方（t）→单斜（m）相变的性质，造成相变部分体积膨胀，致使材料内部的裂纹尖端存在压应力区域，减少了裂纹尖端的应力集中，使主裂纹方向发生改变，提高材料储能能力，从而提高材料的韧性。全稳定的 ZrO_2 一般不具备相变强韧化的作用，但当全稳定 ZrO_2 含量较少，且快冷形成非平衡组织时，也可以在基体上析出 PSZ（partially stabilized zirconia）组织，在合适条件下 t 相会产生相变而增韧材料。同时，在 t→m 相变过程中会诱发微小裂纹，在主裂纹尖端存在的这些微小裂纹会分散和吸收能量，增加主裂纹扩展阻力，从而提高材料的韧性。

相变强韧化的增韧机理主要有相变增韧、微裂纹增韧和弥散增韧。

① 相变增韧：在裂纹尖端应力场的作用下，ZrO_2 粒子发生 t→m 的相变而吸收了能量，外力做了功，从而提高材料的强韧性。

② 微裂纹增韧：ZrO_2 在发生 t→m 相变时，伴随着体积膨胀而产生了微裂纹，这些微裂纹能够分散主裂纹的能量，从而进一步提高材料的断裂韧性和强度。

③ 弥散增韧：ZrO_2 粒子弥散在基体中，当基体受拉应力作用时，其阻止横向裂纹收缩。为使基体与颗粒达到同样的横向收缩，必须增加纵向拉伸应力，促使材料消耗更多的能量，从而起到增韧的作用。

（2）非相变强韧化

在固体材料中，裂纹扩展的临界条件是弹性应变能的释放量等于裂纹扩展单位面积所需的断裂能。因此，可通过添加线膨胀系数 α 和弹性模量 E 与基体不同的颗粒来提高断裂能，从而提高材料的强韧性。非相变强韧化的增韧机理主要有微裂纹增韧、裂纹桥联增韧、裂纹偏转增韧、裂纹弯曲增韧及延性颗粒增韧等。

① 微裂纹增韧：通过基体与第二相热膨胀系数不匹配产生微裂纹，从而达到增韧的效果。微裂纹会对主裂纹产生屏蔽作用，主要有残余应变和模量降低。残余应变增韧取决于微裂纹区域的尺寸和形状；模量降低增韧只与微裂纹区域形状有关。

② 裂纹桥联增韧：裂纹桥联是一种发生在裂纹尖端尾部的效应，由桥联体连接裂纹的两个面，并使裂纹的两个表面之间产生一个闭合力，从而达到增韧的效果。

③ 裂纹偏转增韧：裂纹扩展过程中当裂纹前端遇上某微结构单元时发生倾斜和扭转，延长裂纹扩展路径，从而提高材料的强韧性。

④ 裂纹弯曲增韧：当裂纹扩展时，如果第二相颗粒足够强，裂纹不能轻易穿过，可能在增强相之间发生弯曲，从而起到增韧的作用。

⑤ 延性颗粒增韧：在脆性陶瓷基体中加入延性第二相能显著提高材料的断裂韧性，裂纹尖端屏蔽，主裂纹周围微开裂以及延性裂纹桥联为主要增韧机理。

（3）界面改性强韧化

颗粒增韧补强陶瓷材料是两种或两种以上材料组成的新型材料，基体与第二相颗粒间会形成界面，界面的存在对材料的强韧性起到至关重要的作用。首先，界面的载荷传递效率对材料的强化有重要影响；其次，界面处的微开裂、裂纹偏转与桥接、残余应力场等对材料的韧性起到制约作用。

理想的界面应该具备物理匹配性和化学相容性，因此需要满足以下条件。

① 第二相与基体相的弹性模量和线膨胀系数相匹配。基体与第二相的热膨胀系数的不匹配易使基体产生微裂纹，从而影响材料的强度，而且易造成裂纹只在基体中扩展，未达到强韧化目的。

② 保证第二相与基体相的化学相容性。充分润湿和良好的化学结合是第二相与基体之间必须具备的条件，但又要防止过度的界面反应降低第二相的性能。

③ 界面结合强度适中。界面结合强度过低会造成局部脱粘，不能较好地传递载荷，强韧化效果不明显；界面结合强度过高，使颗粒与基体的界面不会发生解理，导致材料脆断，强韧化效果较差。因此，要得到较好的强韧化效果，界面结合强度要适中。

1.4.2 晶须

陶瓷晶须是具有较高的长径比（直径为 0.3～1mm，长为 30～100mm）且缺陷很少的陶瓷单晶。晶须具有诸多优异性能，作为一种优良的补强增韧材料，已经被用于增强多种陶瓷基复合材料，广泛应用于航空航天、汽车、热机和运动器材等领域。

SiC 晶须是目前研究最成熟、应用最广泛且价格相对较低的晶须，其具有高强度、高模量、高比强度以及良好的热稳定性和化学稳定性，并且与金属和陶瓷有较好的化学相容性。

晶须的强韧化机理如下。

① 晶须桥接：基体出现裂纹后，晶须承受外加载荷，并在两裂纹面间架桥，阻止裂纹进一步扩展，提高材料的强韧性。

② 裂纹偏转：裂纹扩展过程中当裂纹前端遇上某微结构单元时，裂纹偏离原来的前进方向，发生倾斜和扭转，裂纹扩展路径延长，吸收更多的断裂功，从而提高材料强韧性。

③ 晶须拔出：在外力的作用下，当晶须从基体中拔出时，依靠界面摩擦而吸收断裂功，从而达到增韧的效果。

有两个重要因素影响晶须发挥增韧补强效果。一方面，晶须的拔出长度存在一个临界值，当晶须的某一端距主裂纹距离小于这一临界值时，则晶须从此端拔出，此时的拔出长度小于临界拔出长度；如果晶须的两端到主裂纹的距离均大于临界拔出长度时，晶须在拔出过程中产生断裂，断裂长度仍小于临界拔出长度。另一方面，界面结合强度直接影响材料的强韧化机制与效果。界面结合强度过低时，晶须拔出功过小，对强韧化不利。界面结合强度过高时，导致晶须与基体一起断裂，晶须增韧机制对强韧化贡献减少，但界面的载荷传递效率增加，强韧化效果增加。因此，界面结合强度适中，才有利于提高材料的强韧性。

1.4.3　纳米线（管）

碳纳米管（Carbon Nanotubes，CNTs）可以看作是由单层或多层石墨片围绕中心轴按一定的螺旋角卷曲而成的无缝纳米级管，与石墨中绝大多数碳原子采取 sp^2 杂化构型相同，每层 CNTs 管壁也是由一个碳原子通过 sp^2 杂化与周围三个碳原子完全键合构成六边形平面，如图 1-1 所示。需要指出的是，由于存在一定的曲率，仍然会有部分 sp^3 碳原子的存在[10-11]。其平面六角晶胞边长为 0.246nm，最短的 C—C 键长 0.142nm，接近原子堆垛距离 0.139nm[12]，圆柱体的两端以五边形或七边形进行闭合。

图 1-1　石墨层卷曲形成 CNTs 的示意图

CNTs 按石墨层数不同可分为单壁碳纳米管（single-walled carbon nanotubes，SWCNTs）和多壁碳纳米管（multi-walled carbon nanotubes，MWCNTs），如图 1-2 所示。1993年，Iijima 等[13] 和 Bethune 等[14] 同时报道了在石墨电极中添加一定的催化剂，采用电弧法可以得到仅仅具有一层管壁的 CNTs，即 SWCNTs。SWCNTs 可以认为是由一层石墨片按照一定的规律卷曲而成的中空无缝管状物，长度可达 $50~\mu m$，直径一般在 $0.75 \sim 5nm$ 之间。依据手性不同，SWCNTs 可分为扶手椅型、锯齿型和螺旋型 3 种。MWCNTs 由多层石墨片卷曲而成，可以认为是数层至数十层的同轴圆管，层与层之间保持固定的距离，约 0.34nm，直径一般为 $2 \sim 3nm$。从微观尺度上讲，CNTs 处于纠缠团聚状态，CNTs 巨大的长径比使这种团聚状态更加复杂。MWCNTs 微观形貌如图 1-3 所示，表明单根 CNTs 为纤维状一维纳米材料，长径比很大，同时 CNTs 纠缠在一起，形成很大的团聚体。

sp^2 杂化形成的 C—C 共价键是自然界最强的价键之一，赋予了 CNTs 极好的力学性能。Zhou 等[15] 应用电子能带理论计算的 SWCNTs 杨氏模量为 5TPa，是 MWCNTs 和石墨的 5

纳米增强体有序组装三维结构陶瓷基复合材料

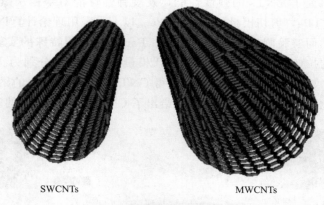

SWCNTs   MWCNTs

图 1-2　单壁、多壁碳纳米管示意图

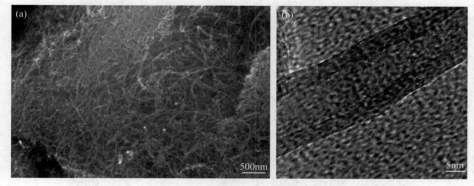

图 1-3　MWCNTs 微观形貌

倍多，有效壁厚是 0.7Å（1Å＝10^{-10} m），杨氏模量和有效壁厚与 CNTs 的半径、螺旋性没有关系，此外连续弹性理论仍然能较好地描述 SWCNTs 的弯曲性质。Treacy 等[16] 在透射电子显微镜（transmission electron microscopy，TEM）下测试 CNTs 本质的热振动振幅，并评估了单根 CNTs 杨氏模量为 1.8TPa，高于普通碳纤维一个数量级，是已知材料中模量最高的。Bower 等[17] 制备了 CNTs/聚合物基复合材料，用实验的方法间接评估了 CNTs 的弹性应变，发现其屈曲应变达到 4.7%，断裂应变大于 18%，在此范围内屈曲应变是一种可逆应变，其弯曲现象如图 1-4 所示。Wong 等[18] 把 MWCNTs 一端固定在二硫化钼表面，然后应用原子力显微技术测试独立 CNTs 的力学性能，测得其平均弹性模量为（1.28±0.59）TPa，与石墨烯面内模量 1.06TPa[19] 相近，最大弯曲强度 28.5GPa，平均强度（14.2±8.0）GPa，直径 30nm 的 CNTs 储存应变能为 100keV，在大挠度角下的弹性维持载荷能力能使其储存或吸收尽可能多的能量。Lourie 等[20] 应用显微拉曼光谱仪测得 SWCNTs 杨氏模量一般为 2.8～3.6TPa，MWCNTs 的杨氏模量一般为 1.7～2.4TPa，而同等测试条件下高模量碳纤维的杨氏模量一般为 0.3～0.9TPa。基于悬臂的 MWCNTs 在 TEM 下电致诱导产生静态和动态机械变形的原理，Poncharal 等[21] 评估了 MWCNTs 的弯曲弹性模量，发现随着 CNTs 直径在 8～40nm 范围内逐渐升高，模量从 1TPa 急剧下降至 0.1TPa。Overney 等[22] 应用第一性原理计算发现 CNTs 具有非常高的结构刚性，比其他纤维高一个数量级，如此大的刚度、极低的密度使其成为石墨烯复合材料中理想的添加剂。Lu[23] 应用经验力常数模型研究了 CNTs 的弹性性能，发现弹性性能对半径、螺旋性以及壁数不敏感，杨氏模量约为 1TPa，剪切模量约为 0.5TPa。以上为采用理论计算以及间接评估的方法得到的力学性能，然而实验测得是非常困难的。Pan 等[24] 用特殊的实验装置测试了 2mm 长定向 MWCNTs 的拉伸性能，发现其平均杨氏模量和拉伸强度分别为（0.45±0.23）TPa，（1.72±0.64）GPa。如此优异的力学性能，使得 CNTs 被认为是理想的纳米纤维增强、增韧材料，是纤维类强化相的终极形式。表 1-11 给出了 CNTs 与部分纤维的密度与力学性能。

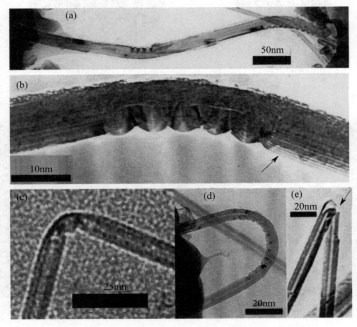

图 1-4 CNTs/聚合物复合材料中弯曲的 MWCNTs TEM 图

表 1-11 CNTs 与部分纤维的密度和力学性能

纤维	密度/(g/cm^3)	断裂应变/%	弹性模量/TPa	强度/GPa
CNTs	1.3～2	10	1	10～60
C$_f$-PAN	1.7～2	0.3～2.4	0.2～0.6	1.7～5
C$_f$-pitch	2～2.2	0.27～0.6	0.4～0.96	2.2～3.3
E/S-glass	2.5	4.8	0.07/0.08	2.4/4.5
Kevlar-49	1.4	2.8	0.13	3.6～4.1

1.5 ▶ 小结

本章介绍了陶瓷材料弹性、断裂、韧性等基本物理性能，并简单介绍了陶瓷材料的几种强韧化途径。其中着重提到了增强体增韧方式和列举了三种纳米增强体及其增韧效果。具体强韧化机理和设计途径将在后续各章节中进行详细分析。

参考文献

[1] 胡红涛. 多孔陶瓷支架材料补强增韧方法的研究进展 [J]. 医学综述, 2011, 17 (21): 82-84.

[2] 吕志杰. 高性能 Si$_3$NC 纳米复合陶瓷刀具材料的研制与性能研究 [D]. 济南: 山东大学, 2005.

［3］ 邹斌．新型自增韧氮化硅基纳米复合陶瓷刀具及性能研究［D］．济南：山东大学，2006.

［4］ 董倩，唐清．燃烧合成-热压制备 Al_2O_3-TiC-ZrO_2 纳米复合陶瓷的力学性能与显微结构［J］．金属学报，2001，37（12）：1285-1288.

［5］ 黄政仁，谭寿洪，江东亮．SiC 晶须增强 Al_2O_3-TiC 复相陶瓷的研究［J］．硅酸盐学报，1993，21（4）：349-355.

［6］ 兰俊思，丁培道，黄楠．SiC 晶须和 Ti（C，N）颗粒协同增韧 Al_2O_3 陶瓷刀具的研究［J］．材料科学与工程学报，2004，22（1）：59-64.

［7］ L. Mariappan，T. S. Kannan，A. M. Umarji. In situ synthesis of Al_2O_3-ZrO_2-SiCw ceramic matrix composites by carbothermal reduction of natural silicates［J］．Materials Chemistry and Physics，2002，75（1-3）：284-290.

［8］ 许并社．纳米材料及应用技术［M］．北京：化学工业出版社，2003.

［9］ 陈津等．纳米非金属功能材料［M］．北京：化学工业出版社，2006.

［10］ J. W. G. Wildöer，L. C. Venema，A. G. Rinzler，et al. Electronic structure of atomically resolved carbon nanotubes［J］．Nature，1998，391：59-62.

［11］ T. W. Odom，J. L. Huang，P. Kim，et al. Structure and electronic properties of carbon nanotubes［J］．The Journal of Physical Chemistry B，2000，104（13）：2794-2809.

［12］ M. Liu，J. M. Cowley. Structures of the helical carbon nanotubes［J］．Carbon，1994，32（3）：393-403.

［13］ S. Iijima，T. Ichihashi. Single-shell carbon nanotubes of 1-nm diameter［J］．Nature，1993，363：603-605.

［14］ D. S. Bethune，C. H. Klang，M. S. De Vries，et al. Cobalt-catalysed growth of carbon nanotubes with single-atomic-layer walls［J］．Nature，1993，363：605-607.

［15］ X. Zhou，J. J. Zhou，Z. C. Ou-Yang. Strain energy and Young′s modulus of single-wall carbon nanotubes calculated from electronic energy-band theory［J］．Physical Review B，2000，62（20）：13692-13696.

［16］ M. M. J. Treacy，T. W. Ebbesen，J. M. Gibson. Exceptionally high Young′s modulus observed for individual carbon nanotubes［J］．Nature，1996，381：678-680.

［17］ C. Bower，R. Rosen，L. Jin. Deformation of carbon nanotubes in nanotube-polymer composites［J］．Applied Physics Letters，1999，74（22）：3317-3319.

［18］ E. W. Wong，P. E. Sheehan，C. M. Lieber. Nanobeam mechanics：Elasticity，strength，and toughness of nanorods and nanotubes［J］．Science，1997，277（5334）：1971-1975.

［19］ O. L. Blakslee，D. G. Proctor，E. J. Seldin，et al. Elastic constants of compression-annealed pyrolytic graphite［J］．Journal of Applied Physics，1970，41（8）：3373-3382.

［20］ O. Lourie，H. D. Wagner. Evaluation of Young′s modulus of carbon nanotubes by micro-Raman spectroscopy［J］．Journal of Materials Research，1998，13（9）：2418-2422.

［21］ P. Poncharal，Z. L. Wang，D. Ugarte，et al. Electrostatic deflections and electromechanical resonances of carbon nanotubes［J］．Science，1999，283（5407）：1513-1516.

［22］ G. Overney，W. Zhong，D. Tománek. Structural rigidity and low frequency vibrational modes of long carbon tubules［J］．Zeitschrift Für Physik D，1993，27（1）：93-96.

［23］ J. P. Lu. Elastic properties of carbon nanotubes and nanoropes［J］．Physical Review Letters，1997，79（7）：1297-1300.

［24］ Z. W. Pan，S. S. Xie，L. Lu，et al. Tensile tests of ropes of very long aligned multiwall carbon nanotubes［J］．Applied Physics Letters，1999，74（21）：3152-3154.

第2章

纳米增强体强韧化陶瓷基复合材料

2.1 ▶ 引言

陶瓷材料因具有高强度、高模量和低密度等诸多优异性能而备受关注，但由于其固有的脆性问题，严重影响了其优良性能的发挥和应用。因此，陶瓷材料的强韧化一直是近年来陶瓷材料研究的核心问题之一。

本章介绍增强体与陶瓷基复合材料的强韧性研究，重点介绍增强体的引入途径、致密化、种类和纳米增强体/陶瓷复合材料强韧机理。

2.2 ▶ 纳米增强体引入途径

2.2.1 粉体法

粉体法的基本步骤是分散、混合、致密化，是最传统、最常见的制备陶瓷材料的方法，也是最先应用到制备 CNTs/SiC 工艺路线的。由于 CNTs 极大的长径比、比表面积以及 CNTs 之间较强的范德华力作用，CNTs 极易发生团聚，在陶瓷基体中分散不均匀，最终影响性能的改善，因此均匀分散是制备高性能 CNTs/SiC 的前提。

粉体分散法首先将纳米增强体以及其他原料添加到诸如丁醇[1]、异丙醇[2-3]、丙酮[4]或者乙醇[5-6] 等溶剂中，然后超声分散或者球磨，最后将浆料干燥、粉碎、过筛、致密化。一般情况下，超声分散能把 CNTs 均匀分散到 SiC 陶瓷基体中[1-2]，图 2-1（a）是超声分散后 CNTs/SiC 混合物的 TEM 图，可见其均匀地分散到纳米 SiC 颗粒中，图 2-1（b）是经过超声分散、烧结而成的 CNTs/SiC 断口扫描电子显微镜（scanning electron microscopy，SEM）图，观察表明并没有出现大量的 CNTs 团聚现象。然而球磨分散和过高的 CNTs 体积分数很容易引起团聚，进而对复合材料力学性能产生不利影响[3-4,6]，如图 2-2 所示，随着 CNTs 体积分数的增加很直观地观察到 CNTs 在复合材料中团聚逐渐加重。此外，球磨常常会损伤、剪断 CNTs 导致 CNTs 性能降低。

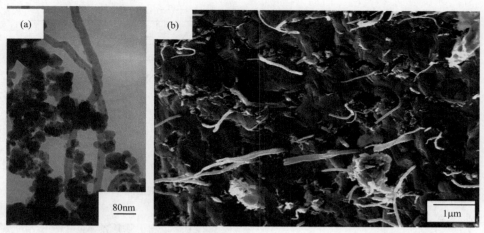

图 2-1　CNTs/SiC 混合粉末 TEM 图[1]（a）以及（b）CNTs/SiC 断口 SEM 图[2]

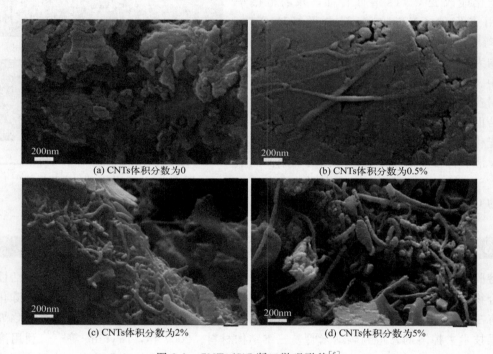

(a) CNTs体积分数为0

(b) CNTs体积分数为0.5%

(c) CNTs体积分数为2%

(d) CNTs体积分数为5%

图 2-2　CNTs/SiC 断口微观形貌[6]

2.2.2　胶体法

　　胶体法又称胶态分散法，基于胶体化学中悬浮液稳定的三种机制，即静电稳定机制、空间位阻稳定机制、电空间稳定机制，从而将纳米增强体以及烧结助剂等制备成稳定、分散均匀的悬浮液。Lü 等[7] 将 MWCNTs、SiC 粉末、烧结助剂以及分散剂四甲基氢氧化铵（tetramethylammonium hydroxide，TMAH）在去离子水中球磨分散，然后加入聚乙烯醇、1,3-丙二醇制备了 MWCNTs/SiC 浆料，最后测得其不同 pH 值下的 Zeta 电动势，如图 2-3 所示，结果发现在碱性区域 MWCNTs、SiC 颗粒均呈现负电荷行为，MWCNTs/SiC 浆料

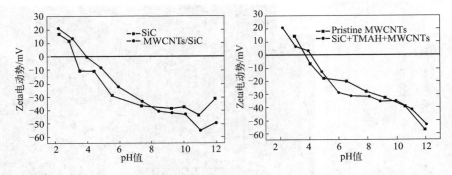

图 2-3　SiC 粉末、MWCNTs 以及 MWCNTs/SiC/TMAH 混合浆料的 Zeta 电动势[7]

在 pH 值等于 10 以后的 Zeta 电动势差大于 40mV，表明此浆料稳定、分散均一。CNTs 表面功能化能改变 CNTs 表面特征，减弱范德华力作用来促使 CNTs 在溶剂中很好地分散。Jiang 等[8] 以聚乙烯吡咯烷酮为分散剂，乙醇/甲乙酮为溶剂，将羧基化 CNTs 均匀分散到 SiC 浆料中。Candelario 等[9-12] 应用水基胶态分散工艺制备了一系列包含 CNTs、纳米 SiC 颗粒以及烧结助剂的浆料，结果发现功能化 CNTs 比非功能化 CNTs 更能形成稳定、分散良好的胶态悬浮液。图 2-4 是经过胶态分散后烧结而成的 CNTs/SiC 断口微观形貌，观察表明并没有出现大量的 CNTs 团聚现象。

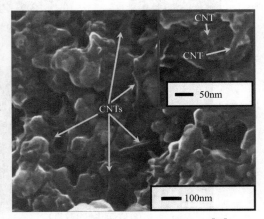

图 2-4　CNTs/SiC 断口微观形貌[12]

2.2.3　溶胶凝胶法

溶胶凝胶法是将碳纳米管分散在溶液中，在碳纳米管分散过程中加入含高化学活性组分的化合物，均匀混合后，经化学、物理作用，形成稳定透明的溶胶体系，溶胶通过陈化组装为具有三维空间网络结构的凝胶，其中网络间充满了无流动性的溶剂。凝胶通过超临界或冷冻干燥技术去掉溶剂，得到碳纳米管基三维结构材料。2007 年，Bryning 等[13] 利用溶胶凝胶法把粉末状碳纳米管分散在十二烷基苯磺酸钠水溶液中，过夜形成凝胶，分别经超临界和冷冻干燥技术获得碳纳米管三维材料。该碳纳米管宏观体密度低、导电性好，但较脆，遇到溶剂会散落，经 PVA 增强后碳纳米管气凝胶力学性能改善，导电性降低。2010 年，Zhai 等[14] 利用聚 [3-(三甲氧硅)丙基甲基丙烯酸]（PTMSPMA）分散和修饰碳纳米管，PTMSPMA 经水解和聚合在碳纳米管间建立永久牢固的化学链，除去湿凝胶中溶剂后得到密度为 $4mg/cm^3$ 的气凝胶、具有各向异性的大孔蜂窝结构和介孔蜂窝壁。研究发现，气凝胶具有良好的弯曲恢复特性、高的比表面积和高的导电性，可应用于气体传感器和超灵敏压力传感器。

2.3 ▶ 纳米增强体/陶瓷基复合材料致密化工艺

2.3.1 反应烧结

反应烧结法（reactive hot pressing，RHP）[15-16] 是反应和热压烧结同时进行的一种陶瓷成型方法，可提高陶瓷的烧结活化能，使得材料体系在较低温度下快速达到致密，并可控制制品的收缩率。选取合适的材料体系，利用不同陶瓷生成温度和速度的不同，通过控制界面反应而达到原位引入二次相和控制层内微结构的目的，提高层内耗能能力。此外，采用难熔活性金属进行化学反应制备原位界面是一种提高界面结合强度的可行方法。因此，反应烧结法可同时达到控制界面性质和层内结构的目的。

2.3.2 前驱体浸渍热解

前驱体浸渍热解法又称聚合物转化法（polymer-derived ceramic，PDC），其基本工艺是首先将有机前驱体溶液交联固化，然后在惰性气体保护下前驱体发生裂解陶瓷化而得到基体。由于前驱体热解产物的产率较低，为了得到致密度高的复合材料，必须经过多次浸渗裂解。常用的 SiC 聚合物前驱体有聚碳硅烷（polycarbosilane，PCS）、聚甲基硅烷（polymethylsilane，PMS）、烯丙基氢化聚碳硅烷（allylhydridopolycarbosilane，AHPCS）等。该方法的主要优点是裂解温度较低（850～1200℃）、可无压烧成、对纤维等增强相的机械和热损伤程度较小，并且可以获得成分均匀的 SiC 陶瓷基体。主要缺点是前驱体在干燥和热解过程中，由于溶剂或低分子量组元的挥发等因素的综合作用，基体会产生很大收缩而形成大量裂纹，最终影响复合材料性能。若达到理论密度的 90%～95%，必须经过多次浸渗（通常达 6～10 次）和高温处理，不但制备周期长，而且反复高温处理也易损伤纤维，高温处理是为了得到晶化的 SiC 基体。

PDC 工艺也常用来制备 CNTs/SiC，第一步通常是 CNTs 和陶瓷前驱体的混合。Wang 等[17] 将 MWCNTs 和 PCS 混合，然后经过熔融纺丝、固化、裂解制备了 MWCNTs 增强的 SiC 纤维，研究发现当加入 0.5%（质量分数）MWCNTs 时，材料的杨氏模量和拉伸强度分别提高了 93.6%、38.5%，达到 273 GPa、1.8 GPa。Yamamoto 等[18] 将纯化的 SWCNTs 加入到 PCS 的正己烷溶液中超声分散，然后将此悬浮液自然干燥除去正己烷，最后将 PCS-SWCNTs 混合物固化，1400℃真空热处理得到纳米复合材料，结果显示 β-SiC 在 SWCNTs 束上均匀分布，晶粒尺寸为 14.6～22.4nm，这种纳米复合材料在增强 CNTs/陶瓷材料中具有潜在的应用。Bose 等[19] 应用 PCS 转化 β-SiC 工艺表面修饰了 MWCNTs，发现此复合材料可以提高 ABS/LCP 材料的玻璃化转变温度和力学性能。Novak 等[20] 应用阳极共沉积 MWCNTs/SiC 水基悬浮液的方法得到混合均匀的 MWCNTs/SiC 共沉积体，然后将其干燥、1600℃真空预烧结、真空浸渍 AHPCS、850℃裂解、1600℃真空热处理制备了 CNTs/SiC。Clark 等[21] 将 PMS、功能化 CNTs 超声混合，然后裂解、球磨、SPS 烧结制备了 CNTs/SiC 纳米复合材料，发现 CNTs 的加入并没有提高其维氏硬度和杨氏模量，其中烷基化 CNTs/SiC 抵抗裂纹扩展的载荷有所提高。PDC 法制备 CNTs 陶瓷复合材料基体除了 SiC 还有 SiCN[22]、SiBCN[23] 等。

反应熔体浸渗法又称液硅渗透（liquid silicon infiltration，LSI），基于反应 $Si(l)+C(s)\longrightarrow$ $SiC(s)$，应用 LSI 工艺制备 C/SiC 复合材料，首先采用高压冲型或树脂转移模工艺制备纤维增韧聚合物材料，然后在氩气环境下热解得到低密度碳基复合材料，最后在真空 1600℃ 下渗硅，液态硅与碳发生反应形成 SiC，从而得到 CFCCs-SiC 复合材料。LSI 工艺具有制备周期短、成本低、残余孔隙率低，可制备形状复杂构件等优点，通过一次渗透处理即可获得基本致密的复合材料，整个过程尺寸变化极小，能保持纤维骨架形状和纤维强度，是一种极具市场竞争力的工业化生产技术。但是与化学气相渗透、PDC 工艺合成 SiC 基体不损伤碳纤维不同的是，熔融 Si 在与 C 基体反应的同时不可避免地与碳纤维反应，导致纤维受损，性能下降，同时还会残余一定量的 Si，导致复合材料高温力学性能，特别是抗蠕变性能下降。

LSI 工艺制备 CNTs/SiC 与上述制备 C/SiC 复合材料类似，不同的是原材料里面常含有 SiC 颗粒，并且还面临三大关键问题：CNTs 的分散、合适的界面结合以及避免 CNTs 被液硅腐蚀。Thostenson 等[24] 首先制备含有 SiC 颗粒、CNTs 的聚合物预制体，然后将其碳化、1400℃ 液硅渗透制备 CNTs/SiC，结果发现当 CNTs 的体积分数为 0.3%、2.1% 时，复合材料电阻率下降了 75%、96%，CNTs 的加入改善了 SiC 陶瓷的电学性能，当体积分数为 0.3%、0.6% 时，弯曲强度变化不大，然而当体积分数达到 2.1% 时弯曲强度下降了近 64%。Song 等[25] 首先将硝酸纯化的 MWCNTs、酚醛树脂、乙醇超声分散，60℃ 预处理；其次，SiC 粉末和 0.5%（质量分数）炭黑以乙醇为溶剂、邻苯二甲酸二乙酯为分散剂，经过超声分散、持续球磨分散在 E-51 环氧树脂里得到 SiC/C 浆料，然后将上述浆料混合得到悬浮液，室温下固化得到坯体；最后将坯体 1000℃ 真空碳化，1600℃ 液硅渗透得到不同 CNTs 含量的（0、1%、3%、5%、10%、15%，质量分数）MWCNTs/SiC。研究发现复合材料抗弯强度和断裂韧性最高达到 365MPa、6.9MPa·$m^{1/2}$，而不加入 CNTs 的 SiC 陶瓷只有 236MPa、3.8MPa·$m^{1/2}$，图 2-5 是 CNTs 质量分数为 5%、10% 时复合材料断口的微观形貌，发现并没有出现 CNTs 团聚现象。此外大量的 CNTs 拔出以及拔出后残留的孔不仅表明 CNTs 的存在，也能说明理想的 CNTs/SiC 界面结合以及 CNTs 并没有被液硅腐蚀。当 CNTs 质量分数达到 15% 时，CNTs 的团聚加上残余碳导致复合材料力学性能下降。Cai 等[26] 首先将 MWCNTs、B_4C、无定形 Si 混合分散成水基悬浮液，过滤得到巴基纸，

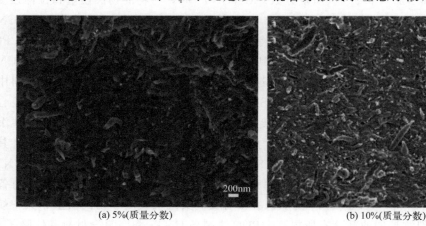

| (a) 5%(质量分数) | (b) 10%(质量分数) |

图 2-5　CNTs/SiC 断口微观形貌[25]

然后将酚醛树脂渗透到巴基纸预制体中，190℃固化，900℃酚醛树脂裂解成碳，1450～1600℃氮气气氛下烧结促使碳与硅反应生成 SiC 制备了 CNTs/SiC，结果发现 B_4C 的加入改善了复合材料的硬度、压痕断裂韧性以及电导率。

2.3.4 化学气相渗透

化学气相渗透（chemical vapor infiltration，CVI）工艺制备 CFCCs-SiC 是 20 世纪 70 年代法国波尔多大学 Naslain 教授发明的[27]，是基于化学气相沉积（chemical vapor deposition，CVD）工艺发展起来的。根据流场和温度场的特征可分为等温 CVI、热梯度 CVI、压力梯度 CVI、热梯度强制对流 CVI 以及脉冲 CVI，其中等温 CVI 是最简单也是最常用的 CVI 工艺。等温 CVI 制备 CFCCs-SiC 复合材料的基本工艺流程是将纤维预制体放入温度均一且无明显强制气体流动的反应室内，气态前驱体按一定比例进入反应室并主要通过扩散作用渗入到多孔纤维预制体内，在预制体表面发生化学反应并原位沉积。在生成 SiC 固体产物的同时放出气体副产物，副产物从反应壁面上解附并借助于扩散传质进入主气流，随后排出沉积炉，完成 CVI 过程。由于气态前驱体在预制体中的传质主要靠扩散作用，预制体表面的运输状态远优于内部，使得预制体中沿气体扩散方向存在一定的浓度梯度，导致在预制体入口处的前驱体气体浓度高于预制体内部，沉积速率也高于预制体内部。随着浸渗过程的进行，预制体表面的孔洞过早封闭而切断气体向预制体内部的传输通道，从而使复合材料产生密度梯度，影响沉积质量。为防止表面的过度沉积，CVI 工艺通常采用较低的制备温度（900～1100℃）和压力，但致密化速度低，周期长，不过工艺稳定，只要构件壁不太厚，适用于任意复杂构件的致密化，并且可以一炉同时制备多个构件，不失经济性。

CVI 过程是一个极其复杂的过程，涉及化学、热力学、动力学和晶体生长等领域。在 CVI 过程中，反应物以气体的形态存在，渗入到预制体内部发生化学反应生成 SiC 基体。三氯甲基硅烷（CH_3SiCl_3，MTS）是 CVI 制备 SiC 最常用的反应气体，其分子中的 Si 和 C 的原子数相等，易于获得化学计量的 SiC，具有很宽的沉积温度范围[28]。CVI 工艺制备 SiC 基体，由于整个过程都有气体参与，并且反应生成的中间产物繁多，沉积条件的细小变化往往会导致沉积产物组成和形态的显著差异，同时也直接影响复合材料的致密化过程。因此，与其他方法相比，CVI 工艺对过程控制要求更高[29]。

近年来，CVI 工艺也开始应用于制备 CNTs/SiC，但前提是有合适的 CNTs 预制体。Gu 等[30] 首先报道了 CVI 工艺制备 CNTs/SiC，他从定向 CNTs 阵列上剥离出定向 CNTs 薄片，然后利用 CVI 制备了 CNTs/SiC，应用原子力显微镜（atomic force microscope，AFM）测试了单根 CNTs/SiC 纳米线的三点弯曲强度，结果发现其断裂强度和弹性模量最高达 234 GPa。Poelma 等[31] 应用低压 CVD 工艺制备了 CNTs 阵列/SiC，在平底圆柱试样上应用纳米压痕表征了复合材料的失效模式，发现随着 SiC 涂层厚度的增加，失效模式从局部周期性屈曲发展到竹节状失效，直至最后的脆性陶瓷失效；当圆柱的 CNTs 阵列长径比为 10、SiC 涂层厚度为 21.4nm 时，压缩强度达到 1.8 GPa，弹性模量达到 125 GPa。Yang 等[32] 研究了 CVI 工艺制备的单根 CNTs/SiC 纳米纤维微观拉伸性能，发现随着纳米纤维直径从 100nm 升高至 400nm（纤维的直径由沉积时间控制），弹性模量和断裂强度分别从（198.5±36.4)GPa、（4.6±0.5)GPa 降至 （127.1±35.4)GPa、（3.8±0.6)GPa，微观形貌如图 2-6 所示，由图 2-6(a) 可见纳米纤维被破坏后，CNTs 并未从 SiC 基体中完全拔出，而是仍然将破裂的基体连在一起，起到明显的增韧作用，图 2-6(b) 显示的是 SiC 层为壳、CNTs 为核的核/壳结构的 TEM 图。此外，Mei 等[33] 也曾应用 CVI 工艺制备了垂直定向 CNTs 阵列增强的 SiC 陶瓷基复合材料，研究了其抗氧化性能。

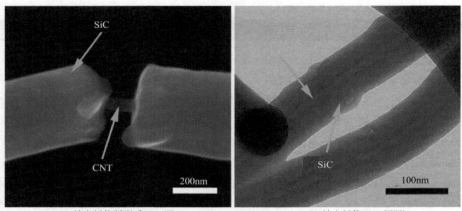

| (a) 纳米纤维断裂后SEM图 | (b) 纳米纤维TEM图[32] |

图 2-6　CNTs/SiC 纳米纤维微观形貌

应用 CVI、CVD 方法制备 CNTs/SiC，不用经过均匀分散、表面处理和烧结等步骤，可以最大程度改善材料的力学性能。微观结构观察表明每根 CNT 周围有均匀沉积的 SiC 基体，CNT 保存完好，与 SiC 基体结合均匀，致密，无裂纹，断裂时 CNT 拔出现象明显，且呈"针尖"状[30,32-33]。

应用 CVI 工艺制备 CNTs 增强复合材料，目前预制体直接采用 CNTs 薄片、阵列，沉积各种基体形成的低维复合材料除了 CNTs/SiC 还有 CNTs/Si_3N_4[34]、CNTs/Si[35]、CNTs/C[36] 等。Kothari 等[34] 利用低压 CVI 工艺向 CNTs 阵列中渗入 Si_3N_4 基体制备了 CNTs/Si_3N_4，研究发现其断裂韧性达 5.6MPa·$m^{1/2}$，约为纯 Si_3N_4 陶瓷的 7 倍。Fu 等[35] 应用 CVD 工艺在定向 CNTs 薄膜上沉积了一层 Si 涂层，将此薄膜应用于锂离子电池正极时，电池具有较高的能量密度和稳定的电循环性能。Wang 等[36] 应用冷冻铸造和 CVI 方法制备了分层级多孔 CNTs/C 复合球，此复合球对维生素 B_{12} 的吸附能力达到 51.48mg/g，分别是传统活性炭粉、大孔树脂粉的 3.7 倍和 3.4 倍。

2.4 ▶ 强韧化机理与效果

从根本上说，陶瓷材料的强韧化就是利用尺寸效应减小缺陷尺寸，利用复合效应加大裂纹扩展阻力。但由于强韧化途径与方法不同，机理与效果也不相同。表 2-1 归纳总结了陶瓷材料的强韧化途径及其机理与效果。

表 2-1　陶瓷材料的强韧化途径及其机理与效果

强韧化途径与方法		强韧化效果(以★多为优)		主要强韧化机理	
		韧化	强化	韧化	强化
纳米化	纳米复相	★★	★★	裂纹偏转，内晶型次界面，内应力	晶界钉扎，位错网强化，缺陷尺寸减小，裂纹愈合

纳米增强体有序组装三维结构陶瓷基复合材料

强韧化途径与方法		强韧化效果（以★多为优）		主要强韧化机理	
		韧化	强化	韧化	强化
原位自生	自增韧	★★	★★	裂纹偏转，裂纹桥联	载荷转移，晶界强化
	纳米层状	★★	★	裂纹偏转，裂纹层间析出	缺陷尺寸减小
	共晶复相	★★★	★★★★	裂纹偏转，裂纹桥联	载荷转移，第二相细化
仿生结构	纤维独石结构	★★★	★	裂纹层间析出	内应力释放
	层状结构	★★★	★	裂纹层间析出	内应力释放
增强体	颗粒	★		裂纹偏转与桥联，相变	无
	晶须	★★	★	裂纹偏转，裂纹桥联拔出效应	载荷转移，基体预应力
	连续纤维	★★★★★	★★★	界面裂纹扩展，界面应力松弛	纤维主要承载

2.5 ▶ 纳米增强体有序组装

　　CNTs 是典型的一维纳米材料，密度低，空间结构完美，具有优异的力学、电学、热学、磁学等性能，在增强，增韧，功能化陶瓷基、金属基、树脂基复合材料领域有着广阔的应用前景。然而尽管单根离散 CNTs 自身具有优异的性能，但其近乎纳米单晶的微观尺度和不连续性限制了其在复合材料领域的广泛应用。目前，随着人们对 CNTs 研究的逐渐深入以及 CNTs 制备技术的不断发展，人们在微观尺度对 CNTs 深入研究的同时，也关注其在宏观层次上的应用。因此，如何把 CNTs 制备成满足实际需求的宏观尺度结构，并充分利用其纳米尺度下的优异性能成为了 CNTs 复合材料研究领域的一大研究方向。通过 CNTs 有序组装三维结构获得 CNTs 集合体，既可在宏观尺度上充分发挥 CNTs 自身优异的力学和功能性能，又具有微观尺度材料的可设计性和可操控性，是理想的复合材料增强体以及 CVI 工艺的预制体。通过化学或物理连接的方式可形成纤维、薄膜、丝带、海绵、气凝胶等各种集合体，然后经过基体致密化制备复合材料，所以集合体是 CNTs 复合材料未来工程化和规模化应用的最基本形式，为典型的多尺度层级材料。将 CNTs 从纳米的微观尺度组装成宏观集合体的过程，被称为"自下而上"的制备过程，可用的方法有预定模板法、蚀

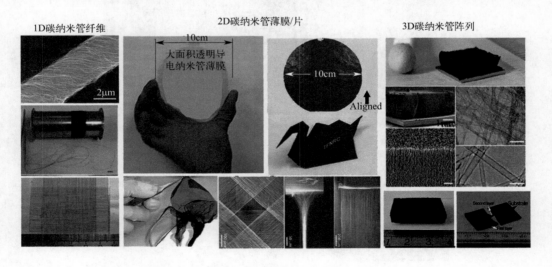

图 2-7　部分 1D、2D 以及 3D CNTs 集合体形貌[37]

刻法、化学气相沉积法和微成型技术法等。这些集合体具有不同的结构形态和特性，可以实现多种不同的应用。图 2-7 是一些 1D（即一维，下同）、2D 以及 3D CNTs 集合体形貌。

2.5.1　一维纤维

一维 CNT 预制体是指在一个维度上达到厘米级别的 CNT 集合体，主要指 CNT 丝、CNT 纤维等，其高电导、高热导、轻质、柔性等特征使其在可穿戴电子设备和传感器等领域具有巨大应用前景。高强 CNT 纤维更是有望在某些领域取代碳纤维。

CNT 丝的制备方法主要包括直接生长法、干纺丝法和湿纺丝法等。直接生长法可分为两种：一种是直接生长单根超长的 CNT，单根超长 CNT 可以充分发挥 CNT 的本征性能优势，是最理想的 CNT 丝材料，但制备的 CNT 丝长度受制备工艺限制，一般在分米级别；另一种是连续生长的纺丝，所制备的 CNT 丝为 CNT 通过范德华力聚合形成，连续生长纺丝的好处是可以实现宏量 CNT 丝制备，制备的 CNT 丝可达千米量级[38]。Wen 等[39] 在2010 年成功制备了长度达 20cm 的单根超长碳纳米管。清华大学范守善课题组[40] 也采用化学气相沉积法制备了超长定向 CNT 阵列，单根 CNT 长度也达到了近 20cm。Yu 等[41] 通过浮动催化法连续生长纺丝制备了 CNT 长丝，CNT 在浮动催化反应炉中生成后随气流运动到炉管尾部，通过收集器进行收集并纺丝，再利用乙醇溶液实现致密化。所制备的 CNT 丝长度及致密度可控，基本实现产业化，且力学、导电、导热性能良好。

干纺丝法是采用可纺丝定向 CNT 阵列进行提拉、牵引得到 CNT 丝的方法[42-43]，制备原理如图 2-8 所示。Jiang 等[44] 首次证实了干纺丝法制备定向 CNT 丝的可行性，在提拉作用下，CNT 通过范德华力首尾相连，最终形成 CNT 长丝。通过干纺丝法制备的 CNT 丝为定向结构，因此具有高的强度与导电性，定向 CNT 丝电导率可达 9.2×10^4 S/m，对 CNT 丝进行致密化和加捻可使纤维强度达到约 1GPa[45]。用长度达 1mm 以上的超长 CNT 阵列进行纺丝得到的CNT 丝强度可达到 3.3GPa[46-47]。尽管采用干纺丝法制备的 CNT 丝具有其他 CNT 丝不可媲美的优异性能，然而，可纺丝定向 CNT 阵列的生长以及高效可控纺纱工艺仍有待突破。

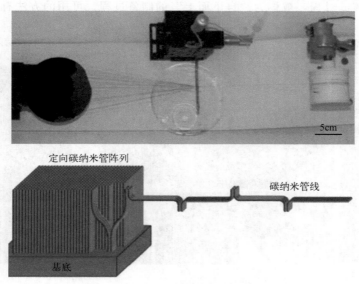

图 2-8　干纺丝法制备 CNT 丝原理图[42]

湿纺丝工艺采用了与聚合物纤维制备相同的方法，在聚合物纤维制备过程中，聚合物溶液通过毛细管挤入到另一种溶液中，由于聚合物不溶于该溶液而受冷聚合形成纤维。Poulin集团最早采用该方法进行 CNT 纤维生产[48-49]，先将 CNT 通过表面活性剂分散在水溶液中，然后将分散溶液注入聚乙烯醇水凝固浴中，表面活性剂被 PVA 取代后 CNT 塌陷形成CNT/PVA 复合凝胶纤维。湿纺丝工艺的缺点是不可避免地在 CNT 纤维中引入大量的聚合物，从而牺牲了 CNT 纤维的导热和电性能。

2.5.2 二维薄膜（纸）

二维 CNT 预制体是指薄膜状的 CNT 集合体，其在长、宽两个尺度上表现为厘米以上的宏观尺度，而厚度在微米级别。预制体内部 CNT 相互交织形成网络结构，因此导电、导热性能良好。CNT 膜的制备方法主要包括直接生长法[48-51]、抽滤法[52-53]、干纺法[54-61]。

直接生长法制备 CNT 膜的好处是纯度高，无损伤。Li 等[50] 采用直接生长法制备了面积约 100cm^2 蜘蛛网状 SWCNT 薄膜，如图 2-9 所示。SWCNT 通过浮动催化学气相沉积法合成，合成的 SWCNT 在反应炉中由载气带到反应炉尾部沉积形成 SWCNT 多层沉积结构，再通过乙醇溶剂进行诱导缩合形成 SWCNT 薄膜。该 SWCNT 薄膜具有良好的强韧性、导电性以及可调控的透光性，其最高透光率可以达到 95%，因此在太阳能透明电极等领域具有良好的应用前景。根据需要可以对该 SWCNT 薄膜进行转移，转移基底可以是金属、纸或纤维等。Liu 等[62] 同样采用直接生长法制备了具有片层结构的 CNT 膜，制备过程中可以对 CNT 直径及片层堆积密度进行控制，该片层状 CNT 膜具有高的电容。

所谓抽滤法，即将 CNT 分散在溶剂中形成悬浮液，通过抽滤得到 CNT 膜的一种方法。Liu 等[63] 用聚四氟乙烯滤膜过滤 CNT 的水溶液，得到 SWCNT 构成的 CNT 膜。Whitby等[64] 制备了 MWCNT 构成的 CNT 膜。抽滤法的优点是所需设备简单、易于操作，同时可以对用于抽滤的 CNT 进行预处理；缺点是制备的 CNT 膜中 CNT 的排列比较弯曲，容易结块[65]，因此所得 CNT 膜较脆，并且在干燥和与过滤膜分离的过程中 CNT 膜很容易发生破裂[66-67]。

干纺法适合于制备高纯度、大面积、高取向度的 CNT 膜，但同时对制备工艺提出了很高要求，干纺法需要首先合成超顺排 CNT 阵列，其制备原理与前文介绍的干纺丝法制备CNT 丝的方法相同。范守善课题组[68] 最早采用干纺法制备出了大面积 CNT 薄膜，制备过

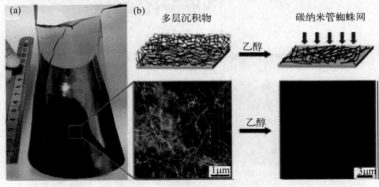

图 2-9　直接生长法制备 SWCNT 膜示意图[50]

程中可以对 CNT 壁束、直径、长度进行有效控制，获得不同性能的 CNT 薄膜以满足不同领域的应用。通过控制 CNT 直径和长度可以有效改变其电导率、透光率及光发射性能。

2.5.3　三维网络

三维 CNT 预制体是指在长宽高三个维度上均达到厘米级别的 CNT 集合体。其制备方法主要包括直接合成法[69-73]、冷冻干燥法[74-78]、溶胶凝胶法[79-82] 等。常见的三维 CNT 预制体包括 CNT 阵列[73]、CNT 海绵[69]、CNT 气凝胶[74] 等。

CNT 阵列一般采用化学气相沉积法在镀有催化剂的硅片上进行生长，如图 2-10 所示。Hata 等[73] 采用化学气相沉积法制备了 SWCNT 阵列，阵列高度约 2.5mm，并引入水蒸气改善了催化剂活性，制备的 SWCNT 阵列 CNT 具有极高的纯度。同时采用液相收缩法使阵列致密化，致密化后该阵列密度达到 $0.57g/cm^3$，每平方厘米面积上的 CNT 根数约 $8.3×10^{12}$。随后，Ajayan 课题组[72] 利用相似的方法成功制备出了高度在 1mm 左右的 MWCNT 阵列。目前，CNT 阵列的生长工艺取得了很大的进步，已经可以实现超快速生长以及超高厚度生长，阵列生长速度可达 $50\mu m/min$，而高度可以生长到厘米级别[83]。同样采用直接生长法也可以制备 CNT 海绵，CNT 海绵与 CNT 阵列的最大区别是，CNT 阵列中的 CNT 为定向排列结构，而 CNT 海绵中的 CNT 为无序结构。Zheng 等[70] 通过 CVD 方法制备了一种结构类似于棉花的 CNT 预制体。该棉花状 CNT 表现为超长 CNT，其具有很低的密度，并可以用于纺丝。吴德海课题组[69] 报道的 CNT 海绵，其在各维度上尺寸均可达到数厘米的量级，海绵内部微结构显示由大量 MWCNT 互相纠缠、搭接形成，宏观密度低至 $5mg/cm^3$，高可达 $25mg/cm^3$，孔隙率超过 99%。CNT 海绵具有十分稳定的结构，在循环压缩下仍具有良好的弹性。

溶胶凝胶法和冷冻干燥法是制备 CNT 气凝胶的常用方法[77]。溶胶凝胶法是将 CNT 分散在溶液中，经过多种物化作用形成稳定的溶胶体系，溶胶进一步陈化形成具有三维网络结构的凝胶，凝胶网络间由溶剂填充。将溶剂通过超临界干燥或冷冻干燥技术去掉后便得到 CNT 三维结构材料。冷冻干燥法区别于溶胶凝胶法的是无须形成凝胶，后续干燥处理过程基本类似。

(a) 高2.5 mm的SWCNT阵列

(b) SWCNT阵列SEM图片　　　(c) SWCNT阵列边缘

图 2-10　化学气相沉积法合成 SWCNT 阵列[74]

纳米增强体有序组装三维结构陶瓷基复合材料

2.6 ▶ 小结

　　本章介绍了粉体法、胶体法和溶胶凝胶法三种纳米增强体的引入途径和反应烧结、前躯体浸渍热解、反应熔体浸渗、化学气相渗透四种纳米增强体/陶瓷基复合材料致密化工艺。同时也介绍了强韧化机理与效果，并简单介绍了一维纤维、二维薄膜/片和三维网络三种纳米增强体的有序组装。

参考文献

[1]　R. Z. Ma, J. Wu, B. Q. Wei, et al. Processing and properties of carbon nanotubes-nano-SiC ceramic [J]. Journal of Materials Science, 1998, 33 (21): 5243-5246.

[2]　Y. Morisada, Y. Miyamoto, Y. Takaura, et al. Mechanical properties of SiC composites incorporating SiC-coated multi-walled carbon nanotubes [J]. International Journal of Refractory Metals and Hard Materials, 2007, 25 (4): 322-327.

[3]　K. Sarkar, S. Sarkar, P. Kr. Das. Spark plasma sintered multiwalled carbon nanotube/silicon carbide composites: Densification, microstructure, and tribo-mechanical characterization [J]. Journal of Materials Science, 2016, 51 (14): 6697-6710.

[4]　J. K. Lee, S. P. Lee, K. S. Cho, et al. Characterization of SiC_f/SiC and CNT/SiC composite materials produced by liquid phase sintering [J]. Journal of Nuclear Materials, 2011, 417 (1-3): 371-374.

[5]　T. A. Carlson, C. P. Marsh, W. M. Kriven, et al. Processing, microstructure, and properties of carbon nanotube reinforced silicon carbide [M] //E. Patterson, D. Backman, G. Cloud. Composite Materials and Joining Technologies for Composites. Springer New York, 2013: 147-158.

[6]　M. Hajiaboutalebi, M. Rajabi, O. Khanali. Physical and mechanical properties of SiC-CNTs nano-composites produced by a rapid microwave process [J]. Journal of Materials Science: Materials in Electronics, 2017, 28 (12): 8986-8992.

[7]　Z. H. Lü, D. L. Jiang, J. X. Zhang, et al. Preparation and properties of multi-wall carbon nanotube/SiC composites by aqueous tape casting [J]. Science in China Series E: Technological Sciences, 2009, 52 (1): 132-136.

[8]　D. Jiang, J. Zhang, Z. Lü. Multi-wall carbon nanotubes (MWCNTs) -SiC composites by laminated technology [J]. Journal of the European Ceramic Society, 2012, 32 (7): 1419-1425.

[9]　V. M. Candelario, R. Moreno, F. Guiberteau, et al. Enhancing the sliding-wear resistance of SiC nanostructured ceramics by adding carbon nanotubes [J]. Journal of the European Ceramic Society, 2016, 36 (13): 3083-3089.

[10]　V. M. Candelario, R. Moreno, A. L. Ortiz. Carbon nanotubes prevent the coagulation at high shear rates of aqueous suspensions of equiaxed ceramic nanoparticles [J]. Journal of the European Ceramic Society, 2014, 34 (3): 555-563.

[11]　V. M. Candelario, R. Moreno, Z. Shen, et al. Liquid-phase assisted spark-plasma sintering of SiC nanoceramics and their nanocomposites with carbon nanotubes [J]. Journal of the European Ceramic Society, 2017, 37 (5): 1929-1936.

[12]　V. M. Candelario, R. Moreno, Z. Shen, et al. Aqueous colloidal processing of nano-SiC and its nano-$Y_3Al_5O_{12}$ liquid-phase sintering additives with carbon nanotubes [J]. Journal of the European Ceramic Society, 2015, 35 (13): 3363-3368.

[13]　M. B. Bryning, D. E. Milkie, M. F. Islam, et al. Carbon nanotube aerogels [J]. Advanced Materials, 2007, 19 (5): 661-664.

[14]　J. Zou, J. Liu, A. S. Karakoti, et al. Ultralight multiwalled carbon nanotube aerogel [J]. ACS Nano, 2010, 4 (12): 7293-7302.

[15]　龚红宇, 尹衍升, 李爱菊, 等. 反应烧结法制备（AlN,TiN)-Al_2O_3复合材料的研究 [J]. 复合材料学报, 2003, 20 (01): 12-15.

[16] 王静，曹英斌，刘荣军，等. C/C-SiC复合材料的反应烧结法制备及应用进展 [J]. 材料导报，2013，27（5）：29-33.

[17] H. Z. Wang，X. D. Li，J. Ma，et al. Multi-walled carbon nanotube-reinforced silicon carbide fibers prepared by polymer-derived ceramic route [J]. Composites Part A：Applied Science and Manufacturing，2012，43（3）：317-324.

[18] G. Yamamoto，K. Yokomizo，M. Omori，et al. Polycarbosilane-derived SiC/single-walled carbon nanotube nanocomposites [J]. Nanotechnology，2007，18（14）：145614-145618.

[19] S. Bose，M. Mukherjee，K. Pal，et al. Development of core-shell structure aided by SiC-coated MWNT in ABS/LCP blend [J]. Polymers for Advanced Technologies，2010，21（4）：272-278.

[20] S. Novak，A. Iveković. SiC-CNT composite prepared by electrophoretic codeposition and the polymer infiltration and pyrolysis process [J]. Journal of Physical Chemistry B，2013，117（6）：1680-1685.

[21] M. D. Clark，L. S. Walker，V. G. Hadjiev，et al. Polymer precursor-based preparation of carbon nanotube-silicon carbide nanocomposites [J]. Journal of the American Ceramic Society，2012，95（1）：328-337.

[22] Y. Feng，X. Guo，H. Gong，et al. The influence of carbon materials on the absorption performance of polymer-derived SiCN ceramics in X-band [J]. Ceramics International，2018，44（13）：15686-15689.

[23] Y. Zhang，X. Yin，Y. Fang，et al. Effects of multi-walled carbon nanotubes on the crystallization behavior of PDCs-SiBCN and their improved dielectric and EM absorbing properties [J]. Journal of the European Ceramic Society，2014，34（5）：1053-1061.

[24] E. T. Thostenson，P. G. Karandikar，T. W. Chou. Fabrication and characterization of reaction bonded silicon carbide/carbon nanotube composites [J]. Journal of Physics D：Applied Physics，2005，38（21）：3962-3965.

[25] N. Song，H. Liu，J. Fang. Fabrication and mechanical properties of multi-walled carbon nanotube reinforced reaction bonded silicon carbide composites [J]. Ceramics International，2016，42（1）：351-356.

[26] Y. Cai，L. Chen，H. Yang，et al. Mechanical and electrical properties of carbon nanotube buckypaper reinforced silicon carbide nanocomposites [J]. Ceramics International，2016，42（4）：4984-4992.

[27] R. R. Naslain. Ceramic matrix composites [M] //R. W. Cahn，A. G. Evans，M. Mclean High-temperature Structural Materials. Dordrecht：Springer Netherlands，1996：67-78.

[28] R. Naslain，F. Langlais，R. Pailler，et al. Processing of SiC/SiC fibrous composites according to CVI-techniques [M]//A. Kohyama，M. Singh，H. T. Lin，et al. Advanced SiC/SiC ceramic composites：Developments and Applications in Energy Systems. Hoboken：John Wiley & Sons，Inc，2006：19-37.

[29] 张立同. 纤维增韧碳化硅陶瓷复合材料——模拟、表征与设计 [M]. 北京：化学工业出版社，2009：26-27.

[30] Z. Gu，Y. Yang，K. Li，et al. Aligned carbon nanotube-reinforced silicon carbide composites produced by chemical vapor infiltration [J]. Carbon，2011，49（7）：2475-2482.

[31] R. H. Poelma，B. Morana，S. Vollebregt，et al. Tailoring the mechanical properties of high-aspect-ratio carbon nanotube arrays using amorphous silicon carbide coatings [J]. Advanced Functional Materials，2014，24（36）：5737-5744.

[32] Y. Yang，W. Chen，E. Hacopian，et al. Unveil the size-dependent mechanical behaviors of individual CNT/SiC composite nanofibers by in situ tensile tests in SEM [J]. Small，2016，12（33）：4486-4491.

[33] H. Mei，Q. Bai，K. G. Dassios，et al. Oxidation resistance of aligned carbon nanotube-reinforced silicon carbide composites [J]. Ceramics International，2015，41（9）：12495-12498.

[34] A. K. Kothari，S. Hu，Z. Xia，et al. Enhanced fracture toughness in carbon-nanotube-reinforced amorphous silicon nitride nanocomposite coatings [J]. Acta Materialia，2012，60（8）：3333-3339.

[35] K. Fu，O. Yildiz，H. Bhanushali，et al. Aligned carbon nanotube-silicon sheets：A novel nano-architecture for flexible lithium ion battery electrodes [J]. Advanced Materials，2013，25（36）：5109-5114.

[36] J. Wang，Q. Gong，D. Zhuang，et al. Chemical vapor infiltration tailored hierarchical porous CNTs/C composite spheres fabricated by freeze casting and their adsorption properties [J]. RSC Advances，2015，5（22）：16870-16877.

[37] L. Luqi，M. Wenjun，Z. Zhong. Macroscopic carbon nanotube assemblies：Preparation，properties，and potential applications [J]. Small，2011，7（11）：1504-1520.

[38] H. W. Zhu，C. L. Xu，D. H. Wu，et al. Direct synthesis of long single-walled carbon nanotube strands [J]. Science，

2002，296（5569）：884.

[39] Q. Wen，R. Zhang，W. Qian，et al. Growing 20 cm long DWNTs/TWNTs at a rapid growth rate of 80-90μm/s [J]. Chemistry of Materials Feb，2010，22（4）：1294-1296.

[40] X. Wang，Q. Li，J. Xie，et al. Fabrication of ultralong and electrically uniform single-walled carbon nanotubes on clean substrates [J]. Nano Letters，2009，9（9）：3137.

[41] J. Yu，L. Wang，X. Lai，et al. A durability study of carbon nanotube fiber based stretchable electronic devices under cyclic deformation [J]. Carbon，2015，94：352-361.

[42] X. Zhang，K. Jiang，C. Feng，et al. Spinning and processing continuous yarns from 4-inch wafer scale super-aligned carbon nanotube arrays [J]. Advanced Materials，2010，18（12）：1505-1510.

[43] M. Zhang，K. R. Atkinson，R. H. Baughman. Multifunctional carbon nanotube yarns by downsizing an ancient technology [J]. Science，2004，306（5700）：1358-1361.

[44] K. Jiang，Q. Li，S. Fan，et al. Spinning continuous carbon nanotube yarns [J]. Nature，2002，419（6909）：801.

[45] K. Liu，Y. Sun，R. Zhou，et al. Carbon nanotube yarns with high tensile strength made by a twisting and shrinking method [J]. Nanotechnology，2009，21（4）：045708.

[46] X. Z. Dr，Q. L. Dr，T. D. Yi，et al. Strong carbon-nanotube fibers spun from long carbon-nanotube arrays [J]. Small，2007，3（2）：244-248.

[47] X. Zhang，Q. Li，T. Holesinger，et al. Ultrastrong，stiff，and lightweight carbon-nanotube fibers [J]. Advanced Materials，2010，19（23）：4198-4201.

[48] Y. Jia，J. Q. Wei，Q. K. Shu，et al. Spread of double-walled carbon nanotube membrane [J]. Chinese Science Bulletin，2007，52（7）：997-1000.

[49] H. Zhu，B. Wei. Direct fabrication of single-walled carbon nanotube macro-films on flexible substrates [J]. Chemical Communications，2007，29（29）：3042.

[50] Z. Li，Y. Jia，J. Wei，et al. Large area，highly transparent carbon nanotube spiderwebs for energy harvesting [J]. Journal of Materials Chemistry，2010，20（34）：7236-7240.

[51] L. Song，L. Ci，L. Lv，et al. Direct synthesis of a macroscale single-walled carbon nanotube non-woven material [J]. Advanced Materials，2004，16（17）：1529-1534.

[52] P. Gonnet，S. Y. Liang，E. S. Choi，et al. Thermal conductivity of magnetically aligned carbon nanotube buckypapers and nanocomposites [J]. Current Applied Physics，2006，6（1）：119.

[53] J. H. Gou. Single-walled nanotube buckypaper and nanocomposites [J]. Polymer International，2006，18（13）：1283.

[54] L. Xiao，Z. Chen，C. Feng，et al. Flexible，stretchable，transparent carbon nanotube thin film loudspeakers [J]. Nano Letters，2008，8（12）：4539.

[55] C. Feng，K. Liu，J. S. Wu，et al. Flexible，stretchable，transparent conducting films made from superaligned carbon nanotubes [J]. Advanced Functional Materials，2010，20（6）：885-891.

[56] Y. Sun，K. Liu，M. Jiao，et al. Highly sensitive surface-enhanced raman scattering substrate made from superaligned carbon nanotubes [J]. Nano Letters，2010，10（5）：1747.

[57] H. X. Zhang，C. Feng，Y. C. Zhai，et al. Cross-stacked carbon nanotube sheets uniformly loaded with SnO_2 nanoparticles：A novel binder-free and high-capacity anode material for lithium-ion batteries [J]. Advanced Materials，2009，21（23）：2299-2304.

[58] R. Zhou，C. Meng，F. Zhu，et al. High-performance supercapacitors using a nanoporous current collector made from super-aligned carbon nanotubes [J]. Nanotechnology，2010，21（34）：345701.

[59] Q. Cheng，J. Wang，K. Jiang，et al. Fabrication and properties of aligned multiwalled carbon nanotube-reinforced epoxy composites [J]. Journal of Materials Research，2008，23（11）：2975-2983.

[60] Q. F. Cheng，J. P. Wang，J. J. Wen，et al. Carbon nanotube/epoxy composites fabricated by resin transfer molding [J]. Carbon，2010，48（1）：260-266.

[61] L. Xiao，Z. Chen，C. Feng，et al. Flexible，stretchable，transparent carbon nanotube thin film loudspeakers [J]. Nano Letters，2008，8（12）：4539.

[62] Q. Liu, W. Ren, D. W. Wang, et al. In situ assembly of multi-sheeted buckybooks from single-walled carbon nanotubes [J]. Acs Nano, 2009, 3 (3): 707.

[63] J. Liu, A. G. Ronzler, H. J. Dai, et al. Fullerence pipes [J]. Science, 1998, 280 (5367): 1253.

[64] R. L. D. Whitby, T. Fukuda, T. Maekawa, et al. Geometric control and tuneable pore size distribution of buckypaper and buckydiscs [J]. Carbon, 2008, 46 (6): 949.

[65] L. Berhan, Y. B. Yi, A. M. Sastry, et al. Mechanical properties of nanotube sheets: Alterations in joint morphology and achievable moduli in manufacturable materials [J]. Journal of Applied Physics, 2004, 95 (8): 4335.

[66] S. H. Ng, J. Wang, Z. P. Guo, et al. Single wall carbon nanotube paper as anode for lithium-ion battery [J]. Electrochim Acta, 2005, 51 (1): 23.

[67] S. M. Cooper, H. Y. Chuang, M. Cinke, et al. Gas permeability of a buckypaper membrane [J]. Nano Letters, 2003, 3 (2): 189.

[68] K. Liu, Y. Sun, L. Chen, et al. Controlled growth of super-aligned carbon nanotube arrays for spinning continuous unidirectional sheets with tunable physical properties [J]. Nano Letters, 2008, 8 (2): 700.

[69] X. Gui, J. Wei, K. Wang, et al. Carbon nanotube sponges [J]. Advanced Materials, 2010, 22 (5): 617-621.

[70] L. Zheng, X. Zhang, Q. Li, et al. Carbon-nanotube cotton for large-scale fibers [J]. Advanced Materials, 2010, 19 (18): 2567-2570.

[71] X. Gui, A. Cao, J. Wei, et al. Soft, Highly conductive nanotube sponges and composites with controlled compressibility [J]. Acs Nano, 2010, 4 (4): 2320.

[72] A. Cao, P. L. Dickrell, W. G. Sawyer, et al. Super-compressible foamlike carbon nanotube films [J]. Science, 2005, 310 (5752): 1307-1310.

[73] K. Hata, D. N. Futaba, K. Mizuno, et al. Water-assisted highly efficient synthesis of impurity-free single-walled carbon nanotubes [J]. Science, 2004, 306 (5700): 1362.

[74] G. N. Ostojic. Optical properties of assembled single-walled carbon nanotube gels [J]. Chemphyschem A European Journal of Chemical Physics & Physical Chemistry, 2012, 13 (8): 2102-2107.

[75] J. G. Duque, C. E. Hamilton, G. Gupta, et al. Fluorescent single-walled carbon nanotube aerogels in surfactant-free environments [J]. Acs Nano, 2011, 5 (8): 6686-6694.

[76] K. Nakagawa, Y. Yasumura, N. Thongprachan, et al. Freeze-dried solid foams prepared from carbon nanotube aqueous suspension: Application to gas diffusion layers of a proton exchange membrane fuel cell [J]. Chemical Engineering & Processing Process Intensification, 2011, 50 (1): 22-30.

[77] N. Thongprachan, K. Nakagawa, N. Sano, et al. Preparation of macroporous solid foam from multi-walled carbon nanotubes by freeze-drying technique [J]. Materials Chemistry & Physics, 2008, 112 (1): 262-269.

[78] R. L. D. Whitby, S. V. Mikhalovsky, V. M. Gun' Ko. Mechanical performance of highly compressible multi-walled carbon nanotube columns with hyperboloid geometries [J]. Carbon, 2010, 48 (1): 145-152.

[79] J. Chen, C. Xue, R. Ramasubramaniam, et al. A new method for the preparation of stable carbon nanotube organogels [J]. Carbon, 2006, 44 (11): 2142-2146.

[80] L. Lascialfari, C. Vinattieri, G. Ghini, et al. Soft matter nanocomposites by grafting a versatile organogelator to carbon nanostructures [J]. Soft Matter, 2011, 7 (22): 10660-10665.

[81] S. Roy, A. Banerjee. Functionalized single walled carbon nanotube containing amino acid based hydrogel: A hybrid nanomaterial [J]. Rsc Advances, 2012, 2 (5): 2105-2111.

[82] M. N. And, M. Sano. Nanotube foam prepared by gelatin gel as a template [J]. Langmuir the Acs Journal of Surfaces & Colloids, 2007, 21 (5): 1706-1708.

[83] X. Zhang, A. Cao, B. Wei, et al. Rapid growth of well-aligned carbon nanotube arrays [J]. Chemical Physics Letters, 2002, 362 (3-4): 285-290.

第 3 章

一维组装体/陶瓷基复合材料

3.1 ▶ 引言

碳纳米管（CNT）自发现以来，一直被视为陶瓷材料理想的增强体。目前，制备 CNT 增强的陶瓷基复合材料主要采用将 CNT 分散，再与陶瓷粉体混合烧结的方法。由于此类方法存在着以下问题，如 CNT 在分散和制备过程中受损，在基体中团聚难以均匀分散以及与周围的基体结合强度过低使得载荷无法有效传递等，导致复合材料的力学性能普遍低于预期[1-9]。为了充分发挥 CNT 的增强增韧效果，必须解决这些工艺难题。

在采用 CVI 方法制备连续纤维增韧陶瓷基复合材料的过程中发现，该方法具有几个显著的优点：首先，它可以在较低的制备温度条件下获得复合材料，避免了高温和高残余应力对增强体的损害；其次，它能够方便地进行界面层的选取和设计，从而保证增强体-界面层-基体间有合理的结合强度和较小的残余应力；再次，它可以制备多种陶瓷基体，包括碳化物、硅化物、硼化物、氮化物和氧化物等，适用范围很广；最后，它是一种近净尺寸成型工艺，能够通过较少和较简单的后处理过程获得结构复杂的三维产品，尽量避免材料在后处理过程中受损[10-19]。采用 CVI 法，以 ACNT 薄片为预制体，可制备 ACNT 增强的碳化物陶瓷基复合材料。之所以选用 ACNT 薄片是因为它结构比较简单，所含的 ACNT 分布均匀、方向一致、性能优异稳定，而且数量较多，可以有效地防止复杂而激烈的分散过程对 AC-NT 造成损伤。将 CVI 工艺和 ACNT 预制体两者的优点相结合，能够改善和解决当前 CNT 增强陶瓷基复合材料制备过程中所遇到的一系列重要问题。

SiC 陶瓷基复合材料有着良好的理论研究基础、成熟的制备工艺和性能测试方法以及广泛的应用前景[20-22]。本章相关研究工作采用 CVI 方法制备了 ACNT/SiC 复合材料，研究过程中优化了复合材料的 CVI 工艺参数，观察了材料的本征结构，测试了材料的力学和抗氧化性能，分析了材料独特结构和优异性能间的关系，为日后复杂 CNT 预制体和其他陶瓷基体的引入奠定基础。

采用 CVI 法制备 ACNT/SiC 复合材料时，避免了 CNT 的表面改性、分散、机械混合和高温烧结等步骤，有效地解决了以往复合材料制备过程中遇到的 CNT 破损、分散不均和与基体结合差等问题，制备出的 ACNT/SiC 复合材料较为致密，且力学和抗氧化性能优异。在此基础上，扩展 CVI 技术的应用范围，仍以 ACNT 薄片为预制体，制备了 AC-NT/B₄C 复合材料。优化材料的制备工艺，分析它的结构特征，测试其力学性能和抗氧化性能。

连续碳纤维增强的复合材料的力学性能已经有较多的研究，但是对于用微、纳米（碳化硅晶须、碳纳米管）增强体与连续纤维协同增韧的复合材料的力学性能的研究较少。碳化硅晶须、碳纳米管都具有优异的力学性能、较高的长径比，是非常优异的强韧化材料。如果在连续纤维增强的复合材料中引入碳化硅晶须或碳纳米管，使复合材料中的增强体多元化，可以增加不同尺度微结构单元之间的界面。从理论上讲，跨越的尺度越多，裂纹扩展的阻力越大。此外，控制复合材料的团簇结构可以增加微结构单元的多尺度效应。

3.2 ▶ 一维 Mini-CNTs/SiC 复合材料

3.2.1 显微结构

采用 CVI 工艺参数，分别制备了经 10min、20min、30min 和 40min 渗透的 ACNT/SiC 薄片样品，进行 ACNT/SiC 复合材料的结构分析和性能测试。

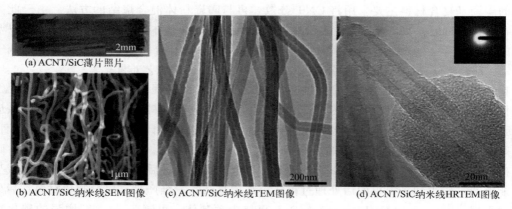

(a) ACNT/SiC薄片照片

(b) ACNT/SiC纳米线SEM图像　　(c) ACNT/SiC纳米线TEM图像　　(d) ACNT/SiC纳米线HRTEM图像

图 3-1　经 10min 渗透后 ACNT/SiC 薄片的宏观和微观结构特征
（插图为非晶态 SiC 基体的电子衍射图）

图 3-1 显示的是经 10 min 渗透获得的 ACNT/SiC 薄片的宏观和微观形貌，可以看到，经 CVI 渗透之后，原本黑色的 ACNT 薄片变为银灰色 [图 3-1(a)]，ACNT 的取向和形状保存完好，且分散均匀 [图 3-1(b)]。TEM 结果表明 [图 3-1(c) 和 (d)]，ACNT/SiC 纳米线的微结构具有三个明显的特征：首先，无论原始 ACNT 形状如何，渗透得到的 SiC 基体都能够均匀地包覆在每根 ACNT 表面，复合材料在 ACNT 的长度方向上形成均一连续的整体，而且 ACNT 与基体间结合也非常紧密，即使在高分辨率透射电子显微镜（HRTEM）图像中也观察不到任何间隙或孔洞的存在；其次，选区电子衍射 [SAED，图 3-1(d) 中的插图] 结果表明，反应得到的 SiC 基体为非晶态，这与同样采用 CVI 工艺制备的 C/SiC 复合材料有着明显的不同，在 C/SiC 复合材料中，SiC 基体主要是由 C 轴近似垂直于碳纤维的柱状晶粒组成的[23-24]，制备工艺条件的不同和 ACNT 大的曲率半径可能是造成这种差异

纳米增强体有序组装三维结构陶瓷基复合材料

的主要原因，具体情况还有待进一步研究；最后，在 ACNT/SiC 纳米线中，ACNT 的微结构保存完好，SiC 基体也没有出现微裂纹，这明显不同于 C/SiC 复合材料中大量微裂纹在 SiC 基体内产生的现象[25-26]，其原因在于与微米级（直径约为 $7\mu m$）的脆性碳纤维相比，ACNT 不但尺寸小，而且柔韧性好，使得 ACNT/SiC 复合材料中增强体和基体间因热膨胀系数的不同而产生的热应力远小于 C/SiC 复合材料，从而有效地防止了增强体和基体的损伤和破坏。此外，由于有大量碳组分的存在，ACNT/SiC 复合材料中高度连通的非晶 SiC 基体网络也可更好地抑制裂纹的形成[27]。

上述结构特征表明，以 ACNT 薄片为预制体，采用 CVI 方法在较低的温度条件下制备 ACNT/SiC 复合材料时，不需要对 ACNT 进行任何物理分散或表面化学修饰等预处理，即可保证增强体在基体中均匀分散，并获得致密完整的基体和强的增强体-基体界面结合，从而避免增强体在高温制备和复杂的预处理过程中受损。

3.2.2 力学性能

利用 AFM 分别测试了经 10min 和 30min 渗透得到的单根 ACNT/SiC 纳米线的三点弯曲性能。图 3-2 显示的是经 10min 渗透得到的 ACNT/SiC 纳米线的测试结果，其直径为 55nm，从 AFM 图像中 [图 3-2(a) 和(b)] 可以清楚地观察到垂直横跨于 AFM 模板沟槽两端的纳米线在断裂前后的状态。图 3-2(c) 中的 SEM 图像表明，纳米线断裂后，SiC 基体完全破裂，ACNT 被拔出，且拔出部分从底部到顶部直径逐渐收缩，呈针尖状。通过试样的弯曲载荷-挠度曲线 [图 3-2(d)]，计算得到了材料的弹性模量（239.2GPa）和断裂强度（18.2GPa），并从加载曲线所覆盖区域的面积估算出了材料的断裂能（61.2J/m²）。

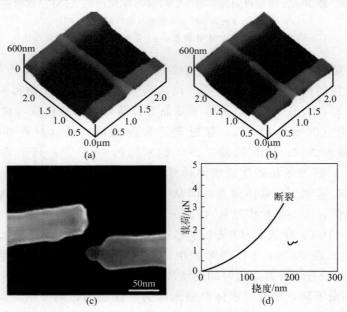

图 3-2　经 10 min 渗透得到的单根 ACNT/SiC 纳米线的 AFM 三点弯曲测试
（a）和（b）分别为单根纳米线测试前后的 AFM 图像；
（c）该纳米线测试后的 SEM 图像；（d）该纳米线的弯曲载荷-挠度曲线

图 3-3 显示的是经 30min 渗透得到的单根 ACNT/SiC 纳米线的测试结果,其直径为 190nm。
从图 3-3(c) 中可以看出,该纳米线被破坏后,ACNT 并未从 SiC 基体中完全拔出,仍然将
破裂的基体连接在一起,且拔出长度较长,起到明显的增韧作用。根据材料加载过程中的弯
曲载荷-挠度曲线 [图 3-3(d)],计算得到了该试样的弹性模量、断裂强度和断裂能分别为
194.4GPa、4.91GPa 和 44.5J/m^2。

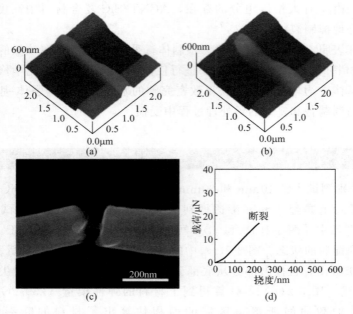

图 3-3　经 30min 渗透得到的单根 ACNT/SiC 纳米线的 AFM 三点弯曲测试
(a) 和 (b) 分别为单根纳米线测试前后的 AFM 图像;
(c) 该纳米线测试后的 SEM 图像;(d) 该纳米线的载荷-挠度曲线

表 3-1 列出的是经 10min 和 30min 渗透得到的 ACNT/SiC 纳米线的力学性能,两种材
料在测试过程中使用的试样数目均为 4 个。结果表明,经 10min 渗透得到的纳米线的平均
弹性模量达到了 (234±18.9)GPa,远高于非晶 SiC 薄膜的弹性模量(约为 150GPa[28]);
其平均断裂强度为 (20±6.4)GPa,接近理论预测的最大值(材料弹性模量的十分之
一[29]),大约是直径为 21.5nm 的晶态 SiC 纳米棒的一半[30];其平均断裂能也达到了
(66.4±9.45)J/m^2,高于多晶碳化硅块体材料[31]。这些结果说明,高性能 ACNT 的引入
能够有效地增强 SiC 基体。当基体渗透时间从 10min 增加到 30min 后,ACNT/SiC 纳米线
的弯曲性能明显降低,平均弹性模量从 (234±18.9)GPa 下降到 (188±25.9)GPa,平均断
裂强度由 (20±6.4)GPa 降低至 (6±1.2)GPa,断裂能也从 (66.4±9.45)J/m^2 下降到
(41.7±6.07)J/m^2。在 ACNT/SiC 纳米线中,ACNT 增强体是主要的受力单元,而非晶
SiC 基体的力学性能较差。随着渗透时间的增加,SiC 基体不断增多,纳米线直径不断增大,
ACNT 体积分数不断下降,导致增强体对纳米线力学性能的影响不断减弱,而基体的贡献
则不断增加,因此,ACNT/SiC 纳米线的弯曲性能会随着渗透时间的延长而降低。但是,
经 30min 渗透得到的 ACNT/SiC 纳米线的断裂强度仍然要比采用三点或四点弯曲法测得的
晶态碳化硅块体的断裂强度(0.4~1GPa)高出约一个数量级[32-33],这也再次说明 ACNT
的引入可对 SiC 陶瓷起到明显的增强作用。

纳米增强体有序组装三维结构陶瓷基复合材料

表 3-1　经不同时间渗透得到的 ACNT/SiC 纳米线的力学性能

渗透时间/min	弹性模量/GPa	断裂强度/GPa	断裂能/(J/m²)
10	234±18.9	20±6.4	66.4±9.45
30	188±25.9	6±1.2	41.7±6.07

对经过不同时间渗透得到的 ACNT/SiC 纳米线的断口形貌进行观察发现，纳米线的直径与基体渗透时间存在明显的对应关系［图 3-4(a)～(d)］，渗透时间越长，纳米线的直径越大。大部分 ACNT 在断裂时都会形成一个逐渐缩小的尖端，如图 3-4(a) 和 (c) 中的箭头所示，这种现象在对单根纳米线进行 AFM 三点弯曲测试时也曾观察到［图 3-2(c)］，而另外一些 ACNT 的变形和坍塌则较为严重，断裂区域呈不规则状态。高分辨透射电镜（HRTEM）图像［图 3-4(e)］清楚地显示出了典型的断裂 ACNT 顶部针尖状区域的微结构，可以看出，这种独特的断口是通过 ACNT 中各层石墨烯壁台阶式断裂形成的，图中箭头指示出了这些石墨烯壁的断裂位置。受外力作用时，复合材料纳米线中力学性能较差的脆性基体首先发生破裂，裂纹随之扩展到 ACNT 与 SiC 基体的结合处，由于增强体力学性能优异，裂纹扩展受阻，并沿着强度较弱的界面发生偏转，同时，ACNT 克服与基体间弱的结合力向外拔出，随着载荷的持续增大，裂纹尖端的应力和扩展能不断累积，ACNT 最外侧的石墨烯壁最终破裂，积累的裂纹尖端应力和扩展能得到部分释放，并被传递到邻近的第一层内壁。由于 ACNT 石墨烯壁之间主要靠弱的范德华力连接，ACNT 内部的未断裂部分在外载荷作用下发生滑移，从纳米线已断裂部分中拔出，裂纹也随之向强度较弱的石墨烯壁间的结合部分偏转，之后，第一层内壁在不断增大的应力和扩展能的作用下破裂，裂纹继续向第二层内壁扩展，如此循环，直至 ACNT 完全破裂。这种逐步的台阶式断裂过程说明，ACNT 增强体对于 ACNT/SiC 复合材料力学性能的贡献不仅体现在与基体相结合的最外层石墨烯壁上，其内部石墨烯壁的拔出和断裂，以及裂纹在 ACNT 内部的偏转也可以有效地吸收裂纹扩展的能量，从而最大限度地发挥 ACNT 的增强作用，进一步地提高复合材料的韧性。值得注意的是，这一发现与以往很多的模拟计算和实验结果不同[34-38]，他们的研究表明由于 CNT 中石墨烯壁间的结合非常弱，在剧烈的失效模式下，CNT 最外层壁破裂之后，其内层石墨烯壁会完整自由地拔出。

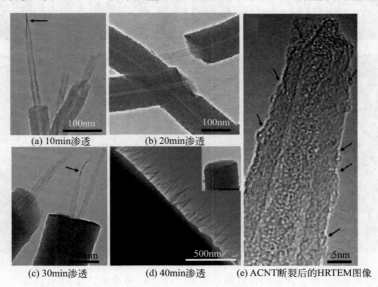

(a) 10min渗透　　(b) 20min渗透

(c) 30min渗透　　(d) 40min渗透　　(e) ACNT断裂后的HRTEM图像

图 3-4　经不同时间渗透得到的 ACNT/SiC 纳米线断裂后的 TEM 图像

如图 3-5 所示，在对断裂的 ACNT/SiC 纳米线进行 TEM 观察时发现，许多纳米线在基体发生破裂后，仍然可以通过 ACNT 将断裂的部分连接在一起，呈现出典型的"桥联"现象，避免了复合材料的脆性断裂和失效，充分体现出 ACNT 在复合材料中的增韧作用。

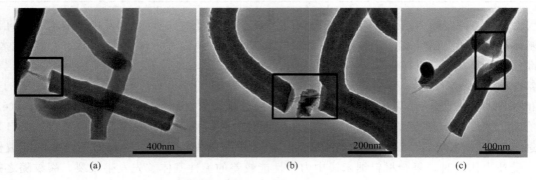

图 3-5   ACNT/SiC 纳米线断裂并呈现"桥联"现象的 TEM 图像

将不同渗透时间条件下得到的 ACNT/SiC 薄片压断后发现，其断口处 ACNT 的断裂拔出现象均非常明显（图 3-6），而且大部分 ACNT 断裂后顶端都呈针尖状，说明 ACNT 逐层断裂、滑移和拔出的增强增韧机制在复合材料中同样存在。

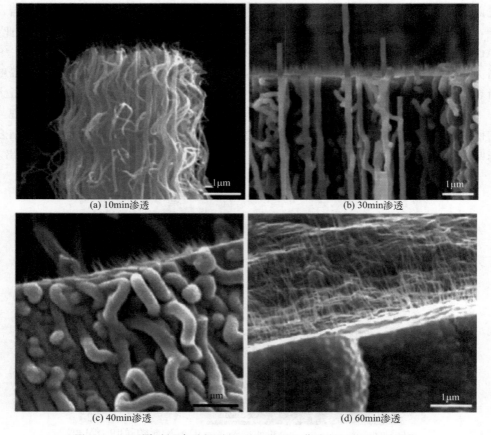

图 3-6   经不同时间渗透得到的 ACNT/SiC 薄片断口的 SEM 图像

纳米增强体有序组装三维结构陶瓷基复合材料

如图 3-7 所示，将约 6mm 长、$25\mu m$ 宽和 $20\mu m$ 厚的经 10min 渗透得到的 ACNT/SiC 薄片弯曲固定在双面胶带上。从图中可以看出，ACNT/SiC 薄片可反复弯曲成半圆形而不破裂（此时应变约为 2.5%），表现出了卓越的柔韧性。后续实验证明，渗透时间在 30min 以内的 ACNT/SiC 薄片均可呈现良好的柔韧性，而渗透时间超过 40min 的薄片则比较脆硬，在弯曲程度较小的情况下就会发生断裂。

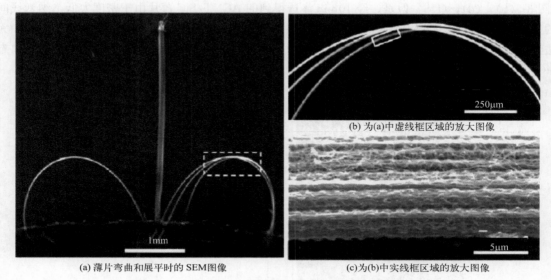

(a) 薄片弯曲和展平时的 SEM 图像　　(b) 为(a)中虚线框区域的放大图像　　(c)为(b)中实线框区域的放大图像

图 3-7　经 10min 渗透得到的 ACNT/SiC 薄片的柔韧性

上述结果表明，采用 CVI 方法制备 ACNT/SiC 复合材料可使 ACNT 在脆性 SiC 基体中充分发挥增强增韧作用，使复合材料展现出了优异的力学性能。

3.2.3　抗氧化性能

作为一种高温结构材料，ACNT/SiC 复合材料中的 SiC 基体能否在高温条件下有效地隔绝氧向材料内部扩散，防止 ACNT 增强体的氧化，保持复合材料的整体结构和力学性能，是决定其性能优劣的另一个重要指标。为此，研究 $600\sim1600℃$ 温度范围内 ACNT/SiC 薄片在空气中的氧化情况，结果如图 3-8 所示。可以看到，基体渗透时间在 20min 以上的薄片，在经历了不同温度条件下 1 h 的空气氧化后，都较为完整地保留了下来，而渗透时间为 10min 的薄片在氧化温度提高到 1200℃之后开始发生明显变化，材料整体结构被破坏，甚至完全消失（1600℃）。

图 3-9 显示的是氧化温度为 1200℃时，经 30min 渗透得到的 ACNT/SiC 薄片在空

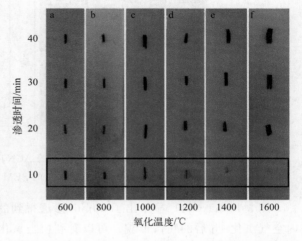

图 3-8　经 $10\sim40min$ 渗透得到的 ACNT/SiC 薄片在 $600\sim1600℃$ 空气中氧化 1h 后的照片

气中氧化 1h 后，由外到内微观形貌和化学成分的变化情况。根据前人的研究结果可知[39-40]，在此温度条件下，材料外侧的 SiC 基体会与 O_2 反应，形成玻璃态的 SiO_2［图 3-9(a)］，由于 30min 渗透得到的复合材料已较为致密，因此氧化得到的玻璃态 SiO_2 能够填充复合材料表面残余的小孔，从而形成一层致密的氧化膜［图 3-9(c)］，有效阻挡 O_2 向材料内部扩散，避免 ACNT 的氧化失效［图 3-9(e)］，这也使得复合材料由外到内氧元素含量逐渐降低，直至消失［图 3-9(b)、(d)、(f)］。但是，经 10min 渗透得到的 ACNT/SiC 薄片由于密度太低，纳米线间的孔隙大且多，ACNT 周围的 SiC 层过薄，因此其表面在 1200℃以及更高温度的氧化过程中无法形成致密的氧化膜，O_2 轻易地扩散进入材料内部使得 ACNT 氧化失效，反应生成玻璃态 SiO_2 而失去支撑，最终导致复合材料整体变形破坏（图 3-8）。

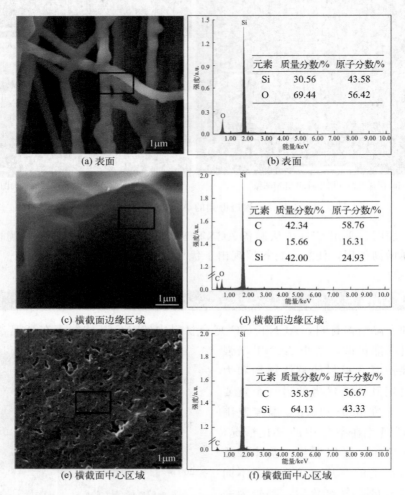

图 3-9　经 30min 渗透得到的 ACNT/SiC 薄片不同区域在 1200℃
空气氧化 1 h 后的 SEM 图像及 EDS 分析

图 3-10(a)～(e) 显示出了 30min 渗透得到的 ACNT/SiC 薄片在 600～1600℃温度范围内空气氧化 1h 后的断口形貌。可以看到，当氧化温度低于 1200℃时，薄片的微观形貌无明显变化，而当温度超过 1200℃时，材料外侧的 SiC 基体显著氧化，此时薄片表面通常会形成 $0.5\sim1\mu m$ 厚的 SiO_2 层。这一系列的断口形貌清楚地表明，复合材料内部的 ACNT 经过

纳米增强体有序组装三维结构陶瓷基复合材料

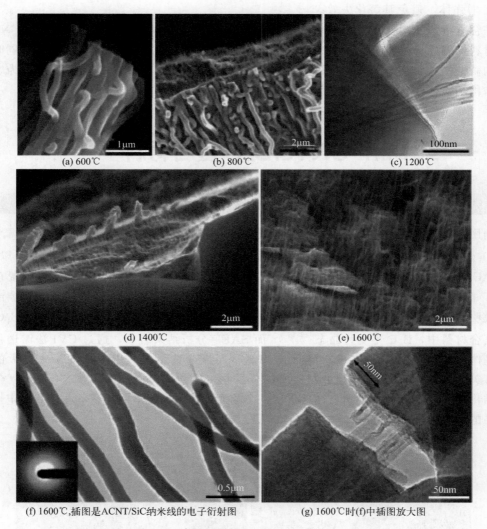

(a) 600℃   (b) 800℃   (c) 1200℃

(d) 1400℃   (e) 1600℃

(f) 1600℃,插图是ACNT/SiC纳米线的电子衍射图   (g) 1600℃时(f)中插图放大图

图 3-10 经 30min 渗透得到的 ACNT/SiC 薄片在 600～1600℃
温度范围内空气氧化 1h 后断口的 SEM 和 TEM 照片

高温氧化后被完整地保存了下来,且其断裂拔出现象随处可见。在以往对 C/SiC 复合材料抗氧化性能的研究过程中发现,由于 C 纤维与 SiC 基体的热膨胀系数存在巨大差异,使得 CVI 制备过程中大量微裂纹在基体中产生。当氧化温度达到 700～800℃时,O_2 会沿着这些微裂纹向内部的 C 纤维处扩散,使纤维发生氧化损伤。但是,在 ACNT/SiC 复合材料中,这种增强体在中温区间发生氧化的情况却并不存在,原因在于通过 CVI 方法得到的非晶态 SiC 基体不存在任何裂纹,从而避免了 O_2 在这一温度区间向材料内部的大量扩散。对薄片内部未被氧化的单根 ACNT/SiC 进行 TEM 观察发现 [图 3-10(f) 和 (g)],氧化实验结束后,ACNT 保存完整,与基体结合情况依然良好,破坏过程中其台阶状断裂和"桥联"等增强增韧现象仍非常明显。SAED 分析结果表明 [图 3-10(f) 中的插图],即使经过 1600℃的高温热处理,未被氧化的 SiC 基体仍是非晶态的。强的 Si—C 共价键可能是阻碍 SiC 基体在高温条件下结晶的主要原因,因为此时它对于驱动基体结晶的生成焓的贡献可以忽略不计。上述结果表明,ACNT/SiC 复合材料在 600～1600℃温度范围内可有效地保护其内部的

ACNT 增强体，避免其氧化失效。

综合分析 ACNT/SiC 复合材料性能测试结果可知，采用 CVI 方法制备出的 ACNT/SiC 复合材料拥有优异的力学性能，具备在高温、复杂载荷等极端环境中工作的潜力，同时，它独特的微结构还有利于提高复合材料沿 ACNT 长度方向的导电和导热性能[41]，这为实现材料的结构功能一体化奠定了基础。

3.3 ▶ 一维 Mini-CNTs/B₄C 复合材料

3.3.1 显微结构

利用 CVI 法制备 ACNT/B$_4$C 的过程结束后，原本黑色的 ACNT 薄片变为了青铜色。图 3-11 显示的是经 20min 渗透得到的 ACNT/B$_4$C 纳米线的 TEM 图像，从图中可以看出，原始 ACNT 在 CVI 过程中保存完好，得到的 B$_4$C 基体无任何裂纹，并均匀地包覆在每根 ACNT 的表面，两者的结合非常紧密，即使在 HRTEM 图像中也观察不到任何间隙或者孔洞，说明它们的界面结合较强。以往的研究结果表明，在采用其他方法制备出的 B$_4$C 陶瓷及其复合材料中，B$_4$C 主要为晶态[42-46]。而 SAED 分析结果表明，通过 CVI 法渗透得到的 B$_4$C 基体为非晶态［图 3-11（b）插图］，其形成可能与选用的工艺条件和 ACNT 大的曲率半径有关。此外 ACNT/B$_4$C 复合材料和同样采用 CVI 方法制备出的 ACNT/SiC 复合材料在微结构特征上具有很多相同点，这也从一个侧面反映出了所采用的制备方法的稳定性和所得结果的可靠性。

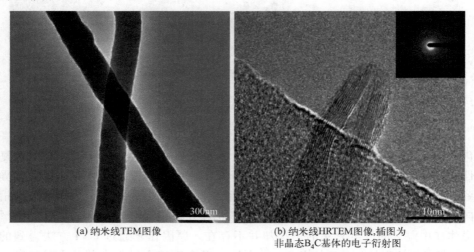

(a) 纳米线TEM图像

(b) 纳米线HRTEM图像，插图为非晶态B$_4$C基体的电子衍射图

图 3-11　经 20min 渗透后 ACNT/B$_4$C 纳米线的微结构特征

3.3.2 力学性能

利用 AFM 对经 10～40min 渗透得到的 ACNT/B$_4$C 纳米线进行三点弯曲测试，并计算它们的弹性模量和断裂强度。图 3-12 显示的是一根经 15min 渗透得到的 ACNT/B$_4$C 纳米线（直径为 100nm）的测试过程和结果，可以看到，测试过程中，需要先将纳米线悬挂

于 AFM 模板的沟槽内，然后通过探针在纳米线的中心位置施加载荷，直至其完全断裂 [图 3-12(a)～(c)]，记录加载过程中的载荷-挠度曲线 [图 3-12(d)]。测试结束后，根据载荷-挠度曲线的初始线性部分计算 ACNT/B_4C 纳米线的弹性模量，并计算其断裂强度，计算结果分别为 275.6GPa 和 23.2GPa。之后，利用同样的方法获得了四根经 15min 渗透得到的纳米线的弯曲性能数据，它们的弹性模量和断裂强度的平均值分别达到了（278±31.9）GPa 和（23±4.5）GPa，其中断裂强度接近弹性模量的十分之一，几乎达到了理论预测的最大值[29]。

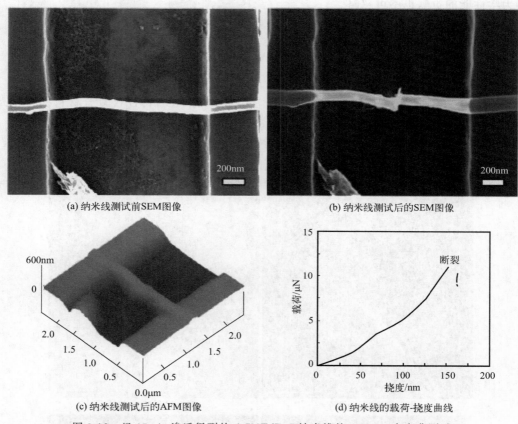

(a) 纳米线测试前SEM图像

(b) 纳米线测试后的SEM图像

(c) 纳米线测试后的AFM图像

(d) 纳米线的载荷-挠度曲线

图 3-12 经 15min 渗透得到的 ACNT/B_4C 纳米线的 AFM 三点弯曲测试

图 3-13 列出了通过 AFM 三点弯曲测试得到的不同 ACNT/B_4C 纳米线的平均弹性模量和断裂强度。实验结果表明，随着基体渗透时间的延长，纳米线的力学性能不断下降，其弹性模量和断裂强度分别从渗透时间为 10min 时的（314±45.9）GPa 和（25±5.8）GPa，降至渗透时间为 40min 时的（196±24.7）GPa 和（10±2.2）GPa。产生这种变化的原因在于随着渗透时间的增加，ACNT/B_4C 纳米线的直径不断增大，ACNT 增强体的体积分数不断下降，而 B_4C 基体的含量则不断上升，因此，复合材料中性能相对较差的 B_4C 基体对纳米线力学性能的贡献逐渐增大，导致材料的力学性能持续降低。

将 ACNT/B_4C 纳米线和上文讨论的 ACNT/SiC 纳米线进行对比后发现，它们的弯曲性能随渗透时间的变化情况完全一致，说明对于一种 ACNT 增强的陶瓷基复合材料纳米线来说，ACNT 体积分数的高低，决定了其弯曲性能的优劣。在经过相同时间渗透得到的两种纳米线当中（ACNT/B$_4$C 纳米线的平均直径较大），ACNT/B$_4$C 纳米线的弹性模量和断裂强度较大。造成这种差异的主要原因是两种陶瓷基体的力学性能不同，B$_4$C 的弹性模量和断裂强度均高于 SiC。这表明，虽然复合材料中 ACNT 增强体是主要的承力单元，但陶瓷基体对复合材料力学性能的贡献也不可忽略。

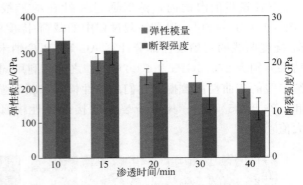

图 3-13　经 10～40min 渗透得到的 ACNT/B$_4$C 纳米线的平均弹性模量和断裂强度

通过对不同研究者制备的 B$_4$C 陶瓷和 B$_4$C 陶瓷基复合材料的力学性能进行总结后发现，其弹性模量的变化范围为 108～269 GPa，断裂强度的变化范围为 0.34～0.7GPa[47-53]。对比可知，采用 CVI 方法制备出的 ACNT/B$_4$C 复合材料拥有较高的弹性模量和优异的断裂强度，ACNT 的增强效果得到了明显的体现。

图 3-14 显示的是经 30min 和 40min 渗透得到的 ACNT/B$_4$C 复合材料的断口形貌，结合图 3-4 进行综合分析可知，纳米线的直径与渗透时间密切相关，随着渗透时间的延长，纳米线的直径不断变大，直至其相互连接成为一个整体。从图中可以看出，无论渗透时间和

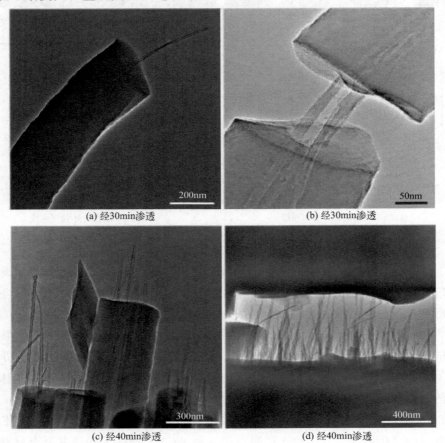

图 3-14　经不同时间渗透得到的 ACNT/B$_4$C 复合材料断口的 TEM 图像

ACNT 数量及形状如何变化，B_4C 基体总是能够完整均匀地包覆在 ACNT 表面，并与 AC-NT 形成强的界面结合。在这些复合材料的断口处，可明显地观察到 ACNT 的断裂拔出和桥联等现象，这些都是缘于 CFCCMCs 中典型且重要的能量吸收机制，说明 ACNT 的引入能够有效地增强和增韧脆性的 B_4C 基体。进一步观察发现，大部分拔出的 ACNT 的顶部都呈针尖状，表明其多层石墨烯壁在材料失效过程中发生了逐层断裂和滑移，且裂纹在多层壁间产生了偏转，最终导致这些 ACNT 以台阶状的方式断裂拔出，形成了逐渐收缩的顶端，这种破坏方式有利于 ACNT 更为充分地吸收裂纹扩展的能量，提高复合材料的强度和韧性。而另外一些 ACNT 由于破裂过程较为剧烈，因此其变形和塌陷比较严重，断口形貌并不规则。与此相反，B_4C 基体的断口非常平整，表现出了典型的脆性断裂行为，这也进一步地证实了复合材料中 ACNT 的增强增韧作用。

从图 3-15 可以看出，将 10~60min 渗透得到的 ACNT/B_4C 薄片压断后，在其断口处均有大量的 ACNT 断裂和拔出，且大部分 ACNT 顶端都呈针尖状，说明上文提到的 ACNT 增强增韧机理在复合材料薄片的断裂过程中普遍存在，其力学性能因此得到了明显改善。但同时也可以看到，随着渗透时间的延长，薄片的断口越来越平整，表明随着 B_4C 基体的不断增加，复合材料的脆性也在不断提高。

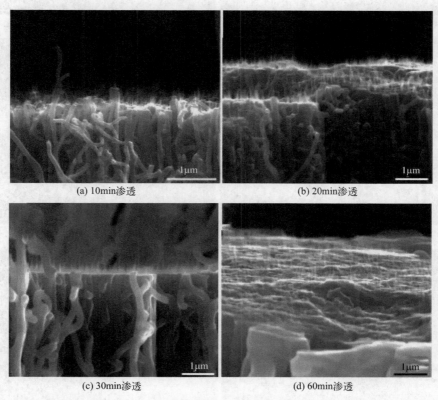

(a) 10min渗透   (b) 20min渗透

(c) 30min渗透   (d) 60min渗透

图 3-15　经不同时间渗透得到的 ACNT/B_4C 薄片断口的 SEM 图像

3.3.3　抗氧化性能

在 500~1000℃温度范围内，研究了经不同时间渗透得到的 ACNT/B_4C 复合材料在空气中的氧化行为。图 3-16 显示的就是在不同温度条件下，经 1h 空气氧化后，各种复合材料薄片的断口形貌。实验结果表明，经 10min 基体渗透得到的薄片仅能承受 600℃ 以下的空气氧化，在此温度以下，复合材料的整体结构和内部的 ACNT 均保存完好 [图 3-16(a)]。而经 20～60min 渗透的 ACNT/B$_4$C 薄片，可在 900℃ 空气中氧化 1h 后仍然保持结构完整 [图 3-16(b)～(e)]。图 3-16(f) 中的 HRTEM 图像显示，薄片内部的一根直径为 200nm 的 ACNT/B$_4$C 纳米线，可以在 900℃ 的氧化条件下，凭借其 B$_4$C 基体保证 ACNT 增强体不被氧化，从图中可以看出，该 ACNT 结构保存完好，与基体的结合也非常紧密。对这些氧化

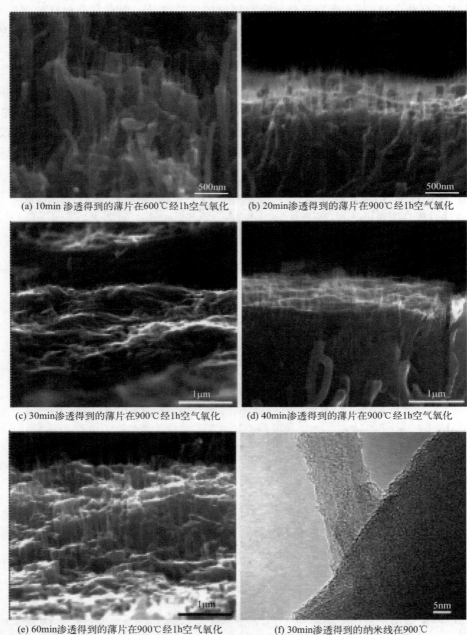

(a) 10min 渗透得到的薄片在600℃经1h空气氧化

(b) 20min 渗透得到的薄片在900℃经1h空气氧化

(c) 30min 渗透得到的薄片在900℃经1h空气氧化

(d) 40min 渗透得到的薄片在900℃经1h空气氧化

(e) 60min 渗透得到的薄片在900℃经1h空气氧化

(f) 30min 渗透得到的纳米线在900℃
经1h空气氧化后的HRTEM图像

图 3-16　ACNT/B$_4$C 复合材料空气氧化后断口的 SEM 和 HRTEM 图像

后的复合材料的断口进行整体观察后发现，在这些样品的断裂过程中，ACNT 的断裂拔出和台阶状断口等现象得到了充分呈现，这表明即使经过高温氧化，ACNT 在复合材料中的增强增韧作用也依然能够得到充分发挥。

氧化温度低于 600℃时，B_4C 基体未发生明显的氧化反应，因此 ACNT/B_4C 复合材料的微观形貌没有产生显著变化。由于通过 CVI 方法渗透得到的 B_4C 基体能够均匀致密地包覆在 ACNT 的表面，且无任何裂纹，因此，当复合材料被暴露在中低温氧化气氛中时，B_4C 基体能够有效地阻止氧向复合材料内部的扩散，从而避免了 ACNT 在 400~600℃发生氧化反应。当氧化温度提高到 700℃时，复合材料表面的 B_4C 基体被氧化，并迅速生成 B_2O_3 玻璃相。由于经 10min 渗透得到的 ACNT/B_4C 薄片的密度较小、孔隙率较大，因此黏度低、流动性好的 B_2O_3 玻璃不断流出，难以附着在复合材料表面，导致其内部的 B_4C 基体和 ACNT 不断地被氧化，直至耗尽。而渗透时间在 20min 以上的薄片，致密程度较高，孔洞数量较少，尺寸较小，因此基体氧化形成的 B_2O_3 玻璃相能够迅速地封填材料表面的孔洞，形成致密的氧化膜，避免 O 向薄片内部进一步地扩散（图 3-17）。图 3-18 显示的是经 40min 渗透得到的高密度 ACNT/B_4C 薄片，在 900℃空气氧化 1h 后的微观形貌和 EDS 分析结果。从图中可以看到，氧化实验结束后，薄片表面形成了一层 2~3μm 厚的致密 B_2O_3 膜 [图 3-18(a)，(c)]。EDS 分析结果表明，此氧化膜内仍含有未被氧化的 ACNT 增强体 [图 3-18(b)]，并有效地阻止了 O 向复合材料内部扩散，薄片内部的 ACNT 和 B_4C 基体得到了充分保护 [图 3-18(d)]。而当氧化温度升高到 1000℃时，B_2O_3 玻璃相的蒸发速度明显加快，无法形成致密的氧化膜，复合材料薄片失去保护，被彻底氧化[54]。

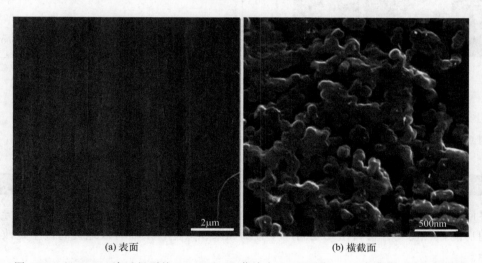

(a) 表面　　　　　　　　　　　　　　　　(b) 横截面

图 3-17　经 20min 渗透得到的 ACNT/B_4C 薄片在 700℃进行 1h 空气氧化后 SEM 图像

上述氧化实验结果表明，基体渗透时间在 20min 以上的 ACNT/B_4C 复合材料薄片，可在 900℃以内有效地保护其内部的 ACNT 增强体，避免其氧化失效。

通过对 ACNT/SiC 和 ACNT/B_4C 两种复合材料的研究可知，以 ACNT 阵列为预制体，采用 CVI 工艺，能够制备出结构合理、性能优异的 ACNT 增强碳化物陶瓷基复合材料，解决了其他方法制备此类材料存在的一些问题。由于 CVI 方法能够制备碳化物、氮化物、硼化物、硅化物和氧化物等一系列陶瓷基体，并可以实现复杂三维结构 CMCs 产品的近净尺寸成型，因此，如果能将 CNT 编织成为二维或者三维预制体，那么采用此方法制备 CNT

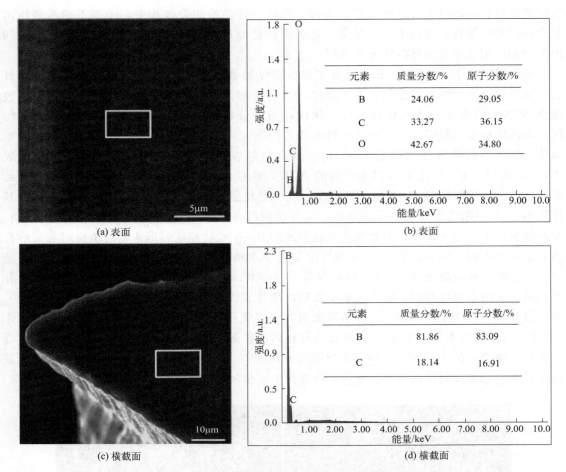

图 3-18 经 40min 渗透得到的 ACNT/B$_4$C 薄片的不同区域
在 900℃空气氧化 1h 后的 SEM 图像及 EDS 分析

增强的 CMC 复合材料构件就有可能成为现实。

3.3.4 一维 Mini-CNTs/B$_4$C 复合材料的 PyC 界面层设计

界面层是复合材料中极为重要的组成部分，具有传递、阻挡、吸收、散射和诱导等许多独特的功能，可使复合材料组元之间产生叠加和乘积效应，从而有效地提高甚至是改变材料的性能。

目前有关 CFCCMCs 界面层的研究主要集中在界面层材料、结构和厚度对复合材料强韧性的影响上，得到的结论主要包括以下几点：①CFCCMCs 界面层应该是具有一定厚度的层状结构，这样既能够提供适当的界面剪切强度和摩擦力，也可使其与基体和纤维间的结合强度以及其自身的剪切强度不至于过高，从而有效地平衡载荷传递和应力分散之间的关系，提高复合材料的强韧性，起到"平衡层"的作用；②界面层与纤维和基体应该是热物理相容的，从而缓冲由于纤维和基体的热失配而在材料内部产生的热残余应力，降低制造和服役过程对复合材料强韧性的影响，起到"缓冲层"的作用；③界面层与纤维和基体应该是热化学相容的，从而减少由热扩散引起的化学反应，防止有害介质通过界面侵入复合材料内部损害

纳米增强体有序组装三维结构陶瓷基复合材料

纤维，避免纤维和基体在材料制备及使用过程中可能发生的有害反应对复合材料强韧性的影响，起到"阻挡层"的作用[55-58]。

连续纤维增韧的碳化物陶瓷基复合材料中常用的界面层材料主要有 PyC 和六方 BN。其中，PyC 是一种柔顺性很好的层状结构材料，具有良好的力学性能，与碳纤维和碳化物陶瓷基体的热物理化学相容性好，且容易制备。将其引入复合材料中以后，能够有效地提高材料的韧性，避免构件发生灾难性的损毁。而六方 BN 遇水和氧时极易反应挥发，所以与其相比，PyC 的高温稳定性更好。因此，PyC 成为了目前 CFCCMCs 中应用最多、效果最好的界面层材料。

在以往制备的 CNT/CMCs 中，CNT 与陶瓷基体的界面结合强度一般较低，载荷的传递效果较差，因而对于界面层的需求十分迫切，但是由于 CNT 本身拥有典型的层状结构，再加上一般选用的工艺方法在设计和制备界面层时难度较大，因此，到目前为止，尚未见到与 CNT/CMCs 界面层有关的研究报道。在研究过程中发现，虽然采用 CVI 方法能够制备出界面结合强度较高的 ACNT/SiC 和 ACNT/B_4C 复合材料，使 ACNT 和碳化物陶瓷基体的界面具有较强的载荷传递能力，但其界面分散应力的效果却并不明显，复合材料的韧性还有进一步提升的空间。因此，采用 CVI 方法，成功地将 PyC 界面层引入到 ACNT/B_4C 复合材料之中，意义重大。

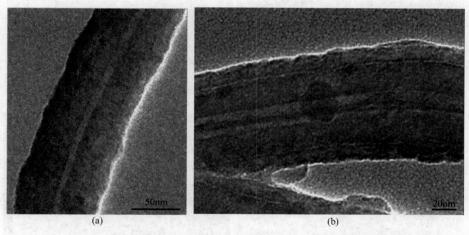

图 3-19　ACNT/PyC/B_4C 纳米线的 TEM 图像

图 3-19 显示的是 ACNT/PyC/B_4C 纳米线的微结构，这些纳米线的 PyC 界面层和 B_4C 基体的渗透时间分别为 20min 和 10min，可以看到，无论原始 ACNT 的形状和数量如何，渗透得到的界面层和基体总能够将其均匀完整地包覆起来。与 ACNT/B_4C 复合材料的微结构（图 3-15）相类似的是，ACNT/PyC/B_4C 复合材料的 B_4C 基体中依旧不存在任何的微裂纹，而且 SAED 结果表明渗透得到的基体仍然为非晶态，这就从根本上保证了材料在中低温区间（≤ 900℃）的抗氧化性能。在 TEM 图像上可以清楚地看到 ACNT/PyC/B_4C 复合材料中基体与界面层间的界面，但是并没有观察到 ACNT 与界面层之间的界面。这一方面说明，由于 PyC 界面层的表面并不完全平整，且其最外层的石墨烯在局部区域可能会存在缺陷，使得它与沉积得到的 B_4C 基体之间形成了一定的间隙，进而导致它们界面处的结合强度降低；而另一方面则再次说明制备出的 PyC 界面层（石墨烯层）与原始 ACNT 在微观形貌上具有高度的一致性。

在 ACNT/PyC/B₄C 复合材料的断口处，除了能够看到大量 ACNT 的断裂拔出，以及 ACNT 自身逐层台阶状的断裂等典型的强韧化现象以外，还可以观察到基体、界面层和增强体三者三级台阶状的断口形貌（图 3-20）。而且不论是在单独的纳米线上［图 3-20(a)］，还是在复合材料薄片上［图 3-20(b)］，也不论是在 ACNT 的拔出面上［图 3-20(c)］，还是在其被拔出面上［图 3-20(d)］，均能够明显地看到这种层次感很强的复合材料组元逐步断裂的现象。上述结果说明，石墨化程度较高的 PyC 界面层的引入，在降低 ACNT 和 B₄C 基体界面结合强度的同时，还保证了载荷能够在两者之间进行有效的传递，这既有利于 AC-NT 的拔出，又不影响它们的承载效果，其增强增韧作用得到了更为充分的体现。此外，裂纹在 PyC 界面层内的偏转，以及界面层在外力作用下的滑移和断裂拔出，都可以起到吸收裂纹扩展能和分散裂纹尖端应力的作用，这也成为了 ACNT/PyC/B₄C 复合材料特有的增韧机制，材料的韧性因此得到了进一步的改善。

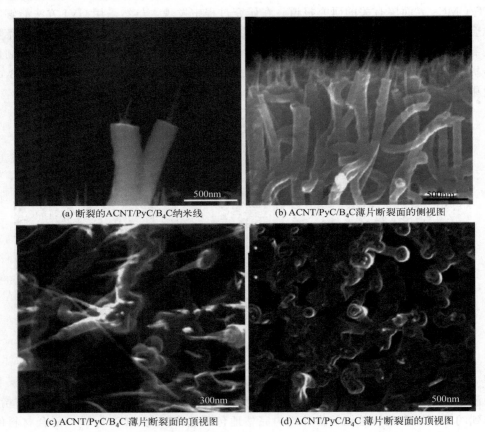

(a) 断裂的 ACNT/PyC/B₄C 纳米线　　(b) ACNT/PyC/B₄C 薄片断裂面的侧视图

(c) ACNT/PyC/B₄C 薄片断裂面的顶视图　　(d) ACNT/PyC/B₄C 薄片断裂面的顶视图

图 3-20　ACNT/PyC/B₄C 复合材料断口的 SEM 图像

ACNT/PyC/B₄C 复合材料的微结构和断口形貌表明，石墨化程度较高的 PyC 界面层的存在有利于降低 ACNT 和基体间的界面结合强度，实现了传递载荷和分散应力的统一，有效地提高了复合材料的韧性。

CNT 与陶瓷基体的界面设计一直是 CNT/CMCs 研究和制备过程中的重点和难点。采用 CVI 工艺，向 ACNT 薄片预制体内渗透 PyC，成功地将 PyC 界面层引入到了 ACNT/B₄C 复合材料之中，为其他 CNT/CMCs 的界面设计和界面层制备提供了一种可行的方法。

3.4 ▶ SiC 晶须改性 C/SiC 复合材料

3.4.1 显微结构

图 3-21 给出的是 C/SiC 和 SiCw-C/SiC 复合材料内部孔隙大小的截面微观结构图。采用 CVI 工艺会导致复合材料内部存在大量残余孔隙（大约 10％）[59]。而从图中可以看出，未加入 SiCw 的 C/SiC 试样的孔隙 [图 3-21(a)] 较加入 5％（质量分数）SiCw 的 SiCw-C/SiC 复合材料试样的孔隙 [图 3-21(b)] 更大，而相对于加入 15％（质量分数）SiCw 的 SiCw-C/SiC 复合材料试样孔隙小。说明在 C/SiC 复合材料中采用浆料涂刷法适当地引入 SiCw 增强体有利于复合材料的致密化，而当引入高质量分数的 SiCw 增强体时，会导致材料层间孔隙更大 [图 3-21(c)]，降低了材料层间结合强度。

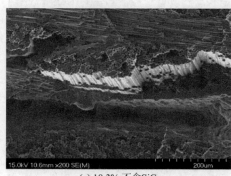

(a) 10.3%,不含SiCw

(b) 9.8%,含5%SiCw(质量分数)

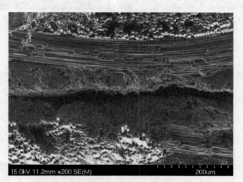

(c) 12.3%,含15%SiCw(质量分数)

图 3-21　C/SiC 和 SiCw-C/SiC 复合材料内部孔隙大小的截面微观结构图

图 3-22 给出的是 SiCw-C/SiC 复合材料断裂截面图，从图中可以直观地看到复合材料的结构、裂纹在 SiCw 层中的传播路径和 SiCw 的拔出效应。图 3-22(a) 所示的是复合材料的层状结构图，从图中可以清晰地看到一层碳纤维布与一层 SiCw 层交替相叠的结构。从图 3-22(b) 中可以看到裂纹在 SiCw 层中偏转传播，裂纹在晶须层中的偏转传播能够增加材料内部的能量损耗。同时 SiCw 的高质量分数和大的长径比同样可以引发裂纹在界面处的偏转[60]。图 3-22(c) 和 (d) 所示的是 SiCw 的拔出效应。当 SiCw-C/SiC 复合材料试样被加

载时，在 SiCw/SiC 层中晶须和基体之间的界面剪切力增加，由于晶须自身具有相对较高的拉伸强度，所以晶须会维持原有的状态，最终导致 SiC 基体断裂，而 SiCw 从基体中拔出[61]。从图 3-22(d) 中可以看到大量的晶须从基体中拔出，由于 SiCw 大规模地从基体中拔出消耗大量的能量，最终导致材料的强度和韧性提高。

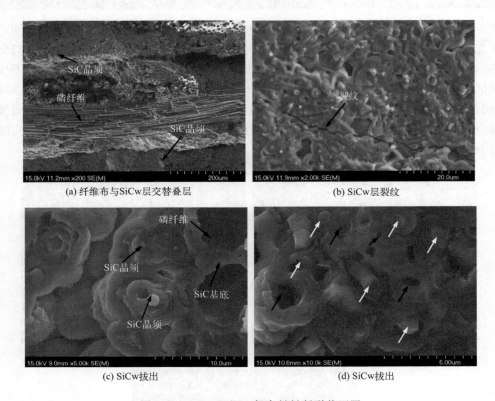

图 3-22　SiCw-C/SiC 复合材料断裂截面图

　　图 3-23 给出的是不同 SiCw 含量的 SiCw-C/SiC 复合材料试样的断口形貌，从图中可以看出，含有 SiCw 的试样比不含 SiCw 的试样的碳纤维拔出长度要长，而且含有 5％（质量分数）SiCw 试样比含有 15％ SiCw 试样的纤维拔出长度要长。纤维拔出长度越长，材料消耗的能量越多，复合材料的强韧性越好。

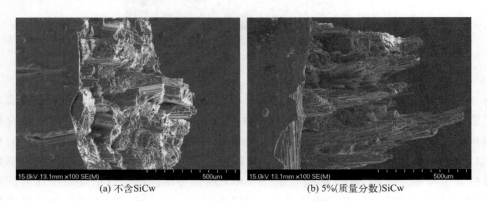

纳米增强体有序组装三维结构陶瓷基复合材料

(c) 15%(质量分数)SiCw

图 3-23　不同 SiC 含量的 SiCw-C/SiC 复合材料试样断口形貌

　　总之，通过对比发现，在 C/SiC 复合材料中引入 SiCw 之后，复合材料的强韧性得到大幅提高，SiCw-C/SiC 复合材料的强韧性机制，不仅取决于碳纤维束的脱粘、桥接和拔出，而且受 SiCw 桥接和拔出的影响，在纤维和晶须的双重影响下，SiCw-C/SiC 复合材料的力学性能得到了大幅度提升。

3.4.2　弯曲性能

　　图 3-24 所示为在涂刷不同含量 SiCw 条件下，SiCw-C/SiC 复合材料的力学性能。从图中可以看出，随着 SiCw 含量的增加，SiCw-C/SiC 复合材料的弯曲强度和断裂功先增大后减小；与未加入 SiCw 复合材料试样相比，加入 5％和 15％质量分数的 SiCw-C/SiC 复合材料，其弯曲强度分别增加了 98.5％、64.3％，断裂功分别增加了 209.8％、179.0％。说明采用浆料涂刷法在 C/SiC 中引入 SiCw 增强体后，材料的力学性能得到大幅提高，但是当 SiCw 含量超过一定值时，SiCw-C/SiC 复合材料的力学性能开始下降。

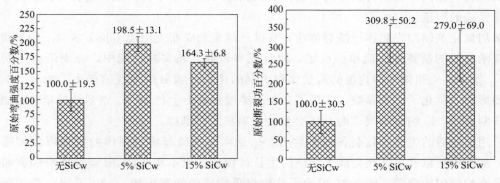

图 3-24　SiCw-C/SiC 复合材料的弯曲强度和断裂功增加百分比随 SiCw 质量分数的变化情况

　　表 3-2 给出了含有不同质量分数 SiCw 的 C/SiC 复合材料的密度和开气孔率。从表中可以看到，当 SiCw 晶须加入量从 5％增加到 15％时，SiCw-C/SiC 复合材料的开气孔率从 9.8％增加到 12.3％，提高了 2.5 个百分点。也就是说随着 SiCw 晶须含量的增加，材料的密度和开气孔率增加了，而相应的弯曲强度和断裂功降低了（图 3-24），说明开气孔率的增加导致了 SiCw-C/SiC 复合材料性能的降低。与不含 SiCw 的原始 C/SiC 复合材料相比，当

加入 15% SiCw 之后，虽然开气孔率有所增加，但是其弯曲强度和断裂功也增加了。说明影响复合材料强度和韧性的主要因素是加入的 SiCw 的质量分数，而不是材料的开气孔率。

表 3-2　含有不同质量分数的 SiCw 的 C/SiC 复合材料的性能

性能	不含 SiCw	含 5%SiCw	含 15%SiCw
密度/(g/cm^3)	2.14	2.11	2.16
开气孔率/%	10.3	9.8	12.3

3.5 ▶ Si$_3$N$_4$ 纳米线改性一维 C/SiC 纤维束复合材料

3.5.1　Si$_3$N$_4$ 纳米线/C 纤维束

CFCCMCs 具有优异的力学性能、低的密度和良好的热稳定性，且耐高温、耐腐蚀，是航空、航天和能源领域急需的先进高温结构材料。CVI 是目前使用较为广泛的 CFCCMCs 制备技术。然而，冗长的致密化过程使得采用 CVI 技术制备出的 CFCCMCs 成本较高，限制了此类材料的大规模生产和应用[62-63]。此外，由于基体强度较低，许多 CFCCMCs 无法在复杂加载、高温、氧化腐蚀和长时间服役等耦合的极端条件下工作，例如燃气涡轮发动机的热端部件，这也成为 CFCCMCs 实际应用过程中的一个瓶颈问题[64]。

高性能一维纳米材料的引入，可以大大提高陶瓷材料的力学性能，如果能够将其合理地引入 CFCCMCs 的陶瓷基体中，其强度低的问题就有望得到改善。此外，已有研究结果表明，将短切纤维、晶须或者一维纳米材料引入纤维预制体后，可以优化预制体内部结构，提高基体沉积效率，为降低 CVI 工艺成本提供了一个可行的思路[65-66]。

Si$_3$N$_4$ 纳米线是一种典型的一维纳米材料，其合成成本低且综合性能优异，近年来成为纳米材料领域的一个研究热点[67]。虽然目前已开展了许多针对这种材料的制备和理化性能方面的研究，但尚未见到将其作为增强体引入到 CFCCMCs 中，以改善复合材料预制体结构和力学性能的报道。

采用催化剂辅助先驱体浸渍裂解法，在碳纤维束和碳布上原位生长了 Si$_3$N$_4$ 纳米线。这种陶瓷纳米线的制备方法简单、稳定，而且成本较低。在实验过程中，分别研究了制备温度、N$_2$ 流量、先驱体与催化剂的质量比和丙酮的体积分数对纳米线的产生、成分、形貌和产量的影响，优化了工艺参数，实现了在碳纤维增强体上生长 Si$_3$N$_4$ 纳米线的精确控制，为下一步制备 Si$_3$N$_4$ 纳米线改性的 C/SiC 复合材料奠定了基础。

采用优化后的工艺参数制备出的含 Si$_3$N$_4$ 纳米线的碳纤维增强体的宏观形貌如图 3-25 所示，从图中可以看出，在完成了相应的生长过程后，原本黑色的 3k 碳纤维束和碳布被一层白色产物均匀地覆盖。图 3-26 揭示了这层白色物质的微观形貌，可以看出，它实际上是在碳纤维紧密堆叠而成的不平坦表面上［图 3-26(a)］，由许多随机取向的、长度达几百微米的白色纳米线构建起来的一层较为疏松的网络。这些纳米线的直径范围为 30～150nm，大多数纳米线的直径在其整个长度范围内保持不变，但是部分纳米线的顶部会呈现出逐渐增粗的倒锥形。通过仔细观察发现，在这个疏松的网络中，笔直的和高度弯曲的纳米线共存，所有纳米线的表面和顶端都非常光滑平整，没有颗粒附着。图 3-26(c) 和 (d) 显示的是生长了纳米线的碳纤维增强体的横截面形貌，可以看到，增强体上下两侧都被纳米线网络覆盖，

纳米增强体有序组装三维结构陶瓷基复合材料

其厚度可达 $150\mu m$，而增强体内部则没有发现纳米线。将得到的纳米线从碳纤维增强体上剥离出来，并研磨成粉末状，进行 XRD 分析，结果表明，合成的白色产物是纯的 α-Si_3N_4 纳米线（图 3-27）。

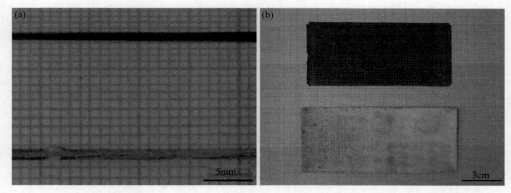

图 3-25 3k 碳纤维束（a）和碳布（b）在 Si_3N_4 纳米线生长前（上）后（下）的照片

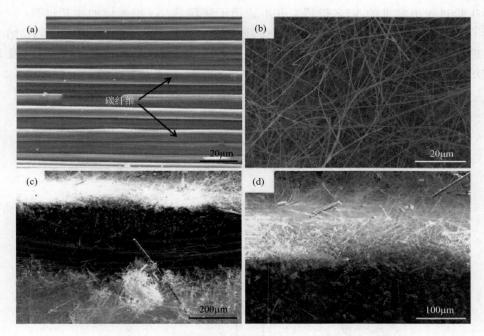

图 3-26 碳纤维增强体上生长的 Si_3N_4 纳米线

（a）原始碳纤维增强体的 SEM 图像；（b）～（d）生长 Si_3N_4 纳米线后碳纤维增强体的 SEM 图像；

（b）是表面，（c）是横截面，（d）是（c）的局部放大图像

对 Si_3N_4 纳米线的微结构进行观察时发现，单根纳米线的直径通常是恒定的，而且其顶部没有颗粒附着，这与通过 VLS 机制合成的 Si-C-N 纳米棒有着显著的差别，Si-C-N 纳米棒的顶端一般都存在含 Fe 元素的颗粒，且其直径的变化也比较明显。虽然一些 Si_3N_4 纳米线的顶部呈现出倒锥形 [图 3-28(a)]，但 EDS 分析表明，这些倒锥形的区域仅含有 Si 和 N 元素，催化剂中的 Fe 元素并不存在 [图 3-28(b)]。此外，在高流量 N_2 的保护下，Si_3N_4 纳米线在生长过程中，并没有大量的含 Si 元素的气相产物生成。因此，一维纳

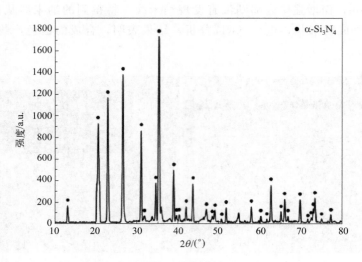

图 3-27　α-Si₃N₄ 纳米线的 XRD 分析

米材料生长过程中常见的 VLS 机理，并不适用于解释 Si₃N₄ 纳米线的生长过程。

为了对 Si₃N₄ 纳米线的生长过程进行合理解释，特意采用 TEM 对单根 Si₃N₄ 纳米线底部形貌进行了观察。从图 3-28(c) 中可以看出，纳米线是从其底部破碎的颗粒物上生长出来的，EDS 分析表明，这些破碎的粒子包含 Fe、Si、C 和 N 等元素 [图 3-28(d)]。

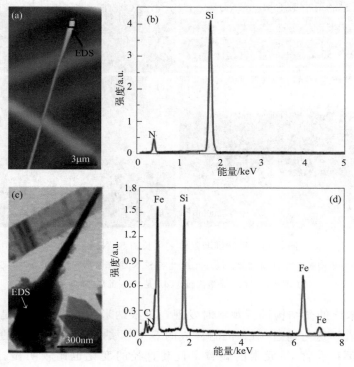

图 3-28　Si₃N₄ 纳米线顶端区域的 SEM 图像（a）及其 EDS 分析（b）；
Si₃N₄ 纳米线底部区域的 TEM 图像（c）及其 EDS 分析（d）

纳米增强体有序组装三维结构陶瓷基复合材料

采用催化剂辅助聚合物先驱体浸渍裂解法，在碳纤维增强体上生长 Si_3N_4 纳米线符合 Yang 等[68] 提出的固-液-气-固（SLGS）生长机理。在生长过程中（图 3-29），含二茂铁催化剂和 PSN 先驱体的混合液首先在 200～300℃时发生固化，然后在 1000℃时裂解形成 Si-C-N 陶瓷[69]。高温裂解过程中，由于物质的损失和体积的收缩，Si-C-N 陶瓷破裂成为许多不规则的碎片。大约在 1300℃时，Si-C-N 陶瓷片开始与分布在其表面和内部的催化剂在固-液界面发生反应，生成 Fe-Si-C-N 合金液，由于一些相邻的小液滴会聚集在一起，形成尺寸各异的大液滴，导致最终获得的 Si_3N_4 纳米线的直径并不完全相同，而是在一个较小的范围（40～150nm）内分布。此时，因为局部区域内热量或者 N_2 的集中，少量长度较短的纳米线得以在这些区域萌生。在优化的工艺条件下（制备温度 1400℃，N_2 流量 60sccm，PSN 与二茂铁的质量比 93∶7，丙酮体积分数 43%），Si_3N_4 是最稳定的物相，因此液态 Fe-Si-C-N 合金与 N_2 在液-气界面发生化学反应形成 Si_3N_4，同时生成游离碳。反应过程中，合金液中的 Si、C 和 N 元素可由 Si-C-N 陶瓷片通过固-液界面连续地提供。当合金液中反应生成的 Si_3N_4 过饱和时，固态 Si_3N_4 便会形核和结晶，并不断地从气-固表面向气体一侧析出。由于合金液滴尺寸较小，对析出物在宽度和厚度方向上的生长具有明显的限制效应，所以 Si_3N_4 只能沿着长度方向生长成为一维纳米材料。在制备过程中，许多纳米线能基本保持直线生长，但是由于制备环境的波动，也获得了一些高度弯曲的纳米线。经过 3h 反应，Si-C-N 陶瓷被耗尽，大部分合金液滴也因表面被生成的游离碳覆盖而失活，整个原位生长过程结束，疏松的 Si_3N_4 纳米线网络在碳纤维增强体上生成。

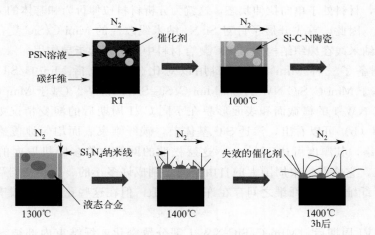

图 3-29　在碳纤维增强体上 Si_3N_4 纳米线的 SLGS 生长过程示意图

利用 SLGS 生长机理，可以更容易地理解 Si_3N_4 纳米带和部分 Si_3N_4 纳米线倒锥形顶部的形成过程。在高温反应条件下，当催化剂含量较多时，众多小的合金液滴会聚合形成尺寸较大的液滴，这些大的液滴在 Si_3N_4 形核生长过程中起到的尺寸限制作用有限，使得材料在宽度和厚度方向上都有一定程度的生长，并最终得到了 Si_3N_4 纳米带；而当催化剂和 Si-C-N 陶瓷在相邻碳纤维间的缝隙处反应，生成尺寸较小的倒锥形液滴时，会引发材料在初始的形核和析出过程中迅速地形成倒锥形纳米结构，随后连续均匀的纳米线生长过程会将这些初始阶段形成的部分不断上推，从而使相关 Si_3N_4 纳米线的顶部在反应结束后呈现倒锥形。

C/SiC 复合材料是一种性能优异的先进高温结构材料，CVI 方法是制备这种材料最为有效的技术手段之一[11]。然而，制备周期长、产品成本高以及致密化效果不理想等缺点，限制了 CVI 方法和 C/SiC 复合材料的广泛应用[13]。此外，SiC 基体的强度有限，容易在应力较低的情况下发生破裂，将 PyC 界面层和碳纤维增强体暴露于工作环境中。在高温腐蚀条件下，这样的暴露对复合材料来说是致命的，因为材料内部的碳纤维会迅速氧化并失去强度[70]。因此，如何在较短的时间内制备出基体强度较高的 C/SiC 复合材料，便成为该材料目前所面临的关键问题。在复合材料中引入一维纳米材料，改善预制体结构，加快材料致密化速度，并增强 SiC 基体，提高复合材料的力学性能，是解决此类问题的一种有效方法[71]。

法国的高温结构复合材料实验室（Laboratory for Thermostructural Composites）在优化 SiC/SiC 复合材料的纤维-基体界面和采集模拟材料力学行为所需的微观力学数据时，率先使用了以一束纤维束为增强体，并沉积了相应界面层和陶瓷基体的 Mini 复合材料。Naslain 等[72]在随后的研究过程中系统地阐述了 Mini 复合材料的制备、表征和测试等相关问题。此后，在研究各类 CFCCMCs 的基本性能，特别是拉伸性能时，便经常选用这类复合材料。采用 Mini 复合材料开展前期基础研究工作的优点主要包括：①能够更好、更高效地利用价格较高的纤维材料，控制实验成本；②可以在短时间内方便地研究不同工艺方案和参数变量对材料制备过程的影响；③有利于避免多种复杂因素对材料单一性能研究的干扰，例如，在对 Mini 复合材料进行拉伸实验时，材料处于单向拉伸状态，这就为分析材料拉伸行为和基体的力学性能提供了更为准确的数据。因此，首先开展了针对 Si_3N_4 纳米线改性的 Mini-C/SiC 复合材料的研究工作，希望能够为纳米线在编织结构的 C/SiC 复合材料中的引入起指导作用。

共设计和制备了三种 Mini 复合材料用以对比分析，包括 Mini-C/SiC、Mini-C/SiC-Si_3N_4-NW-1（基于 Mini-C/SiC-NW-1）和 Mini-C/SiC-Si_3N_4-NW-2（基于 Mini-C/SiC-NW-2）。

Mini-C/SiC-NW-1 的横截面和表面形貌在不同 CVI 周期后的演变情况如图 3-30 所示。从图 3-30（a）和（b）可以看出，渗透 SiC 基体前，碳纤维束表面均匀地覆盖着一层松散的 Si_3N_4 纳米线网络，其厚度可达 150 μm。这层松散的网络由许多随机取向的长度为几百微米的纳米线组成，它将纤维束周围大的自由空间分割成许多小的、但不妨碍反应气体向内渗透的区域。尽管纤维束内碳纤维之间存在许多小孔隙，但在这些孔隙中并没有发现 Si_3N_4 纳米线。

经过 1 个 CVI 周期后，Mini-C/SiC-NW-1 部分致密化，纤维束内部被 SiC 基体填充致密，并在纤维束周围形成了一层厚度约为 45μm 的 SiC 鞘层，在鞘层外侧分布着许多树枝状的 SiC 棒 [图 3-30（c）]。在 CVI 过程中，SiC 基体同时在碳纤维和 Si_3N_4 纳米线表面的有效反应区域内沉积，纤维束内部孔隙少、尺寸小，率先完成致密化过程。反应得到的 SiC 基体继续在纤维束外部生长，由于 Si_3N_4 纳米线网络的密度由内到外逐渐降低，被分割而成的小区域的体积逐渐增大，因此靠近纤维束的部分致密速度较快，形成了致密的 SiC 鞘层，并逐步向外扩张。而那些远离纤维束的纳米线虽然也被渗透，得到包裹的 SiC 基体，形成了树枝状的 SiC 棒，但是由于这些区域内有效反应面积小，自由空间大，因此并没有完全致密。图 3-30（d）显示，一个 CVI 周期之后，复合材料表面 SiC 棒之间仍存在大量相互连通的大孔洞，这为实现材料进一步致密化提供了气体渗透通道。2 个 CVI 周期之后，Mini-C/SiC-NW-1 整体已变得非常致密，在其基体和纤维束内部仅有少量小孔残留，SiC 鞘层的厚度增

大为 $160\mu m$ ［图 3-30(e)］，材料表面被菜花状的 SiC 基体所覆盖，第一个周期结束后生成的 SiC 棒，在第二个周期继续长大，并相互连接成为一个整体，它们之间的孔洞也不断减小，直至消失 ［图 3-30(f)］。由此可知，2 个 CVI 周期过后，Mini-C/SiC-Si$_3$N$_4$-NW-1 复合材料的致密化过程结束。

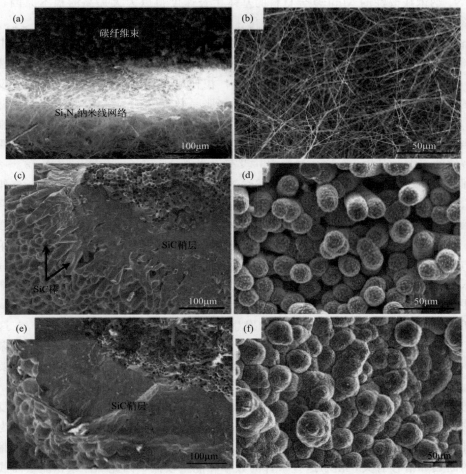

图 3-30 Mini-C/SiC-Si$_3$N$_4$-NW-1 的微结构随 CVI 周期增加的变化

（a），（b）原始的含 Si$_3$N$_4$ 纳米线的 3k 碳纤维束；（c），（d）经 1 个 CVI 周期；（e），（f）经 2 个 CVI 周期；其中（a），（c），（e）和（b），（d），（f）分别为复合材料横截面和表面的 SEM 图像

表 3-3　2 个 CVI 周期后不同 Mini 复合材料的增重和横截面面积

项目	Mini-C/SiC	Mini-C/SiC-Si$_3$N$_4$-NW-1	Mini-C/SiC-Si$_3$N$_4$-NW-2
增重/g	0.073±0.002	0.125±0.005	0.195±0.013
横截面面积/mm^2	0.33±0.01	0.54±0.02	0.79±0.08

表 3-3 列出了 2 个 CVI 周期结束后，3 种 Mini 复合材料的增重和横截面面积情况。与传统的 Mini-C/SiC 复合材料相比，Si$_3$N$_4$ 纳米线改性的 Mini 复合材料的平均增重和横截面面积要大得多。后续实验表明，将 Mini-C/SiC 复合材料进行 4 个周期的 CVI 过程后，其平均增重和横截面面积可分别达到 $(0.52\pm0.02)mm^2$ 和 $(0.132\pm0.006)g$，这与 2 个 CVI 周期制备出的 Mini-C/SiC-NW-1 的致密化效果基本相同，说明 Mini-C/SiC 的基体生长速度

仅为 Mini-C/SiC-NW-1 的一半。Mini-C/SiC-NW-1 和 Mini-C/SiC-NW-2 在增重和横截面面积上的差异表明，碳纤维束表面 Si_3N_4 纳米线的密度越高，复合材料的基体生长速度越快。由于纳米线具有很大的比表面积，当其在碳纤维束表面原位生成后，可为 SiC 基体的渗透提供更多的有效沉积区域，从而提高基体的生长速度，加快 Mini 复合材料的致密化过程，这就是 Si_3N_4 纳米线改性的 Mini 复合材料的基体生长速度得以大大提高的根本原因，也解释了为什么纳米线密度越高，复合材料致密化速度越快。

Mini-C/SiC-NW-1 复合材料典型的拉伸应力-应变曲线如图 3-31(a) 所示，图中包含了拉伸实验过程中的声发射（AE）测试结果，可以看出，Mini-C/SiC-NW-1 的非线性拉伸行为大致可分为四个阶段。在第一阶段（$0 \sim \sigma_o$），拉伸应力持续增大至 σ_o，传感器没有捕捉到任何的声发射信号。由于基体与增强体间热膨胀系数存在明显差异，Mini 复合材料从制备温度（>1000℃）冷却至室温时，材料内部会形成较大的热应力，并导致微裂纹在基体中产生。当拉伸应力低于 σ_o 时，复合材料处于热残余应力的释放阶段，不存在原有微裂纹的扩展和新裂纹的产生，因此，在这一过程中并没有检测到 AE 信号。在第二阶段（$\sigma_o \sim \sigma_m$），应力-应变曲线近似呈现线性变化，Mini-C/SiC-NW-1 复合材料发生弹性变形。当拉伸应力达到 σ_o 后，SiC 基体上原始的微裂纹开始扩展，于是检测设备捕获到了第一组 AE 信号。随着拉伸应力的不断提高，获得的 AE 信号逐渐增多，但是由于其发生频率较低，因此在第二阶段，AE 信号的能量一直处在一个缓慢累积的过程中，直到拉伸应力提高到第二和第三阶段的分界点 σ_m（Mini 复合材料的基体强度），它也是应力-应变曲线上第一个线性部分的结束点。进入到第三阶段（$\sigma_m \sim \sigma_c$）之后，材料应力-应变曲线的斜率不断减小，表明新的裂纹在基体中萌生和长大，随着拉伸应力的不断提高，大的基体裂纹形成，并沿着复合材料的径向迅速扩展，这些高频率和高能量事件的发生，使得 AE 累积能量迅速增大。在这个阶段中，SiC 基体破坏严重，碳纤维失去保护暴露于工作环境中，极易在高温氧化等复杂环境条件下受损，因此，高的基体强度（σ_m）对于复合材料在极端条件下的应用十分重要。第四阶段（$\sigma_c \sim \sigma_f$）主要是碳纤维的断裂和拔出过程，当拉伸应力进一步提高到 σ_c 时，Mini 复合材料的基体裂纹饱和，拉伸载荷完全转移到了碳纤维增强体上，纤维束发生弹性变形，于是复合材料的应力-应变曲线又表现为线性变化，直至失效，失效时的应力（σ_f）为复合材料的拉伸强度。这个阶段检测到的声发射信号主要与界面脱粘、裂纹在纤维束内的偏转以及碳纤维的断裂和滑移有关，由于这些事件的频率和能量较低，因此 AE 累积能量曲线几乎变为了一个平台[73-75]。

如图 3-31(b) 所示，与 Mini-C/SiC-NW-1 类似，Mini-C/SiC 复合材料的拉伸行为也可分为四个阶段，但是后者的 σ_m、σ_c 和 σ_f 较低，而且其第二和第三阶段 AE 信号的数量、密度和能量都要明显高于前者。这说明，与纳米线增强的 Mini 复合材料相比，不含纳米线的 Mini 复合材料中，基体裂纹的形成和扩展更容易，也更剧烈。第四阶段，Mini-C/SiC 拉伸应力-应变曲线的线性部分比较长，在这个较长的拉伸过程中，仅检测到了一些分散且微弱的 AE 信号，因此，其累积能量曲线出现了一个大的平台。由于 Mini-C/SiC 基体强度（σ_m）较低，在第四阶段，SiC 基体破裂后，转移到其内部完整碳纤维上的载荷要比 Mini-C/SiC-NW-1 中的小很多，所以与 Mini-C/SiC-NW-1 相比，Mini-C/SiC 中碳纤维的断裂和拔出过程表现得更为平缓，与此相关的 AE 信号也较弱，且非常分散。

对于 Mini-C/SiC-NW-2 复合材料来说，在实验结果中只能够清楚地观察到其拉伸行为的前三个阶段 ［图 3-31(c)］，与 Mini-C/SiC-NW-1 和 Mini-C/SiC 相比，这三个阶段的变化

纳米增强体有序组装三维结构陶瓷基复合材料

趋势没有显著的差异。然而，在与碳纤维断裂拔出相关的第四阶段，Mini-C/SiC-NW-2 的应力-应变曲线上并不存在明显的线性变化部分，拉伸过程中所捕获的 AE 信号也非常少和集中，因此，很难将其第四阶段与第三阶段划分开来，也无法在应力-应变曲线上定义出材料的 σ_c。这些结果表明，在 Mini-C/SiC-NW-2 的失效过程中，纤维束内大量碳纤维增强体的断裂几乎是同步的，而且断裂速度非常快。

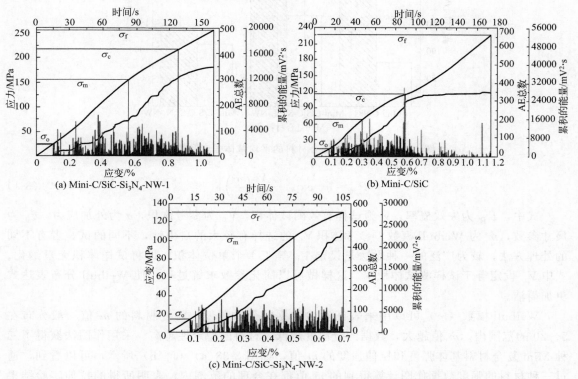

图 3-31　不同 Mini 复合材料典型的拉伸应力-应变曲线和声发射测试结果

图 3-32 显示的是三种 Mini 复合材料的平均基体强度（σ_m）和拉伸强度（σ_f）。可以看出，Mini-C/SiC-NW-1 和 Mini-C/SiC-NW-2 的平均基体强度［分别为（166±38）MPa 和（113±31）MPa］均高于 Mini-C/SiC［（80±15）MPa］，说明在复合材料中引入 Si_3N_4 纳米线可有效地改善基体的力学性能。Mini-C/SiC-NW-2 的拉伸强度［（142±31）MPa］是三种 Mini 复合材料当中最低的，其他两种材料的拉伸强度差别不大，Mini-C/SiC-NW-1 的拉伸强度［（264±53）MPa］略高于 Mini-C/SiC［（244±37）MPa］。这些结果说明，作为增强体，碳纤维的体积分数在 Mini 复合材料的拉伸强度中起决定性作用，而 SiC 基体对复合材料拉伸强度的影响相对较小。此外，Mini-C/SiC-NW-1 和 Mini-C/SiC-NW-2 在基体强度和拉伸强度上的差异表明，过多的 Si_3N_4 纳米线的引入会损害 Mini 复合材料的拉伸性能。

以往的研究结果表明，复合材料最终的 AE 累积能量与其基体中新裂纹的形成密切相关。新的基体裂纹形成越多，扩展越剧烈，材料最终的 AE 累积能量越高。Mini-C/SiC-NW-1 最终的平均 AE 累积能量［（12998±1173）$mV^2 \cdot s$］仅为 Mini-C/SiC［（28647±2075）$mV^2 \cdot s$］的一半，这表明在复合材料中引入 Si_3N_4 纳米线后，可有效地抑制基体裂纹的形成和扩展。

为了判断 Mini 复合材料拉伸实验数据的可靠性，采用 Weibull 分布对实验数据进行统计分析，其表示形式如式(3-1)：

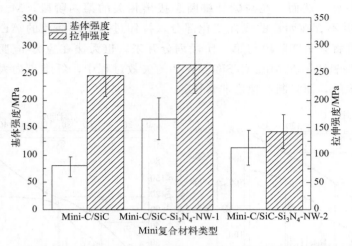

图 3-32　不同 Mini 复合材料的平均基体强度和拉伸强度

$$P_R = 1 - \exp\left[-\frac{V}{V_0}\left(\frac{\sigma}{\sigma_0}\right)\right]^m \tag{3-1}$$

式中，P_R 为失效概率，V 为试样有效测试体积，V_0 为参考体积，σ 为外加应力，σ_0 为尺寸参数，m 为 Weibull 模数。参考体积 V_0 的选择有较大的自由性，不同的试验者有不同的处理方法，较为广泛的一种做法是设定 V_0 等于 1 个单位体积，即将试样体积无量纲化。式中 V_0 设定等于试样测试体积 V，这样做可以简化参数求解过程，使 Weibull 分布表达式更加简洁。

Weibull 模数（m）可以用来表征实验数据的分散程度，陶瓷材料的 m 值一般分布在 5～20 的范围内。m 值越大，数据的分散度越低，材料的稳定性越高。采用作图法获得了三种 Mini 复合材料基体强度和拉伸强度的 m 值，如图 3-33（a）和（b）所示，可以看到，通过三种材料的强度数据作图计算得到的 m 值都在合理的范围内，表明所得的拉伸实验结果是可靠的。传统 Mini-C/SiC 复合材料基体强度和拉伸强度的 m 值均高于其他两种含纳米线的 Mini 复合材料，说明材料的结构越简单，其实验数据的分散性越低，性能的稳定性越高。

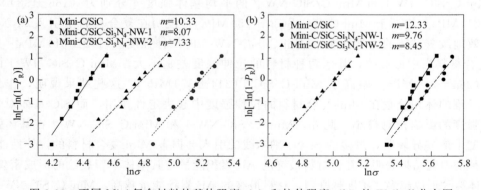

图 3-33　不同 Mini 复合材料的基体强度（a）和拉伸强度（b）的 Weibull 分布图

基于上述的拉伸实验结果，可以得出结论：在设计制备的三种 Mini 复合材料中，Mini-C/SiC-NW-1 的基体强度和拉伸强度最高，拉伸性能最为优异，而且具有相对良好的稳定性。

为了研究 Mini 复合材料的断裂过程和 Si_3N_4 纳米线的增强增韧机理，对三种 Mini 复合材料的拉伸断口形貌进行了观察（图 3-34）。从图 3-34(a) 中可以看出，Mini-C/SiC-Si_3N_4-NW-1 的断裂过程中，PyC 界面相的脱粘和碳纤维的断裂拔出等 C/SiC 复合材料原有的强韧化现象都得到了充分体现。在基体放大图中可以看到 [图 3-34(b)]，第一个 CVI 周期围绕 Si_3N_4 纳米线生成的 SiC 棒，被第二个周期渗透得到的 SiC 基体包围，成为连续致密的整体。这些微米级的 SiC 棒在基体破裂时展现出了一定的拔出效果，有利于基体韧性的提高。在凹凸不平的断面上，能够清楚地观察到许多断裂的 Si_3N_4 纳米线和纳米线断裂拔出后留下的小孔，由于纳米线与 SiC 基体间的结合较强，因此纳米线的拔出效果并不十分明显，拔出长度也有限。这些断口形貌表明，在 Mini-C/SiC-NW-1 复合材料的断裂过程中，高性能 Si_3N_4 纳米线的弹性变形和破裂可为 SiC 基体强度和韧性的提高作出重大贡献，而强韧的 SiC 基体能够有效地抑制裂纹的形成和扩展。

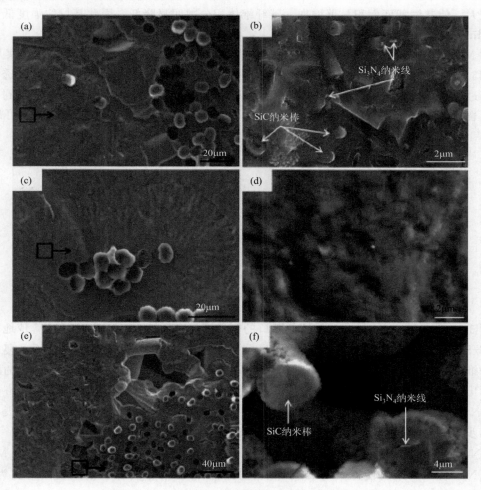

图 3-34　不同 Mini 复合材料拉伸断口的顶视图

(a)，(b) Mini-C/SiC-Si_3N_4-NW-1；(c)，(d) Mini-C/SiC；(e)，(f) Mini-C/SiC-Si_3N_4-NW-2；

其中 (b)，(d)，(f) 分别为 (a)，(c)，(e) 中实线框定区域的局部放大图

图 3-34(c) 和 (d) 显示出了 Mini-C/SiC 的拉伸断口形貌，与 Mini-C/SiC-Si_3N_4-NW-1 相比，没有纳米线增强的 SiC 基体在破裂后显得非常平整和致密，呈现出典型的脆性断裂过

程，因此，前者的基体强度明显低于后者。

从图 3-34（e）中可以看出，在 Mini-C/SiC-Si$_3$N$_4$-NW-2 复合材料内部存在许多大小不一的封闭孔洞，这是导致其基体强度明显低于 Mini-C/SiC-Si$_3$N$_4$-NW-1 的主要原因，也是令其拉伸强度低于另外两种复合材料的因素之一。在对 Mini 复合材料致密化过程的研究中发现，由于 Mini-C/SiC-Si$_3$N$_4$-NW-2 中 Si$_3$N$_4$ 纳米线的密度较高，因此 CVI 过程中，Mini-C/SiC-Si$_3$N$_4$-NW-2 的基体生长速度要快于 Mini-C/SiC-Si$_3$N$_4$-NW-1。这种快速生长导致 Mini-C/SiC-Si$_3$N$_4$-NW-2 表面过早地"结壳"，并在材料内部形成许多尺寸各异的封闭气孔，这些气孔会在较低的应力条件下引发基体裂纹的产生和扩展，使其基体强度低于致密的 Mini-C/SiC-Si$_3$N$_4$-NW-1。然而，嵌入在基体中的 Si$_3$N$_4$ 纳米线仍然可以有效地抑制裂纹的形成和扩展 [图 3-34（f）]，因此，与没有纳米线增强的 Mini-C/SiC 相比，Mini-C/SiC-Si$_3$N$_4$-NW-2 的基体强度更高。另一方面，由于 Mini-C/SiC-Si$_3$N$_4$-NW-2 中纳米线密度和孔隙率较大，使其横截面面积显著增加，碳纤维体积分数明显降低，因此其拉伸强度低于其他两种 Mini 复合材料。

对 Mini-C/SiC-Si$_3$N$_4$-NW-2 断裂面内碳纤维及其周围的 PyC 界面层进行观察后发现（图 3-35），无论是在纤维束外侧还是内部，经历了 Si$_3$N$_4$ 纳米线生长和 SiC 基体渗透等一系列制备过程后，复合材料中的纤维和界面层都完整地保存了下来，可以清楚地观察到它们在材料断裂过程中的断裂拔出和脱粘等现象，说明它们在制备过程中受到的损伤可以忽略不计。

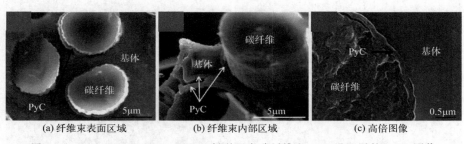

(a) 纤维束表面区域　　　　　(b) 纤维束内部区域　　　　　(c) 高倍图像

图 3-35　Mini-C/SiC-Si$_3$N$_4$-NW-2 断裂面内碳纤维和 PyC 界面层的 SEM 图像

图 3-36 是三种 Mini 复合材料拉伸断口的侧视图。在图 3-36（a）中，可以清楚地观察到 Mini-C/SiC-Si$_3$N$_4$-NW-1 中纤维阶梯状的断裂和拔出，表明引入 Si$_3$N$_4$ 纳米线后，复合材料中碳纤维的强韧化功能依然可以得到充分发挥。相比较而言，Mini-C/SiC 中纤维的阶梯状断裂拔出现象表现得更为明显 [图 3-36（b）]，这是因为其基体强度远低于 Mini-C/SiC-Si$_3$N$_4$-NW-1，在拉伸应力较低时，裂纹便会在基体内产生，并沿着纤维温和地扩展，引发纤维逐步断裂和拔出，直至 Mini 复合材料完全失效，由于 Mini-C/SiC 和 Mini-C/SiC-Si$_3$N$_4$-NW-1 的拉伸强度差别不大，因此 Mini-C/SiC 中纤维的断裂拔出过程要长于 Mini-C/SiC-Si$_3$N$_4$-NW-1，最终使得 Mini-C/SiC 复合材料断口处纤维阶梯状的断裂效果更为明显，拔出长度也更长。与 Mini-C/SiC 相比，Mini-C/SiC-Si$_3$N$_4$-NW-2 的基体强度较大，只有当拉伸应力较高时，裂纹才会在基体中产生和扩展。然而，Mini-C/SiC-Si$_3$N$_4$-NW-2 的纤维体积分数低，孔隙率高，使得它的拉伸强度相对较低，当基体产生裂纹，并扩展到纤维时，大量纤维在大的拉伸载荷作用下同时迅速断裂，因此，Mini-C/SiC-Si$_3$N$_4$-NW-2 复合材料的断口较为平整，只能看到少量纤维的断裂和拔出 [图 3-36（c）]。这也使得 Mini-C/SiC-Si$_3$N$_4$-NW-2 的断裂应变

纳米增强体有序组装三维结构陶瓷基复合材料

（0.68％±0.06％）小于 Mini-C/SiC-Si₃N₄-NW-1（1.05％±0.06％）和 Mini-C/SiC（1.13％±0.05％）。

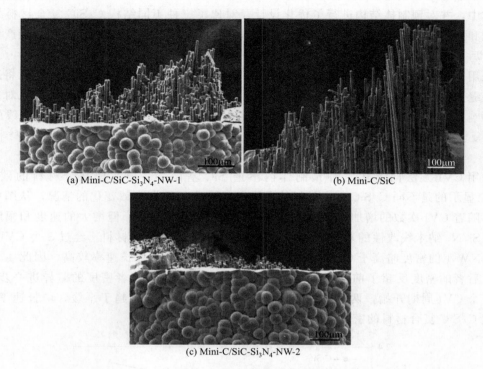

(a) Mini-C/SiC-Si₃N₄-NW-1   (b) Mini-C/SiC

(c) Mini-C/SiC-Si₃N₄-NW-2

图 3-36　不同 Mini 复合材料拉伸断口的侧视图

通过对三种 Mini 复合材料的拉伸断口进行观察后发现，这些断口的形貌与材料的应力-应变曲线和 AE 监测结果所反映出的情况非常一致，均表明在复合材料中适量地引入 Si₃N₄ 纳米线，可有效地提高基体的强度，改善材料的拉伸性能。

3.5.3　Si₃N₄ 纳米线改性三维 C/SiC 复合材料

对 Si₃N₄ 纳米线改性的 Mini-C/SiC 复合材料的研究表明，适量 Si₃N₄ 纳米线的引入一方面可以改变碳纤维束周围的空间结构，为 CVI 过程中 SiC 基体的生长提供更多的有效沉积区域，从而加快 Mini 复合材料的致密化过程。另一方面，由于 Si₃N₄ 纳米线具有优异的力学性能，将其作为增强体添加到 SiC 基体中以后，可使其显微结构发生明显变化，强度得到显著提高，并使 Mini 复合材料整体的力学性能得到一定程度的改善。这些研究结果为 Si₃N₄ 纳米线在复杂编织结构 C/SiC 复合材料中的应用打下了良好的理论和实验基础。

C/SiC 复合材料三维缝合预制体是在二维碳布叠层预制体的基础上发展起来的。二维叠层 C/SiC 复合材料具有较好的面内力学性能，但其层间抗剪切性能较差，在制备和使用过程中易发生分层而导致构件过早失效，甚至发生灾难性的破坏，因此不适于制备大而厚的构件。三维编织 C/SiC 复合材料由于在厚度方向上分布有一定的碳纤维，因此层间力学性能大大提高，适用于大而厚的构件的制备，但其编织工艺复杂，制造成本较高。三维缝合预制体既保持了二维叠层结构优异的面内力学性能，又具有三维编织结构较高的层间力学性能，而且制备工艺简单，制造成本低，因此成为目前 C/SiC 复合材料构件的主要预制体结构[76]。

本小节通过在碳布上原位生长 Si_3N_4 纳米线，将一维纳米材料均匀地引入到了三维缝合预制体中，并对预制体结构进行了优化设计，对比了三种不同结构 C/SiC 复合材料的致密化过程和力学性能，分析了纳米线的引入及引入方式对复合材料制备过程及其性能产生的影响，为后在构件尺度的设计和制备一维纳米材料改性的 CFCMCs 提供指导。

采用催化剂辅助先驱体浸渍裂解法在碳布表面原位生长了 Si_3N_4 纳米线，然后将这些碳布叠层缝合制成了含有纳米线的三维碳纤维预制体。为了更好地研究纳米线的引入对复合材料的影响，共设计和制备了三种三维缝合预制体以进行对比分析，包括不含纳米线的传统 C/SiC 复合材料的预制体，以及含纳米线的 C/SiC-NW-1 和 C/SiC-NW-2 复合材料的预制体。

采用 CVI 方法向上述三种预制体内渗透 SiC 基体，逐步实现复合材料的致密化。图 3-37 显示的是不同 C/SiC 复合材料的平均密度随 CVI 周期次数变化的情况，从图中可以看出，随着 CVI 次数的增加，三种复合材料的密度均不断增大，但增大的速度和幅度并不相同，Si_3N_4 纳米线改性的复合材料的密度始终高于传统的复合材料。经过 3 个 CVI 周期，C/SiC-NW-1 的密度略高于 C/SiC-NW-2，但是，由于后者的增长速率较高，因此 4 个周期之后，后者的密度反超了前者，而且随着 CVI 次数的增加，两者密度的差异进一步扩大。从第 5 个 CVI 周期开始，两种含纳米线的复合材料密度的变化趋于平缓，增长速率下降，而传统 C/SiC 复合材料的密度则仍处在比较明显的增长过程中。

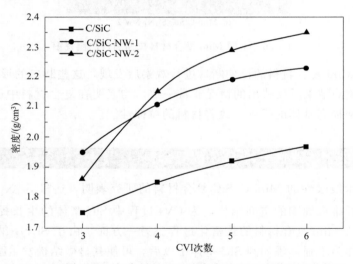

图 3-37 不同 C/SiC 复合材料的平均密度随 CVI 次数的变化情况

表 3-4 列出了 6 个 CVI 周期后三种复合材料密度和开气孔率的测试结果，可以看到，引入 Si_3N_4 纳米线后，复合材料的密度显著提高，开气孔率明显下降，而且 C/SiC-NW-2 的致密化效果要好于 C/SiC-NW-1。

表 3-4 经 6 个 CVI 周期后不同 C/SiC 复合材料的平均密度和开气孔率

测试项目	C/SiC	C/SiC-NW-1	C/SiC-NW-2
密度/(g/cm³)	1.97±0.010	2.23±0.013	2.35±0.006
孔隙率/%	13.96±0.53	10.17±0.65	6.68±0.24

纳米增强体有序组装三维结构陶瓷基复合材料

从图 3-38 中可以看出，在经历了 6 个 CVI 周期之后，三种复合材料的横截面形貌差异显著，致密化效果明显不同。传统 C/SiC 复合材料的表面和内部都有一些尺寸较大的孔洞，表面几乎没有 SiC 涂层，基体中存在着许多的微裂纹〔图 3-38(a)，(b)〕。这些裂纹的形成与纤维和基体的热失配有关，在复合材料从制备温度冷却至室温的过程中，这种热失配会使材料内部产生较大的热应力，从而导致强度较低的 SiC 基体在拉应力的作用下破裂。由于 C/SiC-NW-1 中所有碳布的上下两侧都生长着一定厚度的 Si_3N_4 纳米线，因此与 C/SiC 复合材料相比，这些碳布叠层缝合后层与层之间的距离相对较大，碳纤维的体积分数相对较低，而且碳布间的自由空间被纳米线构成的网络填充和分割，成为许多尺寸较小的孔隙。经过 6 次基体渗透之后，C/SiC-NW-1 表面已非常致密，并沉积了一层 SiC 涂层，然而，其内部的致密程度并不高，存在着许多大小不一的孔洞，这些孔洞内方向随机的 Si_3N_4 纳米线虽已经沉积上了 SiC 基体，成为了微米级的 SiC 棒，但是 SiC 棒间的孔隙并未得到有效填充，材料的密度整体上呈现出由外到内逐渐降低的梯度分布〔图 3-38(c)，(d)〕。造成这种现象的原因在于 C/SiC-NW-1 复合材料预制体内的纳米线密度过高，CVI 过程中材料表层的致密化速度过快，"结壳"过早，其内部基体的反应渗透过程未能充分进行。对于 C/SiC-NW-2 复

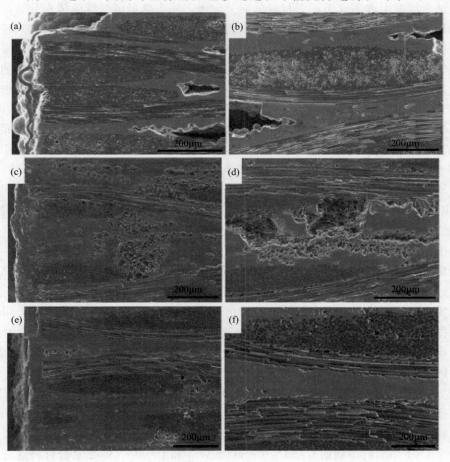

图 3-38　经 6 个 CVI 周期后不同 C/SiC 复合材料横截面的 SEM 图像
(a)，(b) C/SiC；(c)，(d) C/SiC-NW-1；(e)，(f) C/SiC-NW-2；
其中 (a)，(c)，(e) 为材料边缘区域，而 (b)，(d)，(f) 为其中心区域

合材料来说，其预制体是由含与不含 Si_3N_4 纳米线的碳布交替叠层后缝合而成的，而且制备过程中还有意降低了碳布上纳米线的密度，因此与 C/SiC-NW-1 相比，C/SiC-NW-2 中碳布间的距离明显减小，自由空间减少，碳纤维的体积分数上升，纳米线体积分数下降，使得基体渗透过程中，材料表面的致密速度明显放缓，内部的致密化情况得到了显著改善。从图 3-38(e) 和（f）中可以看到，经过 6 个 CVI 周期之后，C/SiC-NW-2 的表面被 SiC 涂层覆盖，其内部也已非常致密，不存在独立的 SiC 棒，仅有少量尺寸较小的孔洞残留。

对比分析三种复合材料的密度变化情况和横截面形貌可知，6 个 CVI 周期之后，C/SiC-NW-1 和 C/SiC-NW-2 的致密化过程基本完成，而且后者的致密化效果较好，但是传统的 C/SiC 复合材料尚未充分致密。为此，对部分 C/SiC 复合材料继续进行基体渗透，将其 CVI 周期次数增加到了 8 次，结果表明，材料的平均密度提高到了 $(2.07 \pm 0.008) g/cm^3$，平均开气孔率下降到了 $(10.52\% \pm 0.46\%)$，其表面致密效果较好，但内部仍存在一些较大的孔洞，这与以往最终致密得到的三维缝合 C/SiC 复合材料的情况基本一致，说明 Si_3N_4 纳米线的引入不仅加快了复合材料的致密化速度，还有效地提高了其密度。而 C/SiC-NW-1 和 C/SiC-NW-2 致密化效果的差异表明，合理地设计预制体的结构对于复合材料来说非常重要，过量纳米线的引入不仅不利于材料的充分致密，还会降低碳纤维的体积分数。因此，制备一维纳米材料增强的陶瓷基复合材料时，需要对纳米线的密度及其引入的方式进行合理的选择。值得注意的是，在 C/SiC-NW-2 复合材料的基体中，并没有观察到如传统 C/SiC 复合材料基体中那样大量存在的明显的微裂纹，说明适当地引入纳米线之后，材料的基体强度得到了提高，有效地抑制了裂纹的形成和扩展，其增强机理将在后面的章节中详细讨论。

图 3-39 反映的是致密化过程中 C/SiC-NW-2 复合材料微观结构的演化情况，可以看到，3 个 CVI 周期后，材料的致密程度较低，渗透得到的 SiC 基体围绕着填充在碳布间的 Si_3N_4 纳米线迅速生长，形成 SiC 棒，不断地填充那些被纳米线分割而成的孔洞［图 3-39（a），（b）］。这表明除了纤维表面之外，纳米线表面也是基体的有效沉积区域。由于纳米线具有大的比表面积，因此，含有纳米线的预制体能够为基体的生长提供大量的有效沉积区域，这就是 C/SiC-NW-2 复合材料的致密化速度得以显著提高的根本原因。随着 CVI 次数的增加，SiC 棒的直径越来越大，基体中的孔洞越来越少，尺寸也越来越小［图 3-39（c），（d）］。经过 6 次基体渗透之后，材料的致密化过程结束，Si_3N_4 纳米线网络中的孔洞被 SiC 基体充分填满，避免了复合材料中大的封闭孔洞的形成，因此 C/SiC-NW-2 的密度明显高于 C/SiC 复合材料，前者 4 次 CVI 后的密度已超过后者 8 次 CVI 后的最终密度。

上述实验结果表明，在三维缝合碳纤维预制体中适量地引入 Si_3N_4 纳米线，可为 SiC 基体的生长提供大量的有效沉积区域，从而加速复合材料的致密化过程，与传统的 C/SiC 复合材料相比，C/SiC-NW-2 的 CVI 周期至少缩短了 1/4。另外，碳布间纳米线网络的存在，优化了预制体的孔洞结构，减小了孔洞的尺寸，提高了复合材料的密度，经 6 个 CVI 周期得到的 C/SiC-NW-2 的密度比经 8 个 CVI 周期得到的传统 C/SiC 复合材料的密度高出了 13%，而开气孔率则下降了 34.8%。同时，Si_3N_4 纳米线起到了对基体的增强作用，有效地抑制了材料制备过程中微裂纹在基体内的形成和扩展。

对 6 个 CVI 周期后得到的 C/SiC、C/SiC-NW-1 和 C/SiC-NW-2 复合材料进行拉伸性能测试，其典型的拉伸应力-应变曲线如图 3-40 所示。从图中可以看出，三种材料的拉伸应力-应变曲线均呈现非线性变化，其中 C/SiC 和 C/SiC-NW-2 曲线的变化趋势较为相似，二者的拉伸行为都可大致分为三个阶段，而 C/SiC-NW-1 曲线的变化情况则不大相同，仅能观察

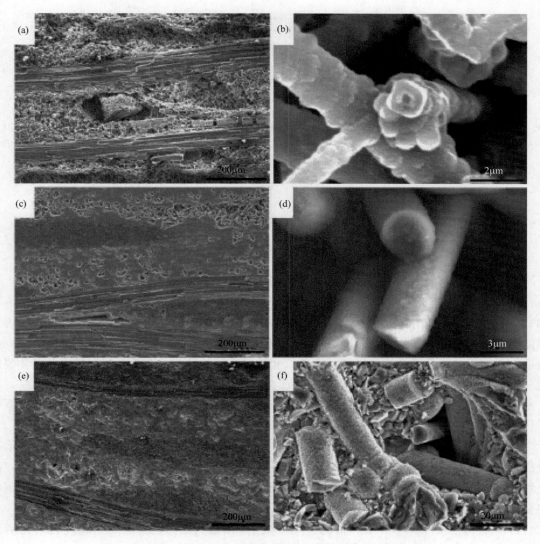

图 3-39　C/SiC-NW-2 的微观结构随 CVI 周期增加的演化情况

(a)，(b) 经 3 个 CVI 周期；(c)，(d) 经 4 个 CVI 周期；(e)，(f) 经 6 个 CVI 周期；

其中 (b)，(d)，(f) 分别为 (a)，(c)，(e) 中局部区域的放大图

到两个较为明显的过程。

　　这些曲线的变化过程与复合材料中损伤的累积和演变有关，传统的三维缝合 C/SiC 复合材料在拉伸载荷作用下发生的损伤和破坏主要包括：原始基体裂纹的扩展，基体中新裂纹的产生和扩展，界面的脱粘和滑移以及纤维的断裂和拔出等。在拉伸的第一阶段（0～45MPa），C/SiC 复合材料主要发生弹性变形，随着应力的增大，材料中的残余热应力逐渐释放，基体中的原始裂纹张开并产生一定的扩展，因此其应力-应变曲线近似呈线性变化。第二阶段（45～175MPa），拉伸应力进一步增大导致新的微裂纹在基体中形成和扩展，复合材料的模量不断降低，使其应力-应变曲线的斜率不断减小，表现出非线性的变化过程，第一和第二阶段的转变点也就是材料的基体强度（σ_m）。当应力高于 150MPa 后，基体中的裂纹逐步扩展到纤维束，参与承载的高模量的碳纤维不断增多，因此在 150～175MPa 范围内，

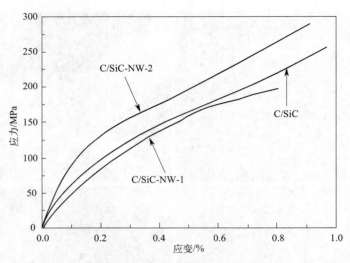

图 3-40 不同 C/SiC 复合材料典型的拉伸应力-应变曲线

复合材料的模量逐渐提高，应力-应变曲线的切线斜率缓慢增大。第三阶段（175～255MPa），当拉伸应力超过 175MPa 之后，基体裂纹趋于饱和，此时，基体完全开裂失去承载能力，载荷全部转移到了纤维上，因此，材料的应力-应变曲线恢复为线性变化，这一线性段的斜率反映的是碳纤维的模量。将第二和第三阶段的转变点定义为复合材料的基体裂纹饱和应力（σ_c），从 σ_m 到 σ_c，是基体开始产生新的微裂纹，微裂纹汇合形成宏观裂纹，裂纹密度不断增加并最终达到饱和的过程。这一过程中，碳纤维逐渐失去基体的保护，暴露于工作环境中，在高温氧化等条件下，O 会沿着基体中的裂纹轻易地扩散进入材料内部，使纤维氧化失去强度，因此，提高 σ_m 对于此类复合材料在极端条件下的应用非常重要。第三阶段中，随着应力的提高，裂纹在纤维束内不断地扩展和偏转，引发界面的脱粘和滑移，并导致纤维逐步地断裂和拔出，直至应力提高到传统 C/SiC 复合材料的拉伸强度（σ_f），碳纤维全部断裂，材料彻底失效。

将图 3-40 中 C/SiC-NW-1 和传统 C/SiC 复合材料的拉伸应力-应变曲线进行对比后发现，两者的拉伸行为有所不同，前者第一个阶段线性部分的斜率较小，并在第二阶段后半部分呈现出台阶式的变化，也不存在与碳纤维断裂拔出相关的第三阶段，说明试样在基体裂纹增殖的过程中即发生断裂，总的来看，前者的 σ_m 和 σ_f 值均低于后者，力学性能较差。而 C/SiC-NW-2 的应力-应变曲线的变化趋势与传统 C/SiC 复合材料基本相同，说明两者拉伸过程中损伤的积累和演变情况类似，但是 C/SiC-NW-2 第一阶段线性部分的斜率，以及 σ_m、σ_c 和 σ_f 的值均要明显高于传统 C/SiC 复合材料，说明其拉伸性能在三种复合材料中最为优异。

表 3-5 列出了三种复合材料的拉伸性能，可以看出，预制体结构对复合材料的力学性能有着显著影响。与传统 C/SiC 复合材料相比，Si_3N_4 纳米线引入量较大且致密程度较低的 C/SiC-NW-1 复合材料的拉伸性能不但没有提高，反而明显下降，而纳米线引入量适中且致密化效果最好的 C/SiC-NW-2 复合材料的拉伸性能则得到了显著改善，其基体强度和拉伸强度分别比传统 C/SiC 复合材料高出了 63.4% 和 11.1%，断裂应变也略有增加，这与图 3-40 中三种材料拉伸应力-应变曲线所反映的情况基本一致。

表 3-5　不同 C/SiC 复合材料的拉伸性能

性能	C/SiC	C/SiC-NW-1	C/SiC-NW-2
基体强度/MPa	41±5	26±6	67±6
拉伸强度/MPa	252±23	195±27	280±22
断裂应变/%	0.89±0.07	0.74±0.08	0.91±0.05

材料的拉伸断口能直接反映复合材料的拉伸断裂行为，为了深入地研究预制体结构对三种复合材料拉伸性能的影响，对试样拉伸断口的宏观和微观形貌进行了观察和分析。

图 3-41 显示的是三种复合材料拉伸试样断口典型的宏观形貌，对比后发现：传统 C/SiC 复合材料的断口局部参差不齐，但整体较为平整，碳纤维呈现出比较明显的阶梯状的断裂和拔出 [图 3-41(a)]；C/SiC-NW-1 则为典型脆性断裂，断口非常平整，仅有少量的纤维拔出，且拔出长度极短 [图 3-41(b)]；C/SiC-NW-2 的断口为斜坡状，并有许多不规则的缺口，复合材料内各层的断裂位置不同是形成这种断口形貌的主要原因，大量的纤维以阶梯状的方式拔出，且拔出长度较长 [图 3-41(c)]。

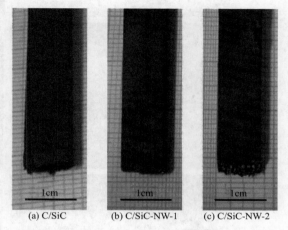

(a) C/SiC　　(b) C/SiC-NW-1　　(c) C/SiC-NW-2

图 3-41　不同 C/SiC 复合材料拉伸断口宏观形貌

图 3-42 是三种复合材料拉伸断口的显微照片。从图 3-42(a) 中可以看出，在传统 C/SiC 复合材料的断面上有许多纤维成簇拔出，其拔出长度不一，使得整个断口显得参差不齐，通过局部放大图 [图 3-42(b)] 可以发现，这些拔出的纤维呈现典型的阶梯分布，靠近基体的部分拔出长度较短，纤维束中心区域的拔出长度较长，其增强增韧作用得到了明显体现，而 SiC 基体的断裂面则比较光滑平整，含有一些尺寸较大的孔洞。

图 3-42(c) 和 (d) 为 C/SiC-NW-1 的断口形貌，可以看到，材料没有明显的纤维成簇拔出现象，断面整体较为平坦且致密度较低，存在许多尺寸较大且被 SiC 棒填充的孔洞。纤维束被众多独立的 SiC 棒包围，其断面比较平整，被拔出的纤维数量很少，长度也很短，不存在阶梯状的断裂拔出效果；碳布的层数较少，间距较大。通过对复合材料致密化过程的研究可知，由于 C/SiC-NW-1 复合材料的预制体中 Si$_3$N$_4$ 纳米线的体积分数和密度过高，使得材料难以充分致密，CVI 过程结束后，其内部的致密化效果较差，残留了大量的孔洞。在拉伸载荷的作用下，这些相互连通的孔洞极易诱发微裂纹在基体中的产生和扩展，这就是 C/SiC-NW-1 基体强度偏低的主要原因。在微裂纹大量产生，并迅速扩展和汇聚成为大裂纹的过程中，力学性能较差的 SiC 基体无法对其形成有效抑制，裂纹的扩展能也未得到充分吸收，加上过多纳米线的引入还造成了碳纤维体积分数的明显下降，因此，当裂纹扩展至纤维束时，许多碳纤维在稍作抵抗之后，便在较高的拉伸应力作用下集中而迅速地断裂，形成较为平整的断口，这也就意味着 SiC 基体和碳纤维的失效在裂纹的扩展过程中同时发生，并持续进行，直至试样完全断裂。所以该材料在其拉伸应力-应变曲线的第二阶段表现出了台阶式的变化过程，而且没有出现与纤维束单独承载有关的第三阶段。和传统的 C/SiC 复合材料相比，C/SiC-NW-1 的力学性能不升反降。

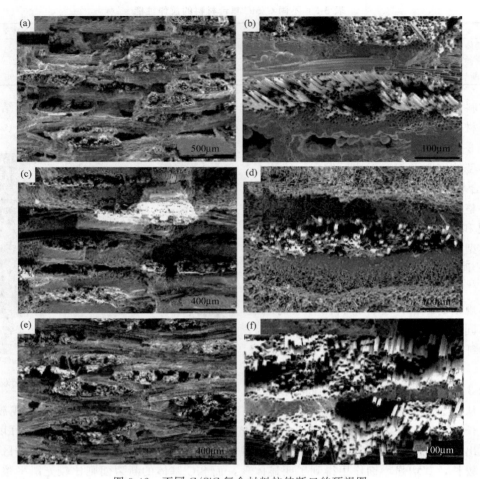

图 3-42　不同 C/SiC 复合材料拉伸断口的顶视图

(a),(b)C/SiC;(c),(d)C/SiC-NW-1;(e),(f)C/SiC-NW-2;其中(b),(d),(f)分别为(a),(c),(e)中局部区域的放大图

　　从 C/SiC-NW-2 的断口形貌可以看出[图 3-42(e),(f)],其断面凹凸不平且非常致密,纤维束台阶状的断裂拔出现象非常明显,且拔出长度较长,基体不存在大的残余孔洞,并同样呈现出了台阶式的断裂效果。与 C/SiC-NW-1 相比,C/SiC-NW-2 的预制体中 Si_3N_4 纳米线的引入量适中,材料的致密化效果较好,密度和碳纤维体积分数较高,因此,在 C/SiC-NW-2 的拉伸过程中,裂纹的形成得到了有效抑制,其在 SiC 基体和纤维束中的扩展比较平缓,偏转也较为明显,能量得到了有效吸收,使得碳纤维在逐渐增大的拉伸引力作用下逐步地断裂和拔出,它们的增强增韧作用得到了充分发挥,所以 C/SiC-NW-2 的力学性能明显优于 C/SiC-NW-1。将传统 C/SiC 和 C/SiC-NW-2 复合材料断口处基体的微观形貌进行对比后发现(图 3-43),前者非常光滑平整,表现为典型的脆性断裂,而后者则凹凸不平,含有许多断开的 Si_3N_4 纳米线,因为这些纳米线与基体的结合非常紧密,所以它们的拔出效果并不十分明显。纳米线的力学性能非常优异,它们的弹性变形和断裂可有效地提高 SiC 基体的强度和韧性,因此与不含纳米线的传统 C/SiC 复合材料相比,C/SiC-NW-2 的基体强度有了显著改善,从而有效地抑制了裂纹的形成和扩展。此外,由于适量的 Si_3N_4 纳米线的引入优化了预制体的孔洞结构,减小了孔洞的尺寸,所以 C/SiC-NW-2 的致密化程度也明显高于传统

的 C/SiC 复合材料，因此前者的拉伸性能在整体上优于后者。

(a) C/SiC　　　　　　　　　　　　　(b) C/SiC-NW-2

图 3-43　不同 C/SiC 复合材料拉伸断口中 SiC 基体的 SEM 图像

上述实验结果及其分析表明，在三维缝合碳纤维预制体中适量地引入 Si_3N_4 纳米线，可有效地提高 C/SiC 复合材料的基体强度和材料整体的拉伸性能，而过量纳米线的引入不仅无法改善材料的致密效果，还会降低复合材料中纤维的体积分数，最终导致材料力学性能的下降。

图 3-44 显示的是经 6 个 CVI 周期得到的三种 C/SiC 复合材料典型的弯曲应力-应变曲线，可以看到，这些应力-应变曲线的变化规律相似，均表现出了明显的阶段性，大体上可将它们的变化过程分为三个阶段：首先是从开始加载到材料开裂的线性上升阶段，这一阶段中，复合材料在不断增大的弯曲应力作用下发生弹性变形，因此其弯曲应力-应变曲线呈线性变化；然后是从材料开裂到失效的非线性上升阶段，由于试样在失效前会先在局部区域发生破坏，如基体的开裂和部分纤维的断裂等，应力-应变曲线呈现出了非线性变化过程；最后是从材料失效到彻底断裂的台阶式下降阶段，当应力达到弯曲强度之后，试样承载能力达到极限，发生严重开裂，由于裂纹在扩展过程中会在不同层之间发生偏转，而且伴随有界面的脱粘和滑移，以及纤维的断裂和拔出等现象，因此材料失效后并未发生灾难性的损毁，弯曲应力也没有立即降到最低点，而是在一定的变形范围内呈现出台阶状下降过程，三种复合材料展现出了不同程度的假塑性。在加载末期，试样虽然尚未完全断裂，但破坏已非常严重，仅具备很低的承载能力，由于剩余的纤维需要较大的垂直于试样截面的分力才能完全断裂拔出，而此时试样已发生了较大的弯曲变形，载荷难以快速有效地传递到这些纤维上，所以在材料弯曲应力-应变曲线的最后部分出现了较长的拖尾现象，并一直延续到试样完全断裂。

虽然在三点弯曲实验中三种 C/SiC 复合材料整体的变化规律相似，但是在每个阶段，不同材料的演变过程和弯曲性能都各具特点。在第一阶段，不同复合材料应力-应变曲线的线性部分的斜率不同，C/SiC-NW-2 的斜率高于其他两种复合材料，这意味着其弯曲模量是三种材料中最大的。第二阶段，C/SiC-NW-1 的非线性变化过程最为明显，其在第一和第二阶段转变点处所受的弯曲应力是三种材料中最低的；C/SiC-NW-2 的应力与应变间则一直保持着较好的线性关系，只是在临近弯曲强度时才出现了短暂的非线性段；而传统 C/SiC 复合材料在此阶段的变化情况则介于上述两种材料之间。第三阶段，C/SiC-NW-1 的弯曲强度

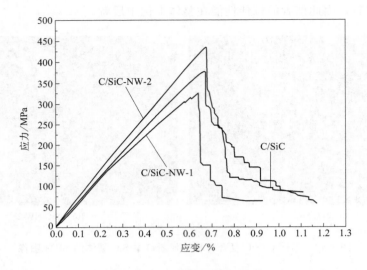

图 3-44　不同 C/SiC 复合材料典型的弯曲应力-应变曲线

最低，而且一旦失效，其应力便直线降低，虽然在完全断裂前，材料的应力-应变曲线也呈现出一定的台阶式下降和拖尾过程，但总体来看，C/SiC-NW-1 主要表现为脆性断裂。C/SiC-NW-2 和传统 C/SiC 复合材料在达到弯曲强度之后，其应力-应变曲线上均出现了一系列的应力台阶，并且在彻底断裂前都有较长的拖尾现象，充分地展现它们的假塑性，相比较而言，两种材料中 C/SiC-NW-2 的弯曲强度更高，台阶式的应力下降过程和拖尾现象更加明显，达到弯曲强度时和最终断裂时的应变也较大，说明其实现了较高强度和良好韧性的统一。

表 3-6 列出了三种不同预制体结构 C/SiC 复合材料的弯曲性能，可以看出，这些材料的弯曲性能与其拉伸性能的变化规律基本相同。C/SiC-NW-2 复合材料的弯曲强度和模量，以及达到弯曲强度时和最终断裂时的应变都是三种材料中最高的，与传统 C/SiC 复合材料相比，其弯曲强度和模量分别提高了 11.5% 和 13.4%，而达到弯曲强度时和最终断裂时的应变则分别提高了 2.9% 和 8.6%。和其他两种材料相比，C/SiC-NW-1 的弯曲性能较差，且下降的幅度较大。这些统计结果与材料弯曲应力-应变曲线所反映出的情况基本一致。

表 3-6　不同 C/SiC 复合材料的弯曲性能

项目	C/SiC	C/SiC-NW-1	C/SiC-NW-2
弯曲强度/MPa	382±36	319±45	426±31
弯曲强度应变/%	0.68±0.07	0.63±0.08	0.70±0.05
断裂应变/%	1.05±0.13	0.89±0.12	1.14±0.10
弯曲模量/GPa	67±6	55±8	76±5

在弯曲过程中，试样的上表面受压应力而下表面受拉应力，由于 C/SiC 复合材料的抗压缩性能要比抗拉伸性能优异，因此，损伤往往会首先在试样下侧的拉伸面内产生，随着载荷的增加，裂纹会从试样下侧的拉伸面沿着厚度方向逐步地向上侧的压缩面扩展，直至试样完全断裂。所以，复合材料的弯曲性能主要取决于拉伸面的抗拉伸性能和裂纹的扩展过程。通过对三种复合材料试样断口宏观和微观形貌的观察，可进一步地分析它们的弯曲破坏行为，探讨 Si_3N_4 纳米线的引入及其引入方式对材料弯曲性能的影响。

纳米增强体有序组装三维结构陶瓷基复合材料

图 3-45 是弯曲实验后三种复合材料断口的宏观形貌，为了更清楚地显示主裂纹的扩展过程，用白线在图 3-45(a)，(c)，(e) 中标示出了各种试样中主裂纹的轨迹，同时，为了更细致地观察材料的断口特征，将不同试样断口的微观形貌侧视图显示在了图 3-46 中。对于传统 C/SiC 复合材料来说，主裂纹在其下侧的拉伸面内产生后，先沿着厚度方向直线扩展，随后在材料层间发生连续的小幅偏转，直至材料完全断裂，表现出了一定的假塑性，试样断口局部凹凸不平，但整体较为平整，能够看到比较整齐的台阶状的纤维拔出现象，可是拔出长度有限[图 3-45(a)，(b) 和图 3-46(a)]。C/SiC-NW-1 试样的变形程度较小，主裂纹同样起始于试样下部的拉伸面，然而，与传统 C/SiC 复合材料相比，其扩展路径非常平直，仅在试样彻底断裂前出现了短暂的小幅偏转，材料的断口也十分整齐，仅能观察到少量碳纤维的拔出，且拔出长度极短，呈现出明显的脆性断裂特征[图 3-45(c)，(d) 和图 3-46(b)]。C/SiC-NW-2 试样的弯曲变形较大，主裂纹产生后即沿层间扩展，其扩展路径整体上向试样长度方向倾斜，并持续不断地在层间进行着小幅的偏转，直至试样完全断裂，最终形成了较长的裂纹扩展轨迹，材料的断口整体呈斜坡状，并在局部区域表现出台阶状的断裂过程，断口处大量的纤维也以台阶状的方式拔出，虽然拔出部分参差不齐，但平均长度较长，说明材料具有良好的韧性[图 3-45(e)，(f) 和图 3-46(c)]。在三点弯曲实验过程中，试样并非处于纯的弯曲状态，在试样横截面内和各层之间还分别存在着面内剪切力和层间剪切力。当材料拉伸强度较低，而材料层间结合强度较高时，主裂纹沿试样厚度方向扩展，试样主要表现为拉伸破坏；而当其拉伸强度较高，而层间结合强度较低时，主裂纹便会向层间偏转，并沿着试样长度方向扩展，此时，试样会在层间和横截面内剪切力的作用下表现出剪切破坏的特征。由于三种复合材料拉伸强度和层间结合强度不同，因此它们的裂纹扩展过程和破坏方式呈现出了各自的特点，对于传统 C/SiC 和 C/SiC-NW-1 复合材料来说，其试样的破坏主要是受拉应力的作用，而 C/SiC-NW-2 试样则表现出了较为明显的拉伸和剪切破坏相结合的特征。

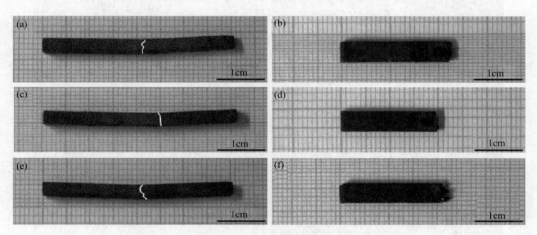

图 3-45　不同 C/SiC 复合材料弯曲断口宏观形貌

(a)，(b) C/SiC；(c)，(d) C/SiC-NW-1；(e)，(f) C/SiC-NW-2；(a)，(c)，(e) 中的白线代表的是主裂纹

图 3-47(a) 为传统 C/SiC 复合材料弯曲断口微观形貌的顶视图，可以看到，复合材料的致密程度不高，基体中有明显的残余孔洞存在，试样断口处有比较明显的纤维成簇拔出的现象，纤维束的断面呈台阶状，表明裂纹在纤维束内扩展时发生了多次的偏转，纤维束的这种断裂拔出方式对应着试样弯曲应力-应变曲线上应力的小幅台阶状下降过程，也是传统 C/

(a) C/SiC (b) C/SiC-NW-1 (c) C/SiC-NW-2

图 3-46　不同 C/SiC 复合材料弯曲断口的侧视图

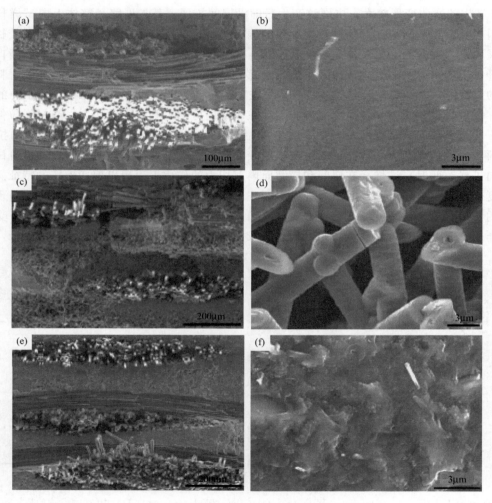

图 3-47　不同 C/SiC 复合材料弯曲断口的顶视图
(a),(b)C/SiC；(c),(d)C/SiC-NW-1；(e),(f)C/SiC-NW-2；
其中(b),(d),(f)分别为(a),(c),(e)中基体的放大图

SiC 复合材料能够表现出一定假塑性的主要原因，而断口的局部放大图显示，SiC 基体的断面非常光滑平整，呈现出典型的脆性断裂特征[图 3-47(b)]。C/SiC-NW-1 弯曲断口的

纳米增强体有序组装三维结构陶瓷基复合材料

微观形貌如图 3-47（c）和（d）所示，由于预制体中 Si_3N_4 纳米线过多过密，因此复合材料内部的致密化程度较低，孔隙率较高，基体中存在许多独立的 SiC 棒，弯曲试样的断口在宏观上十分平整，纤维束的断面上也仅有少量纤维拔出，且拔出长度极短，在弯曲断裂的过程中，由于试样的拉伸强度较低，所以裂纹在其下部的拉伸面内迅速形成，加上材料中碳纤维的体积分数较小，增强增韧作用受到限制，因此主裂纹的直线扩展过程基本上是瞬间完成的，在试样中没有观察到明显的裂纹偏转和纤维拔出现象，材料表现出了明显的脆性，而其弯曲强度也是三种复合材料中最低的。图 3-47（e）和（f）是 C/SiC-NW-2 弯曲断口的显微照片，可以看出，复合材料的致密程度较高，不存在尺寸较大的残余孔洞和独立的 SiC 棒，其断口凹凸不平，纤维被大量拔出，这些拔出的纤维长度较长，且呈明显的台阶状，材料基体的断面同样高低不平，并可以在上面观察到 Si_3N_4 纳米线的断裂和拔出。这些结果说明，适量 Si_3N_4 纳米线的引入，不仅显著地提高了复合材料的致密度，还有效地增强增韧了 SiC 基体。因此，在 C/SiC-NW-2 的弯曲断裂过程中，致密度高、抗拉伸性能好的基体有力地抑制了主裂纹在试样下侧拉伸面内的形成及其在试样厚度方向上的扩展，迫使主裂纹更多地沿复合材料的层间扩展，并不断地在纤维束内进行小幅的偏转，最终在提高材料弯曲强度和模量的同时，改善了材料的韧性，使其在弯曲断裂过程中表现出了明显的假塑性。

将三种 C/SiC 复合材料的弯曲实验结果与其致密化过程和拉伸性能的研究结果进行综合分析可知，这些实验结果具有很好的一致性，而且相互之间具有很强的关联性。预制体结构的不同，引发了三种材料致密化效果和纤维体积分数的差异，进而导致其拉伸性能产生分化，并使它们的弯曲性能形成显著的差别。

通过对三维缝合复合材料和 Mini 复合材料的研究可知，将适量的 Si_3N_4 纳米线引入 C/SiC 复合材料之中，不但可以加快材料的 CVI 过程，提高其致密度和基体强度，还能够有效地改善材料的综合力学性能。这为以后一维纳米材料改性的 CFCMCs 构件的制备奠定了理论和工艺基础。

3.6 ▶ 电沉积 CNTs 改性 C/SiC 纤维束复合材料

3.6.1 电沉积 CNTs/C 纤维束

CNTs 在复合材料中的存在形态对材料的性能有重要的影响，由于 CNTs 自身的表面能较高，特别容易团聚，高体积含量的 CNTs 难以均匀分散，而且如果团聚体 CNTs 被引入到材料内部，很可能成为材料内部的缺陷，使材料不能致密化，进而影响材料的性能。相反，如果 CNTs 能够被大量、均匀地引入到材料内部，由于 CNTs 优异的力学及功能等特性，与复合材料完美结合后，会使复合材料性能得到大幅提高。

图 3-48 所示的是在 CNTs 溶液的浓度为 1%（质量分数），电压为 20V，沉积时间分别为 30min、60min、90min 条件下，CNTs 在碳纤维布上的沉积形貌。从图中可以看出，随着沉积时间的增加，碳布上 CNTs 的沉积含量增加，且在三种不同时间条件下，在碳布上都形成了一层较厚的 CNTs 涂层，并且 CNTs 相互交织成网状结构，其网孔的大小为 100～300nm。

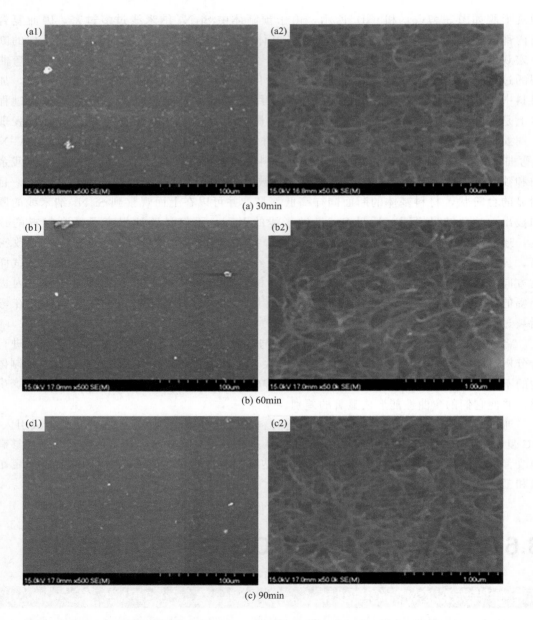

图 3-48　不同沉积时间条件下 CNTs 在碳纤维布上的沉积形貌的 SEM 图片

图 3-49 所示的是在 CNTs 溶液浓度为 1%（质量分数）、电压为 20V、沉积时间为 30min 时，CNTs 在碳布上沉积的微观截面图，从图中可以看出，碳纤维周围均被覆盖有一厚层碳纳米管。所以利用电沉积法可以完美地在材料表面制备均匀的 CNTs 涂层，且可以通过控制电沉积参数来控制 CNTs 的沉积厚度。西北工业大学的李克智研究了在碳纤维上原位嫁接 CNTs 来提高碳/碳复合材料的抗氧化性能，研究发现碳纤维表面上有碳纳米管能够提高碳/碳复合材料的抗氧化性。所以，在碳布上沉积 CNTs 可用于复合材料抗氧化性能的研究。

纳米增强体有序组装三维结构陶瓷基复合材料

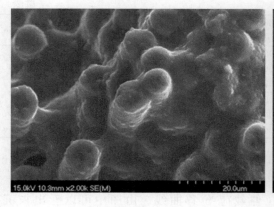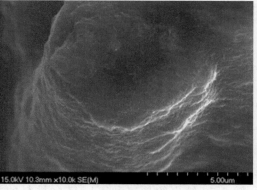

图 3-49　沉积时间为 30min 时，沉积在碳布截面上的 CNTs 的沉积形貌

3.6.2　电沉积 CNTs 改性 C/SiC 纤维束复合材料

纤维束复合材料是一种区别于实际结构复合材料的模型复合材料。相比于实际结构复合材料，这种模型复合材料制备周期较短，并且由于结构简单，多数现有的微观力学模型可直接用以得出有价值的复合材料微观力学参数。因此，这种模型复合材料给优化复合材料制备工艺和界面层、提高复合材料综合力学性能等方面提供了一种快速而有效的捷径。

电沉积 CNTs 的量、沉积的均匀性直接影响后期 SiC 基体的沉积效果，进而严重影响复合材料的力学性能。在本节实验中，一方面采用电沉积法将 CNTs 沉积到纤维束复合材料不同位置（碳纤维表面、热解碳界面），从而研究 CNTs 对复合材料性能的影响规律，通过此模型来推断在其他复合材料中的影响规律；另一方面在 PyC 界面上沉积不同时间的 CNTs 制备 CNTs-C/SiC 复合材料，研究 CNTs 的含量对复合材料力学性能的影响规律。

采用电沉积法 [CNTs 溶液浓度为 0.05%（质量分数）、沉积电压 15V、沉积时间 8min] 将 CNTs 分别沉积到纤维束表面（纤维束首先电沉积 CNTs，然后沉积 PyC 界面层，最后 CVI 沉积 SiC 基体，即 C/CNT/PyC/SiC）和热解碳界面上（纤维束先沉积在 PyC 界面层上，然后电沉积 CNTs，最后 CVI 沉积 SiC 基体，即 C/PyC/CNT/SiC），比较在不同位置时，CNTs 对复合材料拉伸性能的影响规律。

单束纤维复合材料的强度是通过断裂载荷除以横截面积得到的，王毅强博士论文中详细阐述了单束纤维横截面积的计算方法 [称重法：假设纤维束复合材料横截面积沿纤维轴向为恒定或变化很小，SiC 基体的体积可以通过测量同等长度的原始纤维束和纤维束复合材料质量差异计算出来（忽略热解碳界面层的体积），进而根据等截面假设，纤维束复合材料的横截面积即为 SiC 基体横截面积加上原始纤维束横截面积]，并通过 SEM 论证了称重法的正确性，表 3-7 中给出了采用称重法计算的单束纤维复合材料的横截面积的几个示例。

表 3-7　称重法确定单束纤维复合材料横截面积

纤维束复合材料	编号	长度/mm	质量/g	对应纤维束质量/g	增重/g	SiC 截面积/mm^2	总截面积/mm^2
	1	100	0.0268	0.00677	0.02003	0.06259	0.10109
C/PyC/SiC	2	98	0.0247	0.00663	0.01806	0.05761	0.09611
	3	101	0.0251	0.00684	0.01862	0.05650	0.09500

纤维束复合材料	编号	长度/mm	质量/g	对应纤维束质量/g	增重/g	SiC 截面积/mm²	总截面积/mm²
C/CNT/PyC/SiC	1	99	0.0238	0.00670	0.01710	0.05397	0.09247
	2	100	0.0257	0.00663	0.01817	0.05916	0.09766
	3	88	0.0205	0.00596	0.01454	0.05164	0.09014
C/PyC/CNT/SiC	1	95	0.0347	0.00643	0.02827	0.09299	0.13149
	2	100	0.0362	0.00677	0.02943	0.09197	0.13047
	3	103	0.0422	0.00697	0.03523	0.10688	0.14538

计算过程中需要的数据：碳纤维束密度 67.7g/km，SiC 密度采用理论密度 3.2g/cm³、碳纤维束的截面积为 $A_0=0.03847\text{mm}^2$。

图 3-50 给出的是三种不同复合材料的拉伸载荷-位移曲线。由图中可以看出未沉积 CNTs 的 C/SiC 试样为典型的韧性断裂，但是断裂载荷相对较低。而 CNTs 沉积到 C 纤维表面和 PyC 界面上时，材料的承载能力显著提高，而当 CNTs 被沉积到纤维表面上时，材料的承载能力最高，且拉伸曲线表现出很大的非线性变形特征，断裂方式为韧性断裂。而当 CNTs 被沉积到热解碳界面上时，材料承载能力提高，但是材料断裂行为向脆性断裂过渡。

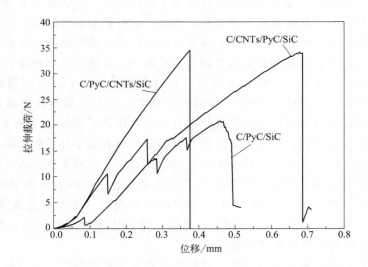

图 3-50　三种不同复合材料的拉伸载荷-位移曲线

图 3-51 给出了当 CNTs 被引入到 C/SiC 复合材料不同区域位置时，复合材料拉伸强度的柱状直方图，从图中可以看出，在 C 纤维的表面和热解碳 PyC 界面上电沉积 CNTs 后都使复合材料强度提高，且当 CNTs 被沉积到 C 纤维表面时，复合材料的强度提高更大，强度增加 67.3%。

材料的韧性表示材料在塑性变形和断裂过程中吸收能量的能力，可以用断裂功来表征。断裂功代表着裂纹开裂与裂纹传播时所吸收的总能量，显然这些能量就是材料断裂所需要的能量。应力-应变曲线反映随应变的增大，材料拉伸强度的变化，而根据曲线和横轴所围成的面积可以计算材料的断裂功。

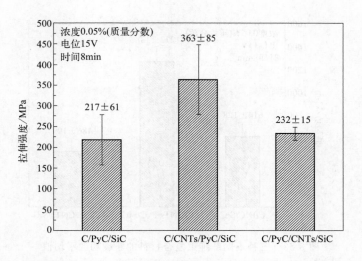

图 3-51　CNTs 在 C/SiC 复合材料不同区域对拉伸强度的影响

　　图 3-52 所示的是三种材料的应力-应变曲线图，根据拉伸载荷-位移曲线图，按照载荷与应力之间的关系 $\sigma=F/A$、位移和应变之间的关系 $\varepsilon=\Delta l/l$，通过计算可以得到材料断裂的应力-应变曲线图。应力-应变曲线反映随应变的增大，材料拉伸强度的变化，而根据曲线和横轴所围成的面积可以计算材料的断裂功。图 3-53 所示的是三种复合材料断裂功的平均值。由图可以看出未沉积 CNTs 的 C/SiC 复合材料的断裂功均值约为 $614kJ/m^2$，将 CNTs 沉积到纤维束的表面时材料的断裂功为 $1272kJ/m^2$，相比于 C/SiC 复合材料的断裂功提高了107.2%。而将 CNTs 沉积在 PyC 界面时试样的断裂功却有所下降，仅为 $486kJ/m^2$。

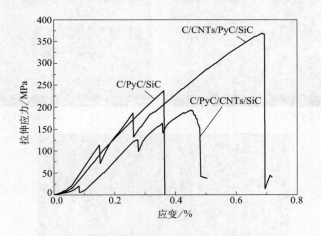

图 3-52　三种不同纤维束复合材料的应力-应变曲线

　　图 3-54 所示为三种复合材料的拉伸断口形貌，图 3-54(a) 为未沉积 CNTs 的 C/SiC 复合材料的断口形貌，图 3-54(b) 为将 CNTs 沉积到纤维束表面所制备的复合材料（C/CNT/PyC/SiC）的断口形貌，图 3-54(c) 为将 CNTs 沉积到 PyC 界面层上所制备的复合材料（C/PyC/CNT/SiC）的断口形貌。由图可以看出，三种复合材料的断口形貌都呈韧性断裂，但是（b）图中，纤维束拔出长度最长，达到几个毫米，在复合材料断裂过程中消耗能量最

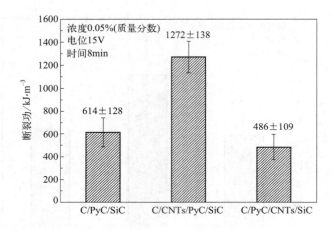

图 3-53 三种不同纤维束复合材料的断裂功的平均值

多，韧性最好；而图（a）和图（c）中的纤维束拔出长度基本相当。因此，将 CNTs 沉积到碳纤维表面所制备的 CNTs-C/SiC 复合材料的拉伸性能和断裂功较其他两种复合材料都大幅度提高，而 CNTs 沉积到 PyC 界面上所制备的 CNTs-C/SiC 复合材料较未加入 CNTs 的 C/SiC 复合材料的拉伸强度和断裂功提高幅度不大。

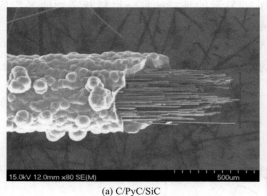

(a) C/PyC/SiC

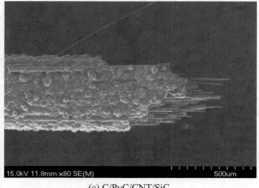

(b) C/CNT/PyC/SiC

(c) C/PyC/CNT/SiC

图 3-54 三种复合材料的拉伸断口 SEM 图片

纳米增强体有序组装三维结构陶瓷基复合材料

如图 3-55(a) 所示为纤维表面电沉积 CNTs 的原始图，图 3-55(b)～(d) 为 CNTs 沉积在碳纤维表面的复合材料（C/CNT/PyC/SiC）的微观结构图，从图 3-55(b) 中可以明显地看到碳纤维、CNTs、PyC 界面层、SiC 基体的各组分结构，与碳纤维上 CNTs 的原始沉积形貌相比，CNTs 的直径明显增大。通过探究碳纤维表面沉积 PyC 的工艺过程，发现 CVD 过程中 PyC 的沉积实质上是碳源气体进入预制体孔隙后在碳纤维表面热解析出的过程，因此，碳纤维的表面状态和表面结构对所沉积的 PyC 结构及界面结合状态有重要影响。对于纯的碳纤维预制体，CVD 过程中碳源气体主要在纤维表面的活性点发生热解，沿碳纤维轴沉积出 PyC，然而，碳纤维表面微晶取向度较低，表面光滑，因此，沿碳纤维轴沉积 PyC 取向度不高，为光滑层 PyC；当碳纤维表面沉积有 CNTs 后，碳源气体除了可以在碳纤维表面的活性点发生热解析出外，还能以垂直于纤维轴向的 CNTs 为形核点发生沉积，即 CNTs 的存在能诱导 CVD 过程中 PyC 的沉积。另外，Allouche 等研究了 PyC 在 CNTs 预制体上的沉积机理，认为 PyC 在 CNTs 上的沉积是 CNTs 自身的"增粗"过程，即 PyC 以 CNTs 为核心，围绕 CNTs 形成许多同心圆，结构类似于一个巨大的多壁 CNTs。因此，在沉积有 CNTs 的碳纤维表面沉积的 PyC 为高织构组织，即碳纤维上垂直生长的 CNTs，使 PyC 沿碳纤维轴向的二维沉积转变为三维立体沉积，因此，有效增强了纤维与 PyC 的界面结合强度。在碳纤维上沉积 CNTs 后再运用 CVD 沉积 PyC 可以形成 C_f-CNTs-PyC 体系，该体系一方面增强了碳纤维与 PyC 的界面结合强度，另一方面，CNTs 自身强化了碳纤维的轴向拉伸性能，这种增强方式导致了碳纤维拔出长度明显增长。与此同时，PyC 的沉积过程使 CNTs 的形貌发生变化，CNTs 在 PyC 沉积过程中"自增粗"。同时，由于 CNTs 被电泳沉积在碳纤维表面，CNTs 与纤维之间是通过静电作用结合在一起的，而沉积 PyC 界面层之后，CNTs 与碳纤维、PyC 界面层通过钉扎、静电等相互作用紧密地结合在一起，导致其预制体强度增强。

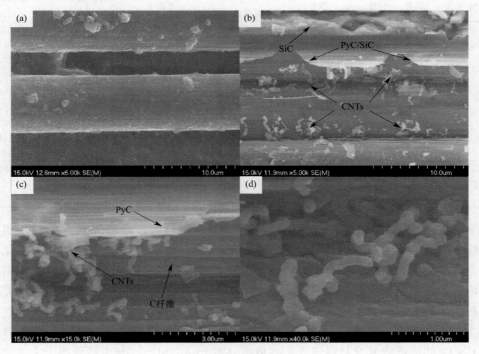

图 3-55　CNTs 的形貌
(a) 纤维表面电沉积 CNTs；(b)、(c)、(d)CNTs 在 C/CNT/PyC/SiC 复合材料内部

以下实验采用电沉积法［CNTs 溶液浓度为 0.05％（质量分数）、沉积电压 15V］将 CNTs 沉积到复合材料中热解碳 PyC 界面上（纤维束先沉积 PyC 界面层，然后电沉积 CNTs，最后 CVI 沉积 SiC 基体，即 C/PyC/CNT/SiC），沉积时间分别为 0min、5min、8min 和 10min，比较了在 CNTs 含量不同的情况下，CNTs 对 C/PyC/CNT/SiC 复合材料拉伸性能的影响规律。并对沉积 0min、5min、8min 和 10min 的复合材料在 1800℃高温下进行了热处理，研究了热处理对 C/PyC/CNT/SiC 材料的拉伸性能的影响规律。

如表 3-8 所示为本实验试样处理条件和分组情况，根据不同处理条件，试样被平均分成 A、B 两组，A 组为未进行热处理试样，B 组为进行热处理试样。热处理是在纤维沉积完 SiC 基体之后进行的，热处理温度为 1800℃，氩气保护下保温 2h。每组中对应每个沉积时间取 20 根试样进行拉伸性能测试，并通过统计规律得出试样的平均强度。

表 3-8　实验试样处理条件和分组

沉积时间/min	0	5	8	10
A 组（未热处理）	1-20	21-40	41-60	61-80
B 组（热处理）	1-20 #	21-40 #	41-60 #	61-80 #

利用 INSTRON 3345 试验机对 A 组试样进行拉伸实验，得到 A 组复合材料的拉伸载荷-位移曲线和每根试样的断裂载荷，并通过公式 $\sigma = P/A$ 计算该组试样强度，然后得出每个参数下对应纤维复合材料的平均强度。

用称重法计算纤维束复合材料的横截面积，表 3-9 中给出了不同 CNTs 沉积时间条件下制备的碳纤维束复合材料相关实际测量值和计算过程的几个示例。

表 3-9　不同 CNTs 沉积时间条件下碳纤维束复合材料的相关实际测量值和计算过程

沉积时间/min	编号	长度/mm	质量/g	对应碳纤维束质量/g	增重/g	SiC 截面积/mm²	总截面积/mm²
0	0-1	105	0.0341	0.00711	0.026992	0.08033	0.11883
	0-2	109	0.0332	0.00738	0.025821	0.07402	0.11252
	0-3	109	0.0296	0.00738	0.022221	0.06371	0.10221
5	5-1	98	0.0278	0.00663	0.02117	0.06749	0.10599
	5-2	101	0.0289	0.00683	0.02206	0.06826	0.10676
	5-3	94	0.0265	0.00627	0.02014	0.06694	0.10544
8	8-1	100	0.0253	0.00667	0.01853	0.05791	0.09641
	8-2	97	0.0296	0.00657	0.02303	0.07420	0.11270
	8-3	100	0.0254	0.00677	0.01863	0.05822	0.09672
10	10-1	95	0.0219	0.00643	0.01547	0.05088	0.08938
	10-2	99	0.0205	0.00670	0.01380	0.04355	0.08205
	10-3	101	0.0195	0.00683	0.01266	0.03918	0.07768

图 3-56 所示的是不同 CNTs 沉积时间条件下复合材料的拉伸载荷-位移曲线，四条曲线分别对应不同的 CNTs 沉积时间。由图可见，四条曲线都表现出了非线性变形特征，断裂模式均为典型的韧性断裂。需要注意的是，由于采用的 AB 胶黏结剂以及加载辅助铝片的杨氏模量均低于纤维束复合材料，因此加载初期阶段曲线含有加载夹头调整、系统柔度等特征，故初始拉伸阶段曲线上出现了载荷波动，而并非平滑的。

图 3-57 给出了不同 CNTs 沉积时间条件下复合材料的拉伸强度，从图中可以看出，没有掺杂 CNTs 的碳纤维复合材料强度平均值为（270±40）MPa，与王毅强博士论文的实验数据相比，两者结果基本一致。同时，从图中还可以看出，与未沉积 CNTs 的碳纤维束复合

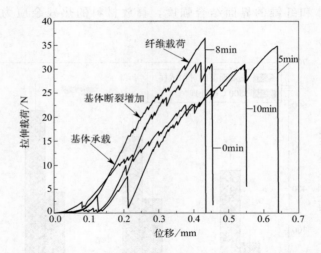

图 3-56 不同沉积时间条件下 CNTs-C/SiC 复合材料的拉伸载荷-位移曲线

材料试样相比，在纤维束复合材料中沉积 CNTs 之后制备的 CNTs-C/SiC 复合材料拉伸强度
有了较大的提高，当 CNTs 沉积时间分别为 5min、8min 和 10min 时，试样拉伸强度分别提
高了 10.7%、39.3% 和 45.2%，沉积 CNTs 之后的 CNTs-C/SiC 复合材料的强度最高达到
(392±32)MPa，表明 CNTs 的加入能够提高碳纤维束复合材料的拉伸强度，且随着 CNTs
沉积时间的增加而增加，但当沉积时间达到一定程度时，强度增加幅度减小。说明 CNTs
的引入量对提高复合材料强度有一个临界值，这个临界值是该实验提高该种材料强度的极
限。而由于该实验周期较长，未能找到这个临界值，还有待进一步研究。

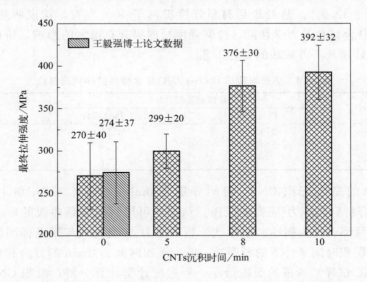

图 3-57 不同沉积时间条件下 CNTs-C/SiC 复合材料的拉伸强度

对于陶瓷基复合材料，由于纤维与基体之间热失配，在材料内部会产生很大热应力。而
高温热处理：①可以提高界面层的石墨化程度，形成明显的片层结构，层间抗剪切强度降
低，裂纹沿着弱界面扩展；②可以使热解碳界面层表面更加平滑，降低基体和界面层之间的

滑移阻力，减弱基体和纤维的界面结合强度，释放材料的热残余应力，提高材料的力学性能。

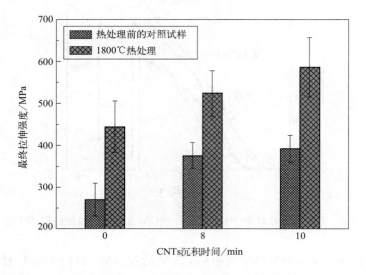

图 3-58　热处理前后 CNTs-C/SiC 复合材料拉伸强度对比

对进行热处理的 B 组试样进行拉伸实验，统计结果如图 3-58 所示，从图中可以看出，与未热处理试样相比，热处理使碳纤维复合材料的强度大大提高，三种不同 CNTs 沉积时间的复合材料试样的拉伸强度分别提高了 64.4%、39.4%、49.5%（表 3-10）；热处理之后，与未电沉积 CNTs 试样相比，电沉积 CNTs8min 和 10min 的复合材料试样的强度增加率分别是 18.0%、32.0%。热处理后材料强度提高了 50% 左右，这说明热处理对 C/SiC、CNTs-C/SiC 等复合材料的力学性能（拉伸强度）的提升有很大的影响，所以在制备性能较高的构件时，热处理是不可或缺的处理工艺。

表 3-10　热处理前后 CNTs-C/SiC 复合材料拉伸强度对比

沉积时间/min	拉伸强度值/MPa		提高率/%
	热处理前	1800℃热处理后	
0	270±40	444±61	64.4
8	376±30	524±54	39.4
10	392±32	586±71	49.5

图 3-59 所示的是电沉积 CNTs 时间分别为 0min、5min、8min 和 10min 所制备的 CNTs-C/SiC 复合材料的应力-应变曲线图。从图中可以看出四条曲线的形态基本一致，曲线都为非线性，且都表现为韧性断裂模式。根据应力-应变曲线与横坐标围成的面积可以计算出不同 CNTs 沉积时间条件下的断裂功，图为沉积时间为 0min 的复合材料试样（即未沉积 CNTs 的 C/SiC 试样）所围的面积最小，经过统计学计算分析，沉积 CNTs 时间分别为 0min、5min、8min 和 10min 的复合材料的断裂功依次为（515.5 ± 103.6）kJ/m^2、（744.1±133.1)kJ/m^2、(797.7±116.0)kJ/m^2 和（842.6±143.0)kJ/m^2（图 3-60）。从图中可以看出，随着沉积时间的增加，复合材料断裂功也在增加。

表 3-11 给出了不同 CNTs 沉积时间条件下的复合材料试样的拉伸强度、失效应变和断裂功统计结果，从表中可以看出，电沉积 CNTs 的纤维束复合材料的断裂功有较大提高，

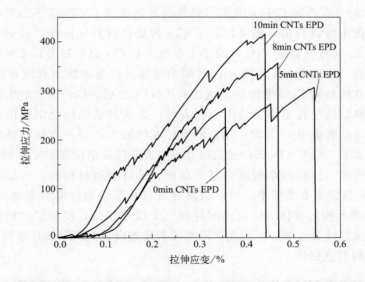

图 3-59 不同沉积时间条件下 CNTs-C/SiC 复合材料的应力-应变曲线

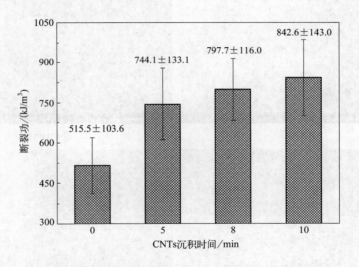

图 3-60 不同沉积时间条件下 CNTs-C/SiC 复合材料的断裂功

CNTs 沉积时间分别为 5min、8min 和 10min 的复合材料的断裂功分别提高了 44.35%、54.74% 和 63.45%，且随着沉积时间的增加，断裂功的增加幅度也在降低，这与拉伸强度的变化趋势一致。

表 3-11 不同 CNTs 沉积时间条件下，材料的拉伸强度、失效应变、断裂功统计结果

沉积时间/min	拉伸强度/MPa	失效应变/%	断裂功/(kJ/m³)
0	270±40	0.383±0.07	515.5±103.6
5	299±20	0.489±0.14	744.1±133.1
8	376±30	0.470±0.03	797.7±116.0
10	392±32	0.460±0.08	842.6±143.0

图 3-61 所示的是在不同 CNTs 沉积时间条件下制备的 CNTs-C/SiC 复合材料试样的拉伸断口形貌。从图中可以看出，未电沉积 CNTs 的复合材料试样断口较为平整，纤维拔出很少[图 3-61(a)]。而在热解碳 PyC 界面层上电沉积 CNTs 之后制备的 CNTs-C/SiC 复合材料，纤维拔出较长，且随着 CNTs 电沉积时间的增加，纤维的拔出长度增加[图 3-61(b)~(d)]。这是因为在热解碳 PyC 界面层上电沉积 CNTs 之后，CNTs 会形成网状结构包围碳纤维束，由于网状结构气孔很小，约为 500nm，一方面网状结构会阻碍沉积气体进入与纤维结合，即直接与热解碳 PyC 界面层结合的 SiC 基体减少；另一方面在热解碳界面层和基体 SiC 层之间形成了一层 CNTs/SiC 过渡层，该过渡层随着电沉积 CNTs 时间的增加，厚度也增加，但是相应地，该层的致密度会越来越低，最终导致材料的界面层弱化。同时由于 CNTs/SiC 材料的热膨胀系数很小，所以当复合材料从制备温度降温到室温时，CNTs/SiC 层在热解碳 PyC 界面层与基体 SiC 层之间起到一个缓冲作用，使两层之间的间隙减小，界面层与基体层之间的结合会增加。因此如果能够合理地设计 CNTs/SiC 层的厚度，可以有效地提高 C/SiC 材料的强韧性。

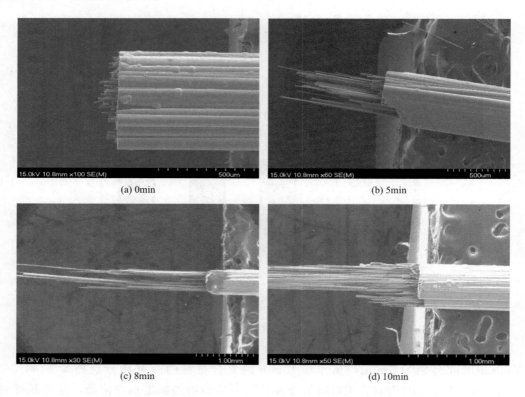

(a) 0min

(b) 5min

(c) 8min

(d) 10min

图 3-61　不同沉积时间条件下，CNTs-C/SiC 复合材料拉伸试样断口形貌

图 3-62 所示的是 CNTs 在 C/SiC 复合材料中的存在形态。在 CNTs-C/SiC 复合材料的断口处[图 3-62(a)]可以明显看到 CNTs/SiC 层将纤维增强体与 SiC 基体层分开，然后将 CNTs/SiC 层放大后[图 3-62(a)]发现，在 CNTs/SiC 层上有明显的 CNTs 拔出，且在该层发现很多孔隙。在拔出纤维的表面上[图 3-62(b)]和截面上[图 3-62(c)]都发现了残余的 CNTs。说明将 CNTs 电沉积到纤维上，CNTs 与纤维束结合比较紧密。

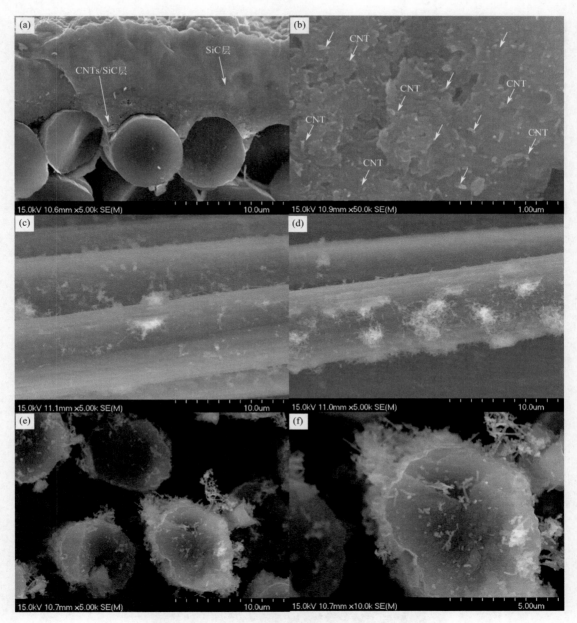

图 3-62　CNTs-C/SiC 复合材料中 CNTs 的存在形态
(a)(b) 基体上；(c)(d) 拔出的纤维上；(e)(f) 拔出纤维截面上

　　图 3-63 是 CNTs-C/SiC 复合材料表面和横截面微观形貌。由于碳纤维与 SiC 基体之间存在热失配，在 CNTs-C/SiC 复合材料表面同样可发现基体裂纹的存在，裂纹垂直于纤维束轴向。从试样内部横截面形貌可看到，纤维单丝表面均被 SiC 基体包覆，而纤维单丝之间有空隙存在，并且越往试样内部，空隙尺寸越大。

　　拉伸试验后 CNTs-C/SiC 复合材料形貌如图 3-64 所示。由图中可以看到在 CNT 纤维束表面有基体裂纹存在，有横向裂纹和弧形裂纹，同时在纵向方向也有较宽的裂纹存在，这表明 CNTs-C/SiC 复合材料在拉伸后发生轴向劈裂现象。而在纤维束复合材料内部纤维拔出表面，同样可观

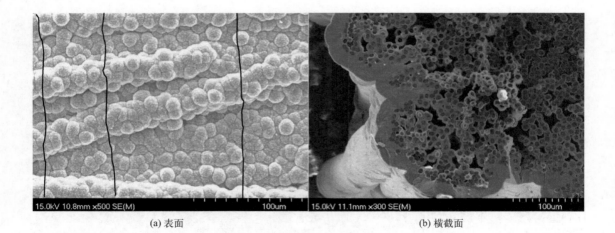

(a) 表面   (b) 横截面

图 3-63 CNTs-C/SiC 复合材料的微观形貌

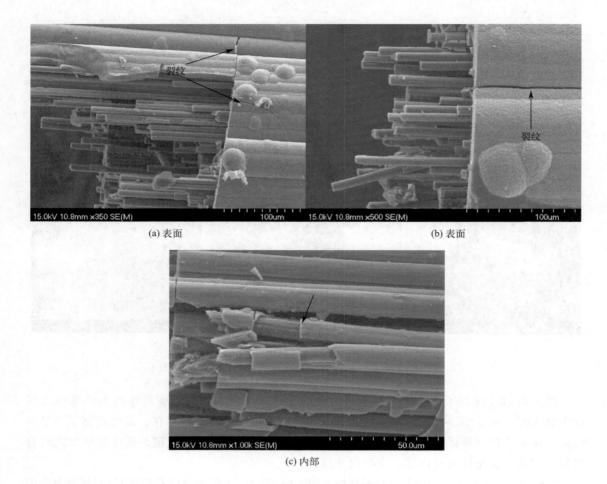

(a) 表面   (b) 表面

(c) 内部

图 3-64 拉伸试验后 CNTs-C/SiC 复合材料基体裂纹

察到有大量横向基体裂纹存在，同时还可观察到纤维断裂、界面脱粘等其他损伤类型。

3.6.3 电沉积 CNTs 改性的二维 C/SiC 复合材料

C/SiC 复合材料是一种新型的热结构材料，它不但继承了 SiC 陶瓷优异的高温性能，而且具有类似金属的断裂行为，对裂纹不敏感，不会发生灾难性破坏等特点，具有十分广泛的应用。众所周知，碳纳米管具有优异的力学性能、电磁性能，具有较高的长径比，如果在连续纤维增强复合材料中引入碳纳米管，使复合材料中的增强体多元化，可以增加不同尺度微结构单元之间的界面，增强材料的各项性能。

目前，CNTs 增强复合材料的研究主要集中在树脂基复合材料上，并且已经取得了一些成果。但是对于 CNTs 增强陶瓷基复合材料，尤其是 SiC 陶瓷基复合材料的研究较少，已有的研究主要集中在力学性能上，对电磁屏蔽及电传导等性能相关研究报道还较少。

图 3-65 所示是在碳布上沉积不同时间 CNTs 的形貌，其沉积电压为 20V，其中图 3-65(a) 为未沉积 CNTs 时的碳布形貌，图 3-65(b)～(d) 分别为电沉积 2min、5min 和 10min 的 CNTs 形貌。从图中可以看出随着沉积时间的增加，CNTs 的含量也逐渐增加，并在平行碳纤维束之间起到了良好的连接作用，值得注意的是 CNTs 的团聚并没有增加。这也证明了在当前选定 CNTs 溶液浓度和沉积电压的参数条件下，在沉积时间较短时 CNTs 的沉积均匀性较好，并未受到沉积时间的影响。

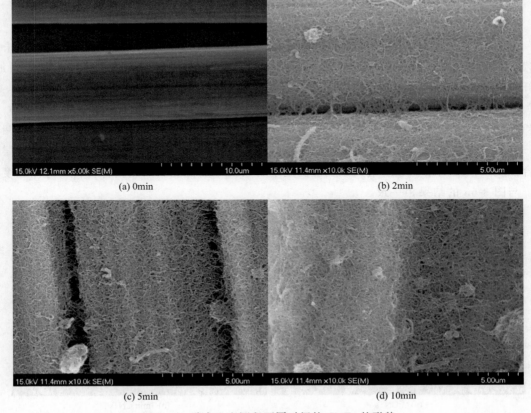

(a) 0min   (b) 2min

(c) 5min   (d) 10min

图 3-65　碳布上电沉积不同时间的 CNTs 的形貌

图 3-66 所示的是在不同 CNTs 沉积时间条件下制备的 CNTs-C/SiC 复合材料的弯曲性能。从图中可以看出，相对于原始 C/SiC 复合材料，加入 CNTs 之后，CNTs-C/SiC 复合材料的弯曲性能得到很大提高，当电沉积 CNTs 时间分别为 3min、12min 和 15min 时，CNTs-C/SiC 复合材料的弯曲强度分别提高了约 46.08%、39.83% 和 41.0%。说明在 C/SiC 复合材料中采用电沉积法引入 CNTs，可以提高其弯曲性能，但 CNTs 的加入量对其弯曲强度的影响不大。

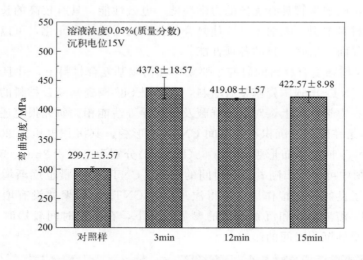

图 3-66   CNTs-C/SiC 复合材料的弯曲性能

图 3-67 所示的是 CNTs-C/SiC 复合材料的弯曲断口形貌，从图中可以看出，与未加 CNTs 的 C/SiC 复合材料相比，加入 CNTs 之后，复合材料的纤维及纤维束拔出长度增加，且纤维的拔出长度并没有随着 CNTs 含量的变化而变化。图 3-68 给出了 CNTs 在 CNTs-C/SiC 复合材料中的形貌，图 3-68（a）为 CNTs 在纤维与纤维之间的间隙中，图 3-68（b）为 CNTs 在碳纤维布之间的基体中，图 3-68（c）和（d）所示的是 CNTs 在纤维拔出后的凹槽中。在复合材料的三个位置中都发现有 CNTs 的存在。CNTs 可以增加 C/SiC 复合材料层间结合强度，而层间结合强度很大程度上决定了材料的弯曲性能。因此复合材料的弯曲强度增加，与图 3-66 的结果相一致。

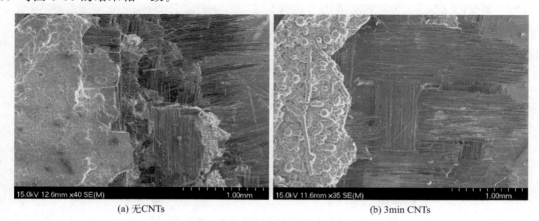

(a) 无CNTs   (b) 3min CNTs

纳米增强体有序组装三维结构陶瓷基复合材料

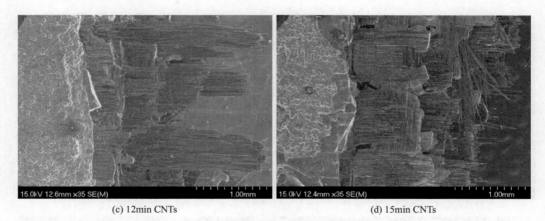

(c) 12min CNTs　　　　　　　　　　　(d) 15min CNTs

图 3-67　CNTs-C/SiC 复合材料的弯曲断口形貌

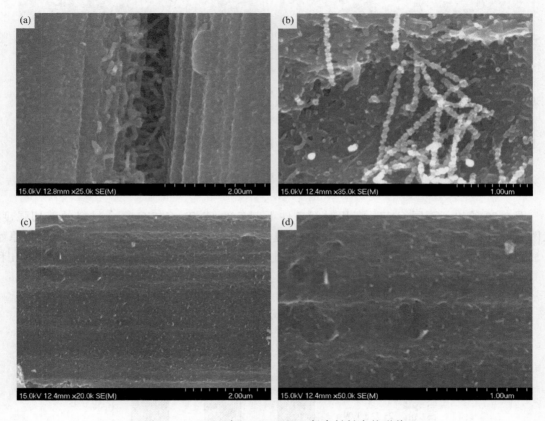

图 3-68　CNTs 在 CNTs-C/SiC 复合材料中的形貌

　　图 3-69 所示的是在 CNTs-C/SiC 复合材料中生成的晶须的微观形貌，从图中可以看出，在纤维之间的空隙中有大量的晶须生成，这可能是因为在电沉积 CNTs 的过程中，制备 CNTs 所用的催化剂有部分被引入到复合材料中，当 CVI 沉积 SiC 基体时，生成 SiC 晶须。图 3-69(c) 和 (d) 中显示的是在 CNTs-C/SiC 复合材料中生成的晶须，发现晶须的直径约为 500nm。

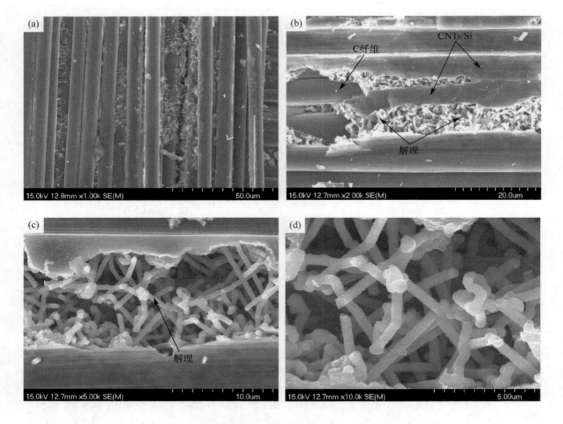

图 3-69　CNTs-C/SiC 复合材料中生成的晶须

　　图 3-70 给出了不同 CNTs 沉积时间条件下制备的 CNTs-C/SiC 复合材料的剪切强度。从图中可以看出，加入 CNTs 之后，C/SiC 复合材料的剪切强度得到了很大提高，与原始 C/SiC 复合材料的剪切强度（25.73MPa）相比，电沉积 CNTs 时间分别为 3min、12min 和

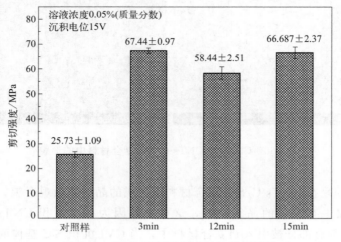

图 3-70　CNTs-C/SiC 复合材料剪切强度

15min 时，CNTs-C/SiC 复合材料的剪切强度分别提高了约 162.1％、127.13％和 159.2％。可见，在 C/SiC 复合材料中引入 CNTs，可以使 C/SiC 复合材料的剪切强度成倍提高。这是因为在 CNTs-C/SiC 复合材料中，层与层之间都引入了一层纳米尺度的 CNTs 层，沉积 SiC 基体之后，层与层之间的摩擦力增大，导致材料层间结合强度增强，最终导致材料的剪切强度增强。

CNTs-C/SiC 复合材料的拉伸性能见图 3-71，从图中可以看出，在原始 C/SiC 复合材料中加入 CNTs 之后，其拉伸强度与未加 CNTs 的 C/SiC 复合材料的拉伸强度基本一致，其失效断口形貌见图 3-72，从图中可以看出，四种材料的失效模式均表现为相对脆性断裂，说明 CNTs 的加入没有使复合材料的拉伸强度得到相应提高，因为 CNTs 的纳米效应不明显。

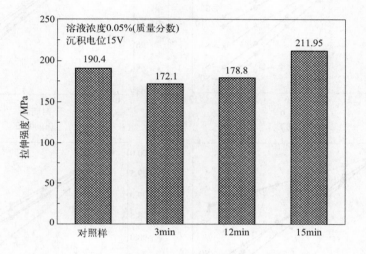

图 3-71　CNTs-C/SiC 复合材料拉伸性能

图 3-72　不同 CNTs 含量的 CNTs-C/SiC 复合材料试样断口形貌

图 3-73 给出的是界面处沉积不同时间 CNTs（0min、2min、5min、8min 和 10min）的

2D C/SiC 在不同温度条件下[(a)600℃,(b)800℃,(c)1000℃,(d)1200℃]的抗氧化性能。从图 3-73 中可以看到,随着氧化时间的增加,所有试样的失重率都在增加,但是不同试样在不同温度下的抗氧化性能是不一致的。图(a)所示的是,当氧化温度为 600℃时各种涂层随时间的氧化失重曲线。可以看到,加入 CNTs 试样的抗氧化性能明显优于原始试样;而当氧化温度在 800℃、1000℃和 1200℃时,加入 CNTs 的氧化失重率与原始试样相比,并无明显规律性。

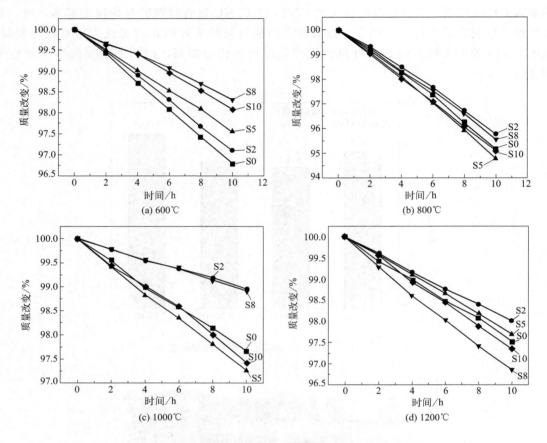

图 3-73   2D C/CNTs/SiC 复合材料在空气中氧化失重曲线

在界面处电沉积加入 CNTs 后,在一定程度上弱化了界面,因此在沉积 SiC 基体及涂层时,SiC 的裂纹相比未加入 CNTs 改性的复合材料要少。当氧化温度为 600℃时,复合材料的氧化速率是由氧气与碳纤维和 PyC 界面层的反应、涂层裂纹等缺陷两者综合控制的。而在此温度下,由于裂纹的减少以及 CNTs 桥接、拔出等机制抑制裂纹的扩展,加入 CNTs 后的复合材料的氧化失重率要远低于原始 C/SiC 材料。当氧化温度为 800℃和 1000℃时,其温度接近 SiC 基体的制备温度,裂纹较大,氧气迅速通过裂纹扩散进入材料内部,碳相充分氧化。因此 CNTs 的加入并不能有效增强复合材料的抗氧化性。而当温度达到 1200℃时,SiC 涂层的氧化十分迅速,生成 SiO_2。随着 SiO_2 的逐渐生成,复合材料的涂层裂纹开始愈合,此时复合材料的氧化速率主要由裂纹的愈合速度和氧气通过裂纹的速度所控制,因而界面处的 CNTs 对其影响不大。所以在温度较低时,在界面处沉积 CNTs 可以增强 C/SiC 的

纳米增强体有序组装三维结构陶瓷基复合材料

抗氧化性能，在温度较高时并不会对其产生重大影响。

图 3-74 是 2D C/CNTs/SiC 复合材料的氧化动力学曲线。从图中可以看到，当氧化温度低于 800℃时，原始 C/SiC 试样失重较大，而电沉积 CNTs 的加入显著降低了材料的氧化失重，当氧化温度在 800℃时，界面处是否加入 CNTs 对材料的抗氧化性并没有明显的影响规律。

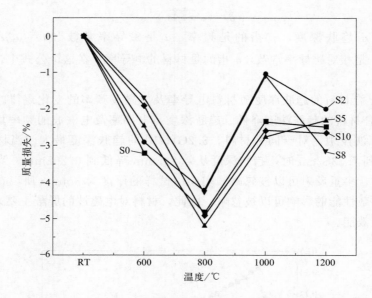

图 3-74　2D C/CNTs/SiC 复合材料在空气中的氧化动力学曲线（10h）

表 3-12 给出了在界面层沉积不同时间 CNTs 后复合材料的电导率变化规律。随着沉积时间的增长，体系内加入的 CNTs 含量不断增加，复合材料的电导率也随之提高。当电沉积时间为 10min 时，复合材料的电导率从原始的 5.18S/cm 提高至 7.33S/cm，提高了 41.3%。

表 3-12　2D C/CNTs/SiC 复合材料的电导率

样品	电阻率/(Ω·mm)	电导率/(S/cm)
S0	1.93	5.18
S2	1.69	5.92
S5	1.48	6.75
S8	1.48	6.79
S10	1.36	7.33

实验采用 Keithley 6220 型直流电源，用自定义的方法测试材料的电阻，即在材料的两个平行面上涂覆银浆，通过测试两端的电压和电流来获取电阻值，并换算成电导率。

随着电沉积时间的加长，在碳布表面沉积的 CNTs 含量在不断增多，并在相邻的碳纤维之间不断搭接。当沉积时间为 2min 时，这种搭接还较少，5min 时，已形成了较为紧密的形态，当沉积时间达到 10min 时，纤维之间已完全搭接，且碳纤维的表面已被完全覆盖。因此，尽管 SiC 作为半导体电阻值较大，在基体致密化后会严重降低复合材料的电导率，然而平行方向的碳纤维之间仍然存在 CNTs 作为载流子的通道，可以传导电子。因而，在测试复合材料的电阻时，平行于电流方向的碳纤维束在表现出良好的导电性的同时，垂直于测试方向的纤维束由于 CNTs 的导通作用，也同时会增强复合材料的导电性能。同时由于 CNTs 的电导率远超碳纤维，碳纳米管本身相互搭接成为一导电网络，也会对复合材料的电导率起增益作用。

趋肤深度是指入射电磁波强度降低到原来强度的 1/e 时所到达材料内部的深度。理论上，趋肤深度可以用以下公式计算：

$$\delta = (\sqrt{\pi f \mu \sigma})^{-1} \qquad (3\text{-}2)$$

式中，δ 表示趋肤深度，f 指的是频率，μ 是磁导率常数（$\mu = \mu_o \mu_r$），$\mu_o = 4\pi \times 10^{-7} \mathrm{Hm}^{-1}$，$\mu_r$ 是相对磁导率常数，σ 指的是材料的电导率。在这个公式中，相对磁导率常数被认为是 1。

图 3-75 是复合材料的趋肤深度随材料电导率及电磁波频率的变化规律。随着电导率的增加（表 3-12），材料的趋肤深度降低。趋肤深度与电导率及电磁波的频率均成反比，因此在本实验所测 X 波段中，对于同种材料，8.2GHz 处的趋肤深度最大。当材料的电导率从 5.18S/cm 增加到 7.33S/cm 时，趋肤深度从 0.245mm 降低到 0.205mm。当材料试样厚度大于趋肤深度时，多重反射可以被忽略。实验中试样的厚度为 3mm，所以在这里多重反射对材料的电磁屏蔽性能的影响可以被忽略。因此，材料对电磁波的屏蔽主要来源于吸收屏蔽效能和反射屏蔽效能。

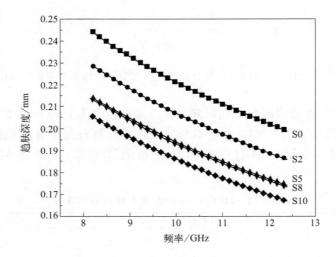

图 3-75　2D C/CNTs/SiC 复合材料的趋肤深度随电导率及电磁波频率的变化规律

图 3-76 显示了复合材料在 X 波段的电磁屏蔽效能。从图中可以明显看出碳纳米管的加入提高了材料的总电磁屏蔽效能。当 CNTs 电沉积时间达到 10min 时，复合材料的总电磁屏蔽效能从原始 2D C/SiC 的 28.9dB 上升至 49.2dB，而其上升主要归因于吸收屏蔽效能的提高。未加入 CNTs 的原始试样吸收屏蔽效能为 18.5dB，而电沉积 CNTs 10min 的试样，其吸收屏蔽效能达到 38.2dB，提高了 106.5%。同时反射屏蔽效能也略有上升，从 10.4dB 提高到了 11dB。

在图 3-76(a) 中可以看出 CNTs 的加入对材料吸收效能的影响很大。这一方面归因于碳纳米管的加入，在原材料内部引入大量的移动载流子。碳纳米管含量越高，移动载流子数量越多，电导率越高，此时材料的吸收屏蔽性能也会越好[12]，这一结论已被广大研究者所论证。另一方面，CNTs与PyC之间形成大量纳米界面，这种纳米界面的生成能够导致界面极化，有利于材料的吸收屏蔽效能的增加。随着碳纳米管含量的增加，纳米界面的数量逐渐增加，所以界面极化损失逐渐增加，导致了材料的吸收屏蔽效能逐渐增加。同时，CNTs的引入还能够加强电阻损耗、隧道效应等现象，从而导致电磁波的衰减，使其转换为热能，使得材料达到屏蔽电磁波的作用。

同时反射屏蔽效能随碳纳米管含量的增加也有所增加。这是因为当碳纳米管的含量增加时，移动载流子的数量不断增加，电导率增大。在导电材料内部，由于电导率和反射屏蔽效能成正比，所以当碳纳米管的含量增加时，SE_R理应会增加。此外，由于所有试样表面都制备了一层均匀的SiC涂层，故而其反射屏蔽效能的变化并不是很大。

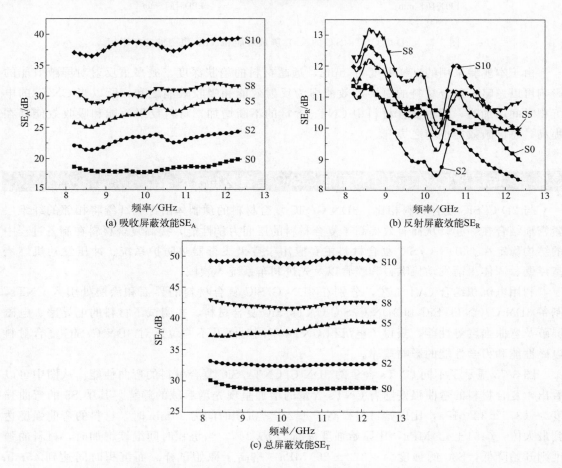

图 3-76　2D C/CNTs/SiC 复合材料的电磁屏蔽效能随电磁波频率的变化规律

从图3-77中可以看出，入射电磁波90%以上被材料反射，随着CNTs含量的增加，反射能力增强，而吸收能力减弱，从最高9%降低到了最低8%。但是吸收是材料屏蔽的主要机制，材料反射了入射波的90%，而剩下的10%，其中99%被材料所吸收。原始材料能吸收消耗入射到材料内部98.5%的能量，而沉积了10min的CNTs后，这一比例达到了99.98%。从原始材料中透射过去的电磁波，为入射波的0.13%，而从沉积了10min的CNTs的试样中透射过去的电磁波仅为入射波的0.0012%。

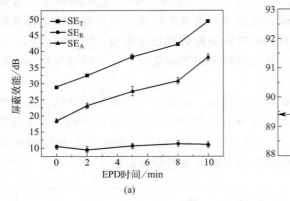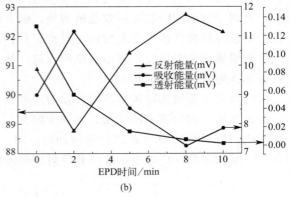

(a)　　　　　　　　　　　　　　　　　(b)

图 3-77　2D C/CNTs/SiC 的（a）屏蔽效能和（b）电磁波功率平衡

由于本实验采用的试样厚度为 3mm，远超材料的趋肤深度，故多重反射对屏蔽效能的影响可以忽略，复合材料的总屏蔽效能即为反射效能和吸收效能之和。所以当 CNTs 的电沉积时间增加时，随着复合材料中 CNTs 含量的不断增加，材料反射效能和吸收效能都在提高，总屏蔽效能也随之提升。

3.6.4　电沉积 CNTs 改性的三维 C/SiC 复合材料

与 2D C/SiC 复合材料相比，3DN C/SiC 复合材料的预制体由针刺纤维将相邻的纤维层紧密地结合在一起，从而有效提高了复合材料的层间力学性能，提高复合材料在制备过程中的结构稳定性。3DN C/SiC 复合材料主要应用于空天飞行器热防护系统、冲压发动机燃烧室浮壁、固体火箭发动机喉衬和喷管以及先进刹车系统等领域。

利用电沉积结合 CVI 工艺，分别在 3DN C/SiC 复合材料的界面和涂层处引入 CNTs，制备 3DN C/CNTs/SiC 和 3DN C/SiC-CNTs/SiC 复合材料，并测试了材料的电导率、电磁屏蔽及弯曲强度等性能，获得了电沉积 CNTs 不同时间及不同位置对 3DN C/SiC 复合材料电磁性能和力学性能的影响规律。

图 3-78 显示了不同 CNTs 含量的 3DN C/CNTs/SiC 复合材料的弯曲性能。从图中可以看出，复合材料的弯曲强度随着 CNTs 含量的增加呈现先增后减的趋势。其中 S5 的弯曲强度为（375±32）MPa，比原始材料提高了 4.2%。沉积时间为 20min 时，材料的弯曲强度达到最大值，（451±42）MPa，比原始强度提高了 25.3%，当沉积时间继续增加时，材料的强度则开始降低，S30 的强度为（372±26）MPa，略高于原始试样。而沉积时间达到 45min 后，材料的强度急剧下降，降到了（232±9）MPa，比原始强度降低了 35.6%，S60 的强度有所恢复，但仍低于原始材料 18.9%。这是因为当 CNTs 在适当的范围内时，对 SiC 的沉积效果影响较小，制备出来的复合材料中，CNTs 可以通过桥接、拔出等机制来消耗能量，提高材料的性能。而当沉积时间过长时，由于电沉积 CNTs 会形成网状结构将预制体包住，沉积时间越长，CNTs 网状结构层越厚，网状结构中网孔越小，会严重影响 SiC 基体的沉积，且 CNTs 含量越多，由于 CNTs 的自身团聚，可能会在 CNTs/SiC 涂层内部产生大量的制备缺陷，导致材料性能下降。

图 3-79 所示的是 3DN C/CNTs/SiC 复合材料弯曲载荷-位移曲线。在达到最大载荷之

纳米增强体有序组装三维结构陶瓷基复合材料

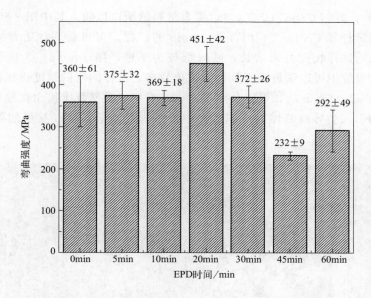

图 3-78　3DN C/CNTs/SiC 复合材料的弯曲性能

前，载荷-位移曲线呈准线性变化；当达到最大载荷之后，载荷呈阶梯式下降。这主要是因为在弯曲过程中，试样下表面受拉应力，与 0°无纬布纤维平行，与 90°无纬布纤维垂直，随着载荷的增加，下表面的拉应力随着增加，裂纹首先在下表面产生，并沿垂直于铺层方向传播。当遇到 0°无纬布纤维时，裂纹传播受到阻碍，并沿着纤维轴向偏转，由于纤维能承受较大应力，使试样保持一定的应力水平。当拉应力大于纤维极限拉伸应力后，纤维被逐步拉断。裂纹扩展到 90°无纬布铺层，纤维与拉应力垂直，不能有效承载拉应力，裂纹迅速传播，并进入相邻 0°无纬布铺层发生偏转，直至贯穿整个试样厚度。因此，当弯曲应力达到极限应力后，弯曲应力呈阶梯式下降。从图中可以看出，各材料的曲线基本相似，但 S45 和 S60 的曲线斜率有所降低，说明其弯曲模量有所下降。

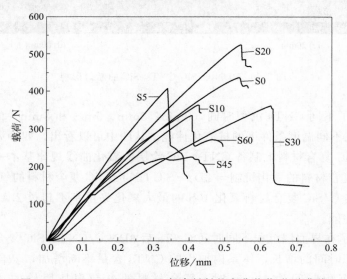

图 3-79　3DN C/CNTs/SiC 复合材料的弯曲载荷-位移曲线

图 3-80 展示了 3DN C/SiC-CNTs/SiC 复合材料的断口形貌，其中图 3-80（a）和（b）分别为无 CNTs 的试样和 CNTs 沉积时间为 10min 的试样，可以看到，后者的断口纤维拔出长度较短，与原始试样相比并未增长，断口都较为平整，图 3-80（c）为沉积时间为 20min 的试样，从断口形貌中可以明显看出其纤维拔出较多，试样的弯曲强度也比原始试样有所提高。而电沉积 CNTs 60min 后，可以从图 3-80（d）看到，虽然纤维拔出比原始试样要长，但是大量 CNTs 的引入会导致基体在沉积过程中产生大量缺陷，所以材料的强度反而比原始强度要下降不少。

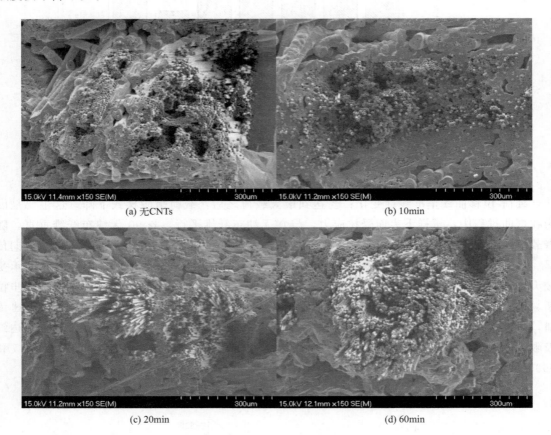

(a) 无CNTs

(b) 10min

(c) 20min

(d) 60min

图 3-80　3DN C/SiC-CNTs/SiC 的断口形貌

图 3-81 给出了不同 CNTs 沉积时间（0min、3min、5min 和 8min）的 3D 针刺 CNTs-C/SiC 复合材料在不同温度条件下的抗氧化性能。从图中可以看出，四种温度下的氧化曲线规律与在 2D C/SiC 复合材料上制备 CNTs/SiC 涂层的氧化曲线规律基本一致，因此三维针刺 CNTs-C/SiC 复合材料的氧化机制与 2D C/SiC-CNTs/SiC 复合材料的氧化机制基本一致。但三维针刺 CNTs-C/SiC 复合材料氧化 10h 的最大氧化失重率不超过 2.1%（图 3-82），具有良好的抗氧化性能。

表 3-13 给出了在界面层沉积不同时间 CNTs 后 3DN C/CNTs/SiC 复合材料的电导率变化规律。随着沉积时间的增长，体系内加入的 CNTs 含量不断增加，复合材料的电导率也随之提高。当电沉积时间为 10min 时，复合材料的电导率从原始的 4.58S/cm 提高至

纳米增强体有序组装三维结构陶瓷基复合材料

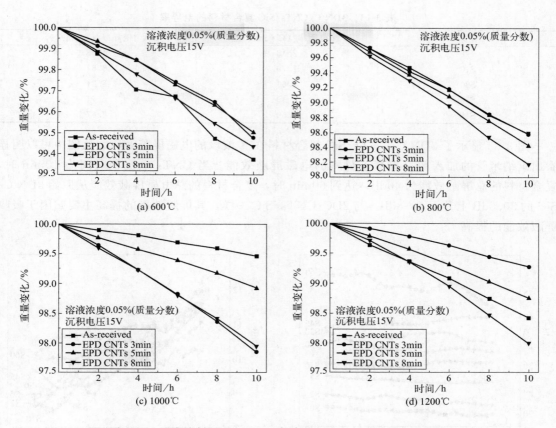

图 3-81 三维针刺 CNTs-C/SiC 复合材料在空气中氧化失重曲线

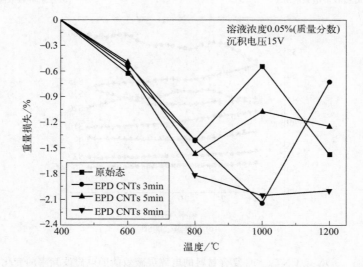

图 3-82 三维针刺 CNTs-C/SiC 在空气中的氧化动力学曲线 (10h)

5.87S/cm，提高了 28.2%。当沉积时间超过 30min 时，材料电导率趋于稳定，不再提高，沉积时间达 0min 时，其电导率为 6.46S/cm，比原始材料提高了 41.0%。

表 3-13　3DN C/CNTs/SiC 复合材料的电导率

样品	电阻率/(Ω·mm)	电导率/(S/cm)
S0	2.18	4.58
S10	1.70	5.87
S20	1.61	6.21
S30	1.49	6.71
S45	1.50	6.67

图 3-83 显示了 3DN C/CNTs/SiC 复合材料在 X 波段的电磁屏蔽效能。从图中可以明显看出碳纳米管的加入明显提高了材料的电磁屏蔽效能。当 CNTs 电沉积时间为 10min 时，复合材料的总屏蔽效能为 40dB，达到 60min 时，复合材料的总电磁屏蔽效能从原始 3DN C/SiC 的 30.8dB 上升至 56.8dB。与 2DC/CNTs/SiC 一样，其屏蔽效能的提高主要归因于吸收屏蔽效能的提高。

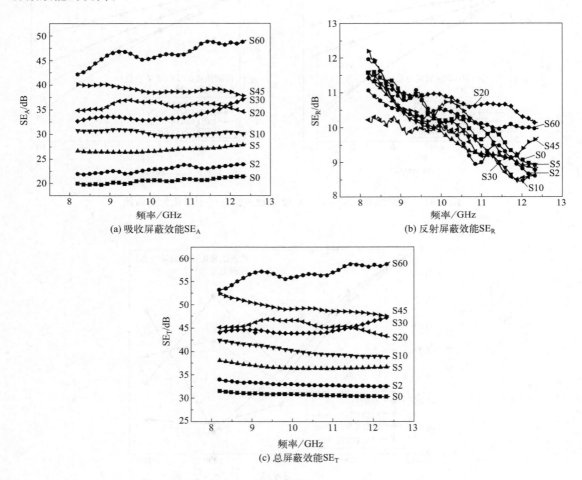

(a) 吸收屏蔽效能SE$_A$

(b) 反射屏蔽效能SE$_R$

(c) 总屏蔽效能SE$_T$

图 3-83　3DN C/CNTs/SiC 复合材料的电磁屏蔽效能随电磁波频率的变化规律

如图 3-84(a) 所示，未加入 CNTs 的原始试样吸收效能为 20.5dB，而电沉积 CNTs 60min 的试样，其吸收效能达到 46.5dB，提高了 127%。同时反射屏蔽效能基本在 10dB 左右，上下变化不超过 1dB。从图 3-84(b) 可以看出随着 CNTs 含量的改变，90% 的电磁波被

纳米增强体有序组装三维结构陶瓷基复合材料

材料反射，其反射效率略有波动。相应的复合材料的吸收功率也随着反射功率的变化而变化。但是单就材料对电磁波的吸收效率而言，CNTs 的增加提高了材料的吸收效率，从原始的 99.113% 上升到了 99.998%。所以材料总的屏蔽功率上升。从材料中透过的电磁波从 0.0887% 降低到了 0.0002%。

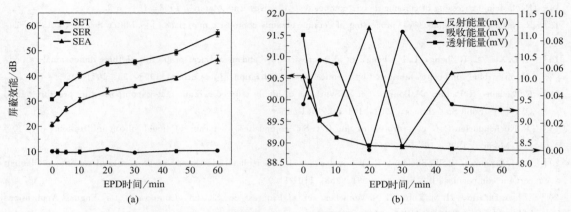

图 3-84　3DN C/CNTs/SiC 复合材料的 (a) 屏蔽效能和 (b) 电磁波功率平衡

3.7 ▶ 小结

　　本章主要介绍了一维组装体/陶瓷基复合材料，包括一维 Mini-CNTs/SiC 复合材料、一维 Mini-CNTs/B$_4$C 复合材料、SiC 晶须改性 C/SiC 复合材料、Si$_3$N$_4$ 纳米线改性一维 C/SiC 纤维束复合材料、电沉积 CNTs 改性 C/SiC 纤维束复合材料五种一维纤维增强的陶瓷基复材。从复材的微观结构、力学性能、电磁屏蔽性能等多方面对改性后的复材进行表征，并探索其增强机制及其应用。

参考文献

[1]　P. M. Ajayan, J. M. Tour. Materials science: Nanotube composites [J]. Nature, 2007, 447: 1066-1068.

[2]　S. S. Samal, S. Bal. Carbon nanotube reinforced ceramic matrix composites-a review [J]. J. Miner. Mater. Charact. Eng., 2008, 7 (4): 355-370.

[3]　P. G. Karandikar, G. Evans, M. K. Aghajanian. Carbon nanotube (CNT) and carbon fiber reinforced high toughness reaction bonded composites [J]. Ceram. Eng. Sci. Proc., 2007, 28 (6): 53-63.

[4]　J. Cho, A. R. Boccaccini, M. S. P. Shaffer. Ceramic matrix composite scontaining carbon nanotubes [J]. J. Mater. Sci., 2009, 44: 1934-1951.

[5]　P. J. F. Harris. Carbon nanotube composites [J]. Int. Mater. Rev., 2004, 49 (1): 31-43.

[6]　A. Peigney. Tougher ceramics with nanotubes [J]. Nat. Mater., 2003, 2: 15-16.

[7]　A. Peigney, C. Laurent, O. Dumortier, et al. Carbon nanotubes-Fe-alumina nanocomposites. Part 1: Influence of the Fe content on the synthesis of powders [J]. J. Eur. Ceram. Soc., 1998, 18: 1995-2004.

[8]　A. Peigney, E. Flahaut, C. Laurent, et al. Aligned carbon nanotubes in ceramic-matrix nanocomposites prepared by high-temperature extrusion [M]. Chem. Phys. Lett., 2002, 352: 20-25.

[9]　C. Laurent, A. Peigney, O. Dumortier, et al. Carbon nanotubes-Fe-alumina nanocomposites. Part 2: Microstructure and mechanical properties of the hot-pressed mechanical properties of the hot-pressed composites [J]. J. Eur. Ceram. Soc., 1998, 18: 2005-2013.

［10］ 张立同，成来飞，徐永东. 新型碳化硅陶瓷基复合材料的研究进展［J］. 航空制造技，2003，1：24-32.

［11］ 张立同，成来飞. 连续纤维增韧陶瓷基复合材料可持续发展战略探讨［J］. 复合材料学报，2007，24（2）：1-6.

［12］ R. Naslain. Design, preparation and properties of non-oxide CMCs for application in engines and nuclear reactors：An overview［J］. Compos. Sci. Technol. ，2004，64：155-170.

［13］ 魏玺. 碳化硅陶瓷基复合材料 ICVI 过程的计算机模拟研究［D］. 西安：西北工业大学，2006.

［14］ R. Naslain. Processing of ceramic matrix composites［J］. Key Eng. Mater. ，1998，164：3-8.

［15］ R. Naslain, F. Langlais. CVD processing of ceramic-ceramic composite materials［J］. Mater. Sci. Res. ，1986，20：145-164.

［16］ Y. D. Xu, L. T. Zhang, L. F. Cheng, et al. Microstructure and mechanical properties of three-dimensional carbon/silicon carbide composites fabricated by chemical vapor infiltration［J］. Carbon，1998，36：1051-1056.

［17］ R. Naslain, R. Pailler, X. Bourrat, et al. Synthesis of highly tailored ceramic matrix composites by pressure-pulsed CVI［J］. Solid State Ionics，2001，141-142：541-548.

［18］ R. Kochendörfer. Low cost processing for C/C-SiC composites by means of liquid silicon infiltration. ［J］ Key Eng. Mater. ，1999，164-165：451-456.

［19］ T. M. Besmann, B. W. Sheldon, R. A. Lowden, et al. Vapor-phase fabrication and properties of continuous-filament ceramic composites［J］. Science，1991，253：1104-1109.

［20］ J. A. Dicarlo, H. M. Yun, G. N. Morscher, et al. Progress in SiC/SiC Composites for Engine Applications［M］. Munich：WILEY-VCH，2001：777-782.

［21］ E. Fitzer, D. Kehr. Carbon, carbide and silicide coatings［J］. Thin Solid Films，1976，39：55-67.

［22］ F. Christin. Design, fabrication, and application of thermostructural composites（TSC）like C/C，C/SiC，and SiC/SiC Composites［J］. Adv. Eng. Mater. ，2002，4（12）：903-912.

［23］ W. Krenkel, R Naslain, H Schneider. High Temperature Ceramic Matrix Composites［M］. Munich：WILEY-VCH，2006.

［24］ S. J. Wu, Y. G. Wang, Q. Guo, et al. Oxidation protective silicon carbide coating for clsic composite modified by a chromium silicide-chromium carbide outer layer［J］. Materials Science and Engineering：A，2015，644：268-274.

［25］ 尹洪峰. LPCVI-C/SiC 复合材料结构与性能的研究［D］. 西安：西北工业大学，2000.

［26］ 张青. C/SiC 复合材料热物理性能与微结构损伤表征［D］. 西安：西北工业大学，2008.

［27］ P. Baldus, M. Jansen, D. Sporn. Ceramic fibers for matrix composites in high-temperature engine applications［J］. Science，1999，285：699-703.

［28］ M. T. Kim, J. Lee. Characterization of amorphous SiC：H films deposited from hexamethyldisilazane［J］. Thin Solid Films，1997，303：173-179.

［29］ N. H. Mac Millan. The theoretical strength of solid［J］. J. Mater. Sci. ，1972，7：239-254.

［30］ E. W. Wong, P. E. Sheehan, C. M. Lieber. Nanobeam mechanics：Elasticity, strength, and toughness of nanorods and nanotubes［J］. Science，1997，277：1971-1975.

［31］ J. A. Coppola, R. C. Bradt. Measurement of fracture surface energy of SiC［J］. J. Am. Ceram. Soc. ，1972，55（9）：455-460.

［32］ Y. W. Kim, K. Ando, M. C. Chu. Crack-healing behavior of liquidphase-sintered silicon carbide ceramics［J］. J. Am. Ceram. Soc. ，2003，86（3）：465-470.

［33］ N. Matsunaga, K. Nakahama, Y. Hirata, et al. Enhancement of strength of SiC by heat-treatment in air［J］. J. Ceram. Proc. Res. ，2009，10：319-324.

［34］ M. F. Yu, O. Lourie, M. J. Dyer, et al. Strength and breaking mechanism of multiwalled carbon nanotubes under tensile load［J］. Science，2000，287：637-640.

［35］ J. C. Charlier, J. P. Michenaud. Energetics of multilayered carbon tubules［J］. Phys. Rev. Lett. ，1993，70：1858-1861.

［36］ A. N. Kolmogorov, V. H. Crespi. Smoothest bearings：Interlayer sliding in multiwalled carbon nanotubes［J］. Phys. Rev. Lett. ，2000，85：4727-4730.

［37］ J. Cumings, A. Zettl. Low-friction nanoscale linear bearing realized from multiwall carbon nanotubes［J］. Science，

2000，289：602-604.

[38] A. Kis，K. Jensen，S. Aloni，et al. Interlayer forces and ultralow sliding friction in multiwalled carbon nanotubes [J]. Phys. Rev. Lett.，2006，97：025501.

[39] F. Lamouroux，G. Camus，J. Thebault. Kinetics and mechanisms of oxidation of 2D woven C/SiC composites：I，experimental approach [J]. J. Am. Ceram. Soc.，1994，77（8）：2049-2057.

[40] L. Fillipuzi，G. Camus，R. Naslain，et al. Oxidation mechanisms and kinetics of 1D-SiC/C/SiC composite materials：I，an experimental approach [J]. J. Am. Ceram. Soc.，1994，77（2）：459-466.

[41] P. M. Ajayan，J. M. Tour. Materials science：Nanotube composites [J]. Nature，2007，447：1066-1068.

[42] 谢志鹏. 结构陶瓷 [M]. 北京：清华大学出版社，2011：468-494.

[43] 张玉军，张伟儒. 结构陶瓷材料及其应用 [M]. 北京：化学工业出版社，2005：26-39.

[44] 刘永胜. CVD/CVI 法制备 B-C 陶瓷的工艺基础 [D]. 西安：西北工业大学，2008.

[45] F. Thevenot. A review on boron carbide [J]. Key Eng. Mater.，1991，56-57：59-88.

[46] F. Thevenot. Boron carbide-a comprehensive review [J]. J. Eur. Ceram. Soc.，1990，6：205-225.

[47] D. T. Welna，J. D. Bender，X. L. Wei，et al. Preparation of boron-carbide/carbon nanofiber from a poly（norbornenyldecaborane）single-source precursor via electrostatic spinning [J]. Adv. Mater.，2005，17：859-862.

[48] M. W. Chen，J. W. Mc Cauley，K. J. Hemker. Shock-induced localized amorphization in boron carbide [J]. Science，2003，299：1563-1566.

[49] K. Hirota，Y. Nakayama，M. Kato，et al. The study on carbon nanofiber（CNF）-dispersed B_4C composites [J]. Int. J. Appl. Ceram. Technol.，2009，6（5）：607-616.

[50] R. H. Woodman，B. R. Klotz，R. J. Dowding. Evaluation of a dry ball-milling technique as a method for mixing boron carbide and carbon nanotube powders [J]. Ceram. Int.，2005，31：765-768.

[51] V. Skorokhod，M. D. Vlajic，V. D. Krstic. Mechanical properties of pressureless sintered boron carbide containing TiB_2 phase [J]. J. Mater. Sci.，1996，15（15）：1337-1339.

[52] M. Antadze，R. Chedia，O. Tsagareishvili，et al. Metal-ceramics based on nanostructured boron carbide [J]. Solid State Sci.，2012，14（11/12）：1725-1728.

[53] M. Cafri，H. Dilman，M. P. Dariel，et al. Boron carbide/magnesium composites：Processing，microstructure and properties [J]. J. Eur. Ceram. Soc.，2012，32（12）：3477-3483.

[54] Y. S. Liu，L. T. Zhang，L. F. Cheng，et al. Preparation and oxidation resistance of 2D C/SiC composites modified by partial boron carbide self-sealing matrix [J]. Mater. Sci. Eng.，A，2008，498：430-436.

[55] R. J. Kerans，R. S. Hay，N. J. Pagano. The role of the fiber-matrix interface in ceramic composites [J]. Am. Ceram. Soc. Bull.，1989，68（2）：429-442.

[56] J. P. Singh，M. Singh，M. Sutaria. Ceramic composites：Roles of fiber and interface [J]. Composites A，1999，30：445-450.

[57] H. C. Cao. Effect of interfaces on the properties of fiber-reinforced ceramics [J]. J. Am. Ceram. Soc.，1990，73（6）：1691-1699.

[58] 尹洪峰，徐永东，成来飞，等. 界面相对碳纤维增韧碳化硅复合材料性能的影响 [J]. 硅酸盐学报，1999，28（1）：1-5.

[59] J. Dusza，P. Šajgalik，E. Rudnayová，et al. Fracture characterization of silicon nitride based layered composites [A]. Fracture Mechanics of Ceramics，1996，39（4）：383-398.

[60] H. Wang，X. Hu. Surface properties of ceramic laminates fabricated by die dressing [J]. Journal of the American Ceramic Society，1996，79（2）：553-556.

[61] Z. Chen，J. Mecholsky J. Control of strength and toughness of ceramic-metal laminates using interface design [J]. Journal of Materials Research，1993，8（9）：2362-2369.

[62] R. Naslain，R. Pailler，X. Bourrat，et al. Synthesis of highly tailored ceramic matrix composites by pressure-pulsed CVI [J]. Solid State Ionics，2001（141/142）：541-548.

[63] R. Kochendörfer. Low cost processing for C/C-SiC composites by means of liquid silicon infiltration [J]. Key Eng. Mater.，1999（164/165）：451-456.

［64］ 傅恒志. 未来航空发动机材料面临的挑战与发展趋向［J］. 航空材料学报，1998，18（4）：52-61.

［65］ P. Xiao，X. F. Lu，Y. Q. Liu，et al. Effect of in situ grown carbon nanotubes on thestructure and mechanical properties of unidirectional carbon/carbon composites.［J］Mater. Sci. Eng.，A，2011，528：3056-3061.

［66］ J. P. Wang，J. Y. Lou，Z. Xu，et al. Effects of carbon fiber architecture on the microstructure and mechanical property of C/C-Si C composites［J］. Mater. Sci. Forum.，2010，658：133-136.

［67］ G. Y. Jing，H. Ji，W. Y. Yang，et al. Study of the bending modulus of individual silicon nitride nanobelts via atomic force microscopy［J］. Appl. Phys. A-Mater.，2006，82：475-478.

［68］ W. Y. Yang，Z. P. Xie，J. J. Li，et al. Ultra-long single-crystalline α-Si_3N_4 nanowires：Derived from a polymeric precursor［J］. J. Am. Ceram. Soc.，2005，88：1647-1650.

［69］ S. I. Andronenko，I. Stiharu，S. K. Misra. Synthesis and characterization of polyureasilazane derived SiCN ceramics［J］. J. Appl. Phys.，2006，99：113907.

［70］ S. Goujard，L. Vandenbulcke，H. Tawil. The oxidation behaviour of two- and three-dimensional C/SiC thermostructural materials protected by chemical-vapour-deposition polylayers coatings［J］. J. Mater. Sci.，1994，29（23）：6212-6220.

［71］ C. S. Zheng，Q. Z. Yan，M. Xia，et al. In situ preparation of SiC/Si_3N_4-NW composite powders by combustion synthesis［J］. Ceram. Int.，2012，38：487-493.

［72］ R. Naslain，J. Lamon，R. Pailler，et al. Micro/minicomposites：A useful approach to the design and development of non-oxide CMCs［J］. Compos. Part A，1999，30：537-547.

［73］ J. Lamon，N. Lissart，C. Rechiniac. Micromechanical and statistical approach to the behavior of CMC's［J］. Ceram. Eng. Sci. Proc.，1993，14（9/10）：1115-1124.

［74］ G. N. Morscher. Modal acoustic emission of damage accumulation in a woven SiC/SiC composite［J］. Compos. Sci. Technol.，1999，59（5）：687-697.

［75］ 方鹏. C/SiC 复合材料损伤在线声发射监测与表征［D］. 西安：西北工业大学，2008.

［76］ L. Chen，X. M. Tao，C. L. Choy. On the microstructure of three-dimensional braided preforms［J］. Compos. Sci. Technol.，1999，59（3）：391-404.

纳米增强体有序组装三维结构陶瓷基复合材料

第 **4** 章
二维组装体/
陶瓷基复合材料

4.1 ▶ 引言

　　CNTs 具有优异的物理化学特性，在很多领域具有很好的应用前景[1]。到目前为止，CNTs 的许多宏观体都已有报道，包括 CNTs 阵列[2]、CNTs 长丝[3]、CNTs 纸（也称为 Buckypaper，巴基纸）[4]、CNTs 薄膜[5] 等。巴基纸是由相互纠缠的 CNTs 通过管与管间的范德华力构成的像纸一样的 CNTs 薄层。与 CNTs 薄膜相比，巴基纸为自支撑结构，具有非常优异的力学性能，同时也具有很好的电学性能，在制动器、传感器、电容器、电极、燃料电池和场发射显示器等领域有着广阔的应用前景[6]。

　　CNTs 充当复合材料增强体时由于其高比表面积和管间强范德华相互作用力极易团聚，且复合材料中 CNTs 的含量也不高。利用巴基纸作为增强体，可以有效克服这些问题。将 CNTs 制备成巴基纸来增强复合材料可以使 CNTs 均一分散，获得结构可控、性能优异的复合材料；此法可以制备包含高体积分数 CNTs 的复合材料，且不发生团聚，不降低力学性能；此法还使 CNTs 增强复合材料的研究从微观层面转入到宏观纸状结构层面。

　　利用巴基纸增强复合材料的研究报道还不多，主要是制备增强聚合物基复合材料。研究表明，复合材料中高含量的 CNTs 形成平面 CNTs 网状阵列，增加了材料的导电性，同时使聚合物之间发生直接静电作用，其共轭区域增长。从能带理论解释，这一变化微观上提高了聚合物链接纳电荷的能力，宏观上表现为复合材料具有更优异的电磁屏蔽性能、力学性能和储能性能。

　　在目前以巴基纸为预制体制备复合材料的报道中还是以巴基纸/聚合物基为主，而制备巴基纸聚合物基复合材料的主要方法有真空热压过滤法、原位电化学聚合法和等离子体法等。Wang 等[7] 采用真空热压过滤法制备巴基纸/环氧树脂复合材料，步骤分为巴基纸的制备和聚合物的渗透，最后叠层固化。此方法的优点是可以将多张巴基纸叠加在一起做成层层叠合的复合材料，一方面能得到不同厚度的复合材料，另一方面能提高 CNTs 的含量；缺点是聚合物的黏度难以控制，黏度过低的聚合物会从孔隙中渗透出巴基纸，黏度过高的聚合物很难在巴基纸中均匀分散。Liu 等[8] 采用原位电化学聚合法制成了自支撑的巴基纸/聚苯胺复合材料，步骤主要为采用电极电化学法将聚苯胺聚合沉积在巴基纸上，然后再降解除去表面的杂质。采用此法的优点是电化学沉积结束后能及时进行电化学降解，除去复合材料中过多的导电聚合物，使导电聚合物在巴基纸表面沉积更加均匀,提高复合物的力学性能;缺点是操作烦琐,且只能适用于导电聚合物。Potschke 等[9] 采用等离子体法制成了巴基纸/聚碳酸酯复合材料,步骤主要为将巴基纸等离子体化,然后再和聚碳酸酯熔融混合反应,干燥。

Pham 等[10] 制备了巴基纸/聚碳酸酯复合材料,其 CNTs 含量达到 48%,局部厚薄差异小于 10%。与巴基纸相比,巴基纸/聚碳酸酯复合材料拉伸模量增加了 2.2 倍,拉伸强度增加 3 倍,断裂伸长率增加 2.7 倍。直接将 CNTs 分散在环氧树脂中,随着 CNTs 含量增加,环氧树脂黏度提高,流动性变差,CNTs 不容易均匀分散,气泡和溶剂难以完全脱除,形成孔洞留在复合材料中,影响了材料的宏观性能。巴基纸/聚合物复合材料在形变上(如弯曲、缠绕、压平)能产生高强度感应,具有可重复加、卸载能力,说明其在应力/应变传感器领域具有潜在的应用价值。Urszula 等[11] 将巴基纸在 $SOCl_2$ 溶液中浸渍 40h,完全风干后电导率增加到 6000S/cm。Liu 等[8] 采用原位电化学聚合法制成巴基纸/聚苯胺复合材料,最高电容值达到 501.8F/g。聚苯胺沉积在巴基纸上,使复合材料的电学性能增强。随着电化学聚合的进行,过多聚苯胺沉积在巴基纸表面,电阻升高,电容降低。随后的电化学降解能除去表面多余的聚苯胺颗粒,增加了电荷转移通道,使最高电容值达到 706.7F/g。Liu 的研究与 Gupta 等[12] 将 MWCNTs 分散在聚苯胺中的研究相比,后者聚苯胺沉积量73%(质量分数),最大电容仅 463F/g。Wang 等[13] 通过原位电化学聚合制得 MWNT 含量为 0.8%(质量分数)的 MWNT/PANi 复合材料,其最高电容值也只有 500F/g。可见,巴基纸/导电聚合物复合材料在超电容、存储器件领域具有更可观的应用前景。Park 等[14] 制备了巴基纸/碳碳复合材料,采用中间相沥青浸渍巴基纸,然后经过固化裂解形成碳碳复合材料,并表征了其微观结构和电导率,进行了拉曼测试。结果表明,随着浸渍次数的增加,复合材料的电导率增加,碳管周围被基体填充,机械应变也随之增加。

在 CNTs 增强复合材料的制备过程中,CNTs 的引入主要采用掺杂、流延或者原位生长等方法,而 CNTs 在复合材料中的质量分数一般只能达到 5%~10%。为了获得质量分数高且 CNTs 分散均匀的复合材料,制备了由 CNTs 构成的网状薄膜,即巴基纸,作为复合材料的增强体,相关的报道表明,在巴基纸复合材料中 CNTs 和树脂溶液有很好的相容性[15],可以制备出 CNTs 质量分数高达 50%以上的复合材料。

目前在巴基纸增强复合材料的研究中,巴基纸增强聚合物基复合材料的相关报道很多,而巴基纸增强陶瓷基复合材料的相关内容还鲜有报道。在本章中,我们利用 PSN 先驱体,采用 PIP 法制备了 Buckypaper/SiCN 复合材料,探索了制备巴基纸增强陶瓷基复合材料的一种方法,优化并固定了制备工艺,获得的 Buckypaper/SiCN 复合材料具有 CNTs 质量分数高且分散良好等特点,并分析了复合材料的微观形貌、密度变化、导电性能和热重实时氧化性能等,进行了 XRD、RAMAN 等测试。

4.2 ▶ 巴基纸/SiC 复合材料

图 4-1 列出的是 Buckypaper/SiCN 复合材料表面微观形貌的 SEM 照片。图 4-1(a)~(c)和(d)~(f)分别是以未稀释和稀释过后的 PSN 为浸渍液制备的复合材料表面微观形貌的 SEM 照片。从图 4-1(a)和(d)中可以看出,随着第一次浸渍-裂解的过程结束,基体填充到了巴基纸中去,巴基纸表面孔隙的尺寸和数量大幅度减小,但是,仍有比较大的孔隙存在,材料表面

也很不平整，凸起和凹陷比较多，还有 CNTs 裸露在外面。从图 4-1（b）、（c）和（e）、（f）可以看出，随着浸渍-裂解过程次数的增加，材料的表面逐渐变得平整，说明材料表面孔隙的数量和尺寸都进一步减少，CNTs 已经被基体完全覆盖。从图 4-1（c）和（f）看出巴基纸已经被一层致密的基体所覆盖，在经过三次浸渍-裂解过程之后，浸渍溶液将很难再进入到复合材料的内部，所以，复合材料中基体的含量也就无法再提高了。在这一过程中，试样 S1、S2、S3 和 D1、D2、D3 随着浸渍-裂解过程的增加所表现出来的规律基本相似。但是，通过图片 4-1（b）和（e）的对比可以看出，（e）中试样的表面明显比（b）中的平整，（e）中试样表面基本已经被基体覆盖，只残留了少量尺寸大概为 100nm 的孔隙，而（b）试样表面的缺陷较多。这是因为经过稀释的 PSN 浸渍溶液有更好的浸润性，在对试样进行第二次浸渍-裂解时，浸渍溶液能更容易填充到材料中去。而经过第三次浸渍-裂解的过程后，（c）和（f）试样表面形貌已经都完全覆盖住了材料表面，看不出明显的区别了。

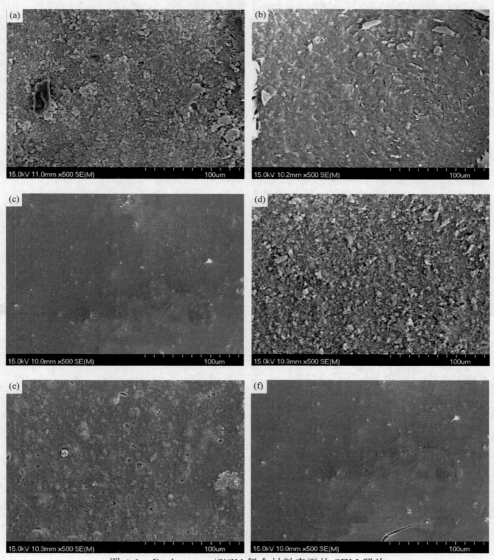

图 4-1　Buckypaper/SiCN 复合材料表面的 SEM 照片

（a）（b）（c）浸渍液为未稀释 PSN 试样；（d）（e）（f）浸渍液为稀释 PSN 试样

图 4-2 是 D3 试样断口形貌的 SEM 照片。从图 4-2（a）中可以看出试样的断口是比较平整和致密的，在试样中存在极少量的孔洞，这是由于在浸渍过程中浸渍液是沿轴向从两侧向中间渗透，在材料中可能会有封闭的气孔，从而导致浸渍溶液无法进入的情况。从图 4-2（b）～（f）可以看出，经过三次浸渍-裂解的过程，CNTs 周围已经完全被致密的基体填充，而且可以非常明显地看到大量 CNTs 拔出断裂的形貌。图 4-1 和图 4-2 中大量的 SEM 照片表明，陶瓷基体通过先驱体浸渍-裂解的方法被成功地引入到巴基纸中，由于在试样表面产生了一层致密的基体，更多次的浸渍-裂解过程也很难使试样进一步致密化。

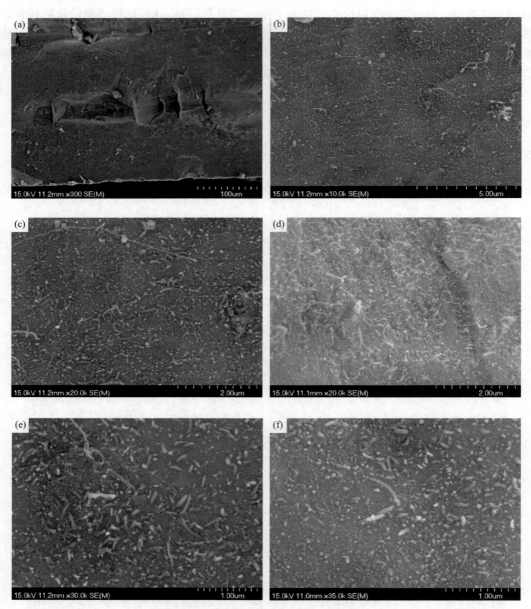

图 4-2　D3 试样断面的 SEM 照片

（a）～（f）为断口形貌照片

纳米增强体有序组装三维结构陶瓷基复合材料

4.3 ▶ 巴基纸/C/SiC 复合材料

4.3.1 显微结构

图 4-3 是 Buckypaper-C_f/SiC 复合材料的叠层结构示意图。将试样切割出一个平整的断口，然后利用电子显微镜观察。从图中可以看出复合材料中巴基纸和碳布交替叠层的结构。采用的 CVI 法工艺本身会导致复合材料内部存在大量的残余孔隙，从图 4-3(a) 中明显可以看出材料内部有微米级别的孔隙，而且孔隙主要存在于巴基纸和碳布的连接处，从而降低了材料的层间结合强度，这也是影响复合材料性能的最主要因素之一。图 4-3(b) 是巴基纸和碳布连接处的微观形貌，可以看出两者结合比较紧密，而且巴基纸本身比较平整，在这个放大倍数下基本看不出明显的孔隙，碳布则有一些很小的孔隙存在。

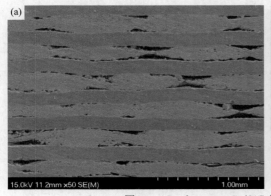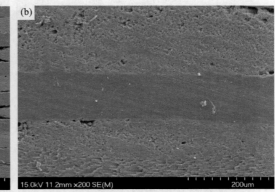

图 4-3　Buckypaper-C_f/SiC 复合材料的叠层结构示意图

图 4-4 是 Buckypaper-C_f/SiC 复合材料断口形貌的 SEM 图片。从图 4-4(a)～(d)可以清楚地看出，SiC 基体渗入到了预制体中去，纤维周围被基体包裹，从图 (f) 和 (g) 可以看出巴基纸层的断口比较平整，没有大的孔隙，CNTs 周围也被 SiC 基体包裹。说明巴基纸和碳布叠层的结构使巴基纸之间有了较大的孔隙空间，使 SiC 基体顺利地沉积到了各层的巴基纸中去。以上图片中，可以直观地看出试样的弯曲断口上有纤维拔出和断裂、CNTs 拔出和断裂的形貌。所以，在 Buckypaper-C_f/SiC 复合材料的断裂过程中，纤维发生脱粘、拔出和断裂，CNTs 的桥接和拔出，消耗大量的能量，使复合材料强韧性提高，也是复合材料增韧的主要机制。

4.3.2 弯曲性能

图 4-5 是 Buckypaper-C_f/SiC 复合材料典型的弯曲位移-载荷曲线。从图中可以看出，试样 A、B 和 C 的载荷-位移曲线的形状是一致的。在达到最大的载荷之前，载荷-位移曲线都呈准线性变化，当达到最大载荷之后，曲线呈锯齿状缓慢下降。这是典型的韧性断裂模式。然而，C/SiC 复合材料的弯曲位移-载荷曲线在达到最大载荷之后往往锯齿状更加明显，也说明 C/SiC 复合材料表现出更好的韧性。所以，巴基纸和碳布交替叠层制备的 Buckypaper-C_f/SiC 复合材料因为巴基纸的加入可能降低了复合材料的韧性。

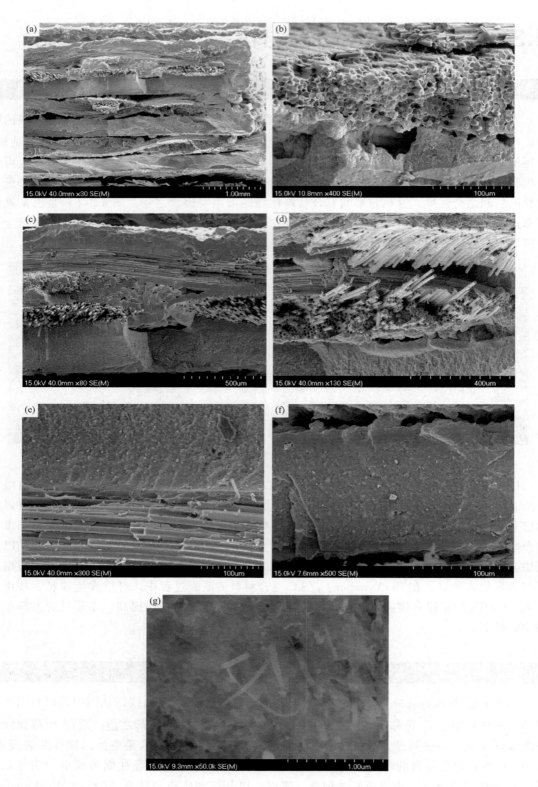

图 4-4　Buckypaper-C_f/SiC 复合材料的断口形貌

纳米增强体有序组装三维结构陶瓷基复合材料

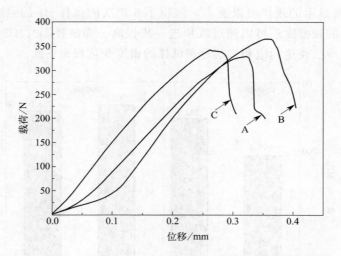

图 4-5 Buckypaper-C_f/SiC 复合材料的弯曲位移-载荷曲线

图 4-6 所示为不同叠层厚度的试样 A、B 和 C 的弯曲强度示意图。从图中可以看出，试样 A、B 和 C 的弯曲强度值分别为 (243.6±15.7)MPa、(262.4±21.2)MPa 和 (193.0±24.3)MPa，随着试样叠层厚度的增加，试样 A 和 B 的强度相差不多，而 C 试样的强度值有明显的下降，下降幅度达到 26％左右。这说明，在本章中采用巴基纸和碳布交替叠层的方法制备的 Buckypaper-C_f/SiC 复合材料，在试样的厚度达到 3.5mm 左右时，试样的弯曲强度也达到了最大值，而当厚度超过这一限度之后，复合材料的弯曲强度值下降。这和材料的密度变化趋势相同，说明影响 Buckypaper-C_f/SiC 复合材料的主要因素为沉积过后试样的致密程度。

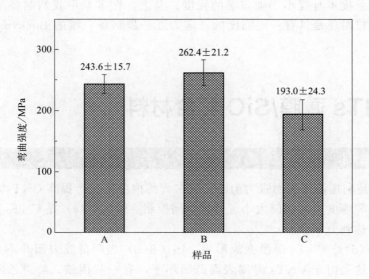

图 4-6 试样 A、B 和 C 的弯曲强度

图 4-7 为沉积了不同炉次的试样 B1、B2、B3 和 B4 的弯曲强度示意图。从图中可以看出试样 B1、B2、B3 和 B4 的弯曲强度分别为 195.4MPa、242.6MPa、262.8MPa 和

258.1MPa。由数据显示的规律可以看出，沉积了 6 炉次的试样 B1 的强度明显低于其他试样，说明试样此时的致密度还可以通过沉积进一步提高。而试样 B2、B3 和 B4 的弯曲强度变化不大，说明试样已经达到饱和。这也和试样的密度变化规律一致。

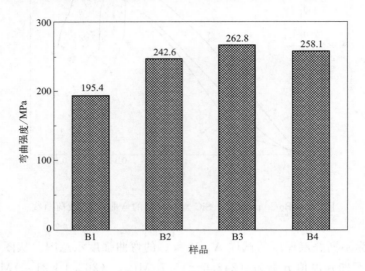

图 4-7　试样 B1、B2、B3 和 B4 的弯曲强度

从 Buckypaper-C$_f$/SiC 复合材料的力学性能变化分析可以看出，和以相同方法制备的 C/SiC 复合材料相比，Buckypaper-C$_f$/SiC 复合材料的力学性能和其还有比较大的差距。这是因为，首先巴基纸和碳布的相互叠层影响了在 CVI 工艺过程中 SiC 基体完全渗入到预制体中去，使试样的致密程度下降，强度也随之下降。其次，在 Buckypaper-C$_f$/SiC 复合材料中，巴基纸层的强度本身要小于碳布层的强度。总之，在本章中我们制备的三维 Buckypaper-C$_f$/SiC 复合材料还是具有一定强度的，这为进一步制备三维的 Buckypaper/SiC 复合材料打下了基础。

4.4 ▶ CNTs 薄膜/SiC 复合材料

4.4.1　显微结构

CNTs 薄膜是利用液体表面张力消除 CNTs 海绵内部孔隙、提高 CNTs 堆积密度而形成的，薄膜的尺寸和厚度可由滚筒大小、持续时间控制。图 4-8（a）是 CNTs 薄膜实物图，可见其尺寸较大，达到分米级。

图 4-8(b)～(d)是 CNTs 薄膜微观形貌，图 4-8(b) 表明薄膜表面并不是很平坦，有一些沟痕和凸起，这是由于 CNTs 海绵表面凸凹不平，有一些褶皱，喷淋乙醇压紧后并不能完全保证表面光滑平整。通过高分辨 SEM 图［图 4-8(c)、(d)］发现 CNTs 薄膜中大量独立 CNTs 和 CNTs 集束体相互搭接、缠绕形成多孔网络，没有一定的取向，具有较多孔隙，但孔隙少于 CNTs 海绵孔隙。CNTs、CNTs 集束体具有极大的长径比，长度从几微米到几十微米，CNTs、CNTs 集束体之间有孔隙，孔隙尺寸大小不一。很显然当疏松多孔的 CNTs

海绵压紧成 CNTs 薄膜时孔隙会相应减少，但仍然为纳米级，同样具有网络结构，CNTs 也没有团聚。

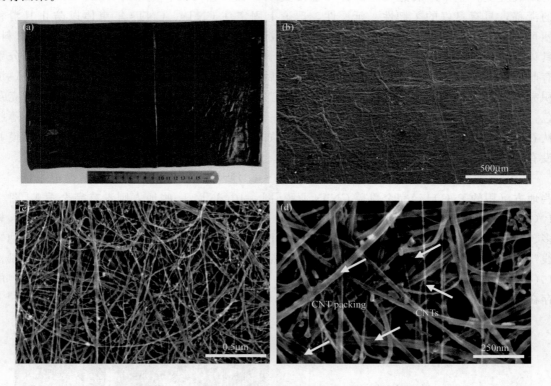

图 4-8　CNTs 薄膜实物图（a）以及(b)～(d)微观形貌

有时经过喷淋乙醇初步压紧后，还可将薄膜进行一次碾压、二次压紧。图 4-9 是经过一次碾压、二次压紧后 CNTs 薄膜表面形貌，可以清晰地看到碾压后的痕迹以及碾压后表面孔隙大幅减少。由于 CVI 工艺依赖气体扩散机制，较多的预制体孔隙为气体充分扩散提供了通道，因此本实验使用未经碾压的薄膜，薄膜厚度约 $10\mu m$。

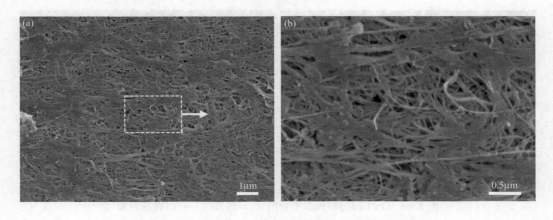

图 4-9　经一次碾压、二次压紧后 CNTs 薄膜表面形貌

CNTs 薄膜最大承载拉力较低。以本研究为例，承载拉力小于 10N，但具有高达 20%的断裂应变，整个断裂过程大部分为塑性变形过程，应力的传递靠 CNTs、CNTs 集束体的滑移，具有良好的柔韧性、延展性，理论上固定住 CNTs、CNTs 集束体以防止其滑移便可强化 CNTs 薄膜。首先在 CNTs 薄膜上沉积 PyC 制备了 CNTs 薄膜/PyC 复合材料，具体措施是将 1000mm×3.5mm 的"条状"薄膜缠绕在石墨框上，石墨框左右两端分别有凸起的石墨块防止薄膜触及其他地方，然后放入沉积炉中沉积 PyC，沉积时间 6h。沉积完成后取出，宏观上看 CNTs 薄膜表面覆盖了一层 PyC，原本 CNTs 的黑色变成了亮灰色，CNTs 薄膜/PyC 尺寸与 CNTs 薄膜尺寸一致，没有收缩、开裂等缺陷。将复合薄膜从石墨框上剪下发现其具有很大的柔韧性，如图 4-10(a) 所示，在此状态下复合薄膜并没有被折断。

CNTs 薄膜/PyC 的表面形貌如图 4-10(b)～(d)所示，发现表面形貌并不是很一致，一些地方沉积的 PyC 已经完全覆盖 CNTs 薄膜[图 4-10(d)]，一些地方则没有完全覆盖[图 4-10(c)]，呈现多孔性。完全覆盖有两个原因：一是 CVD 工艺的原因；二是此地方 CNTs 较多、较稠密。观察图 4-10(c) 发现，CNTs 周围均沉积上了 PyC，变成了"CNTs/PyC 纳米线"，直径也相应变大，CNTs 交叉处靠 PyC 粘接在一起，减弱了 CNTs 之间的滑移。图 4-10(d) 中 PyC 虽然已经完全覆盖 CNTs 薄膜，但也能观察到背后"CNTs/PyC 纳米线"的存在，这些存在状态与 CNTs 薄膜表面 CNTs 的存在状态一致。

图 4-10　CNTs 薄膜/PyC 实物图 (a) 以及(b)～(d)表面形貌

纳米增强体有序组装三维结构陶瓷基复合材料

4.4.2 拉伸性能

首先研究了 CNTs 薄膜的拉伸变形，拉伸速率 0.5mm/min，图 4-11 为薄膜拉伸曲线，发现 CNTs 薄膜整个断裂过程包含三阶段：类弹性变形、塑性变形和断裂失效。开始阶段（应变小于 0.7%），薄膜内部 CNTs 比较松散，整体呈类弹性变形，随着拉伸的继续（应变大于 0.7% 后），薄膜中的独立 CNTs、CNTs 集束体会产生滑移，引起塑性变形，最大载荷时滑移的 CNTs、CNTs 集束体逐渐脱离直至薄膜断裂失效。整体看 CNTs 薄膜具有较大的拉伸断裂应变，高达 16% ~ 17%，呈现出很好的柔韧性。

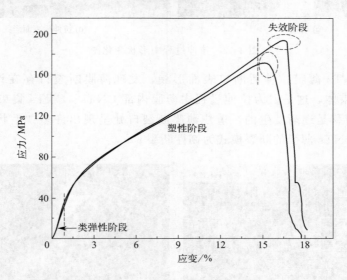

图 4-11　CNTs 薄膜拉伸曲线

拉伸过程中 CNTs 薄膜形状的变化如图 4-12 所示，图 4-12(a)～(c)分别是拉伸过程中前期、中期以及后期现场照片，可以清晰地看到在整个拉伸过程中薄膜的各部分变形不是同时发生的，先变形的地方会出现"颈缩"。随着拉伸的继续，"颈缩"区域逐步扩展至整个拉伸区域，"颈缩"的扩展导致薄膜宽度逐渐变窄，这正是薄膜塑性变形的宏观表现。图 4-12(d) 为薄膜拉伸后表面形貌，发现表面不是很平坦，沿拉伸方向有一些沟槽和隆起。

(a)前期　　　　　　　　　　　　　(b)中期

图 4-12

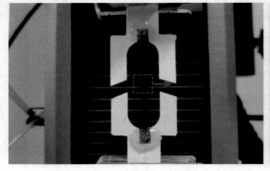

(c) 后期   (d) 拉伸后表面形貌

图 4-12　拉伸过程中形状变化图

图 4-13 是 CNTs 薄膜拉伸后断口表面形貌，发现薄膜断裂口存在许多波浪"毛状"CNTs、CNTs 集束体，这是因为拉伸过程中薄膜内部 CNTs、CNTs 集束体发生了较大滑移，它们之间的滑移是逐渐发生的，造成薄膜断裂口处呈现出许多"毛状"CNTs、CNTs 集束体，可以说 CNTs 薄膜的断裂模式为韧性断裂。

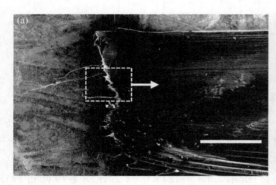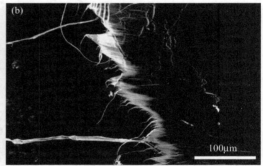

图 4-13　CNTs 薄膜拉伸后断口表面形貌

图 4-14 也给出了不同拉伸速率下 CNTs 薄膜的拉伸曲线，观察发现所有 CNTs 薄膜的整个断裂过程一致，均包括类弹性变形、塑性变形和断裂失效三阶段。在类弹性变形阶段，弹性应变随着拉伸速率的提高有所提高，5mm/min 的拉伸速率下达到 1.7%，继续拉伸，CNTs、CNTs 集束体产生滑移造成塑性变形，达到最大载荷时滑移的 CNTs、CNTs 集束体互相脱离，薄膜断裂失效。在较高的拉伸速率下，薄膜具有较高的拉伸强度以及断裂应变，低拉伸速率下具有较低的拉伸强度、断裂应变。断裂应变从低速率时的 16%～17% 到高速率时的 19.0%～19.5%，CNTs 薄膜表现出很好的柔韧性以及延展性。

此外，整体上看 CNTs 薄膜在不同拉伸速率下的断裂模式为韧性断裂，然而仔细观察其断裂失效阶段的拉伸曲线，发现在较高拉伸速率下断裂模式偏脆性，这是因为高速率下 CNTs、CNTs 集束体之间滑移较快，断裂失效也较快。

图 4-15 是 CNTs 薄膜经过不同速率拉伸后的表面形貌，观察发现拉伸后 CNTs 网络沿拉伸方向进行了重组，CNTs、CNTs 集束体的取向得以优化。然而仔细观察发现在低拉伸速率下，一些 CNTs、CNTs 集束体沿拉伸方向聚集，产生的 CNTs 束较多，随着拉伸速

纳米增强体有序组装三维结构陶瓷基复合材料

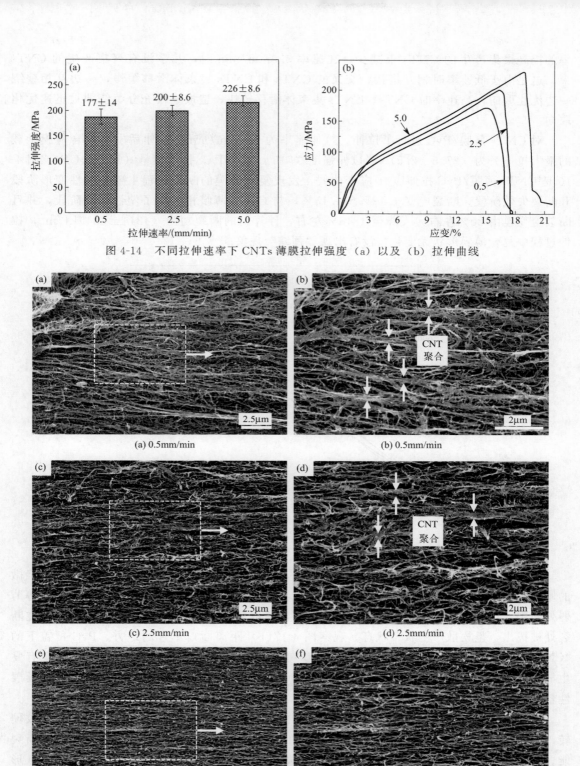

图 4-14   不同拉伸速率下 CNTs 薄膜拉伸强度（a）以及（b）拉伸曲线

(a) 0.5mm/min

(b) 0.5mm/min

(c) 2.5mm/min

(d) 2.5mm/min

(e) 5mm/min

(f) 5mm/min

图 4-15   CNTs 薄膜不同拉伸速率后表面形貌

率的提高聚集产生的 CNTs 束减少，在速率 5.0mm/min 时，几乎没有聚集产生的 CNTs 束。这是由于低速率时相互搭接、交叉的 CNTs 和 CNTs 集束体滑移缓慢，一边互相缠绕一边优化取向，高速率时 CNTs、CNTs 集束体滑移较快，造成还没充分缠绕即被迅速优化取向。

对 CNTs 薄膜/PyC 进行了拉伸，拉伸速率为 0.5mm/min，拉伸后发现复合薄膜承载的最大拉伸力为（27.5±2.5）N，拉伸强度（716±60）MPa，拉伸模量（63±6）GPa。图 4-16 是 CNTs 薄膜/PyC 拉伸应力-应变曲线，发现复合薄膜的断裂过程主要有弹性变形阶段和断裂失效阶段，断裂应变 1.12%～1.15%，与 CNTs 薄膜相比少了塑性变形阶段，并且断裂应变也由 20%左右大大降至 1.15%左右，计算出的断裂功为（4314±334）kJ/m^2，拉伸过程中复合薄膜形状无变化，没有出现"颈缩"现象。

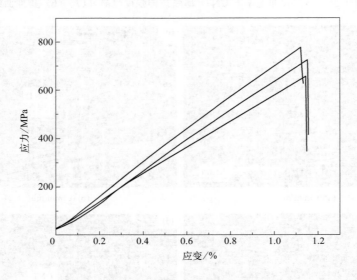

图 4-16　CNTs 薄膜/PyC 拉伸应力-应变曲线

图 4-17 是 CNTs 薄膜/PyC 断口表面形貌，发现断口参差不齐，这是由于薄膜存在轻微的厚度、致密化不均匀现象，当应力加载至最大时，薄膜在厚度较薄、致密化程度较低等薄弱处断裂，这些薄弱处并不都在一条线上，所以造成薄膜断口参差不齐。此外，CNTs 在断裂处被拔出，呈松散"毛状"状态。观察图 4-17（b）距离断口不远的地方，PyC 覆盖下的"CNTs/PyC 纳米线"存在状态并没有改变，也就是说内部的 CNTs、CNTs 集束体没有发生滑移，只是断口处 CNTs 被拔出，整体上看 CNTs 薄膜/PyC 具有良好的柔韧性，但延展性较差。

图 4-18 给出了 CNTs 薄膜/PyC 中 CNTs 的几大增强、增韧机制。图 4-18（a）是裂纹偏转，发现 PyC 基体断裂裂纹由于 CNTs 的存在而变得曲折，在这个过程中能消耗大量断裂能。图 4-18（b）是 PyC 基体破裂后 CNTs 被拔出，发现 CNTs 的拔出形貌与原始 CNTs 形貌一致，较大的长径比也得以完好保留。图 4-18（c）是 PyC 基体发生破裂后，CNTs 将断裂的部分连在一起，呈现出"桥接"现象，此机制也能吸收部分断裂能，减缓基体断裂。裂纹偏转、纤维拔出及桥接均是复合材料中典型的能量消散机制，在 CNTs 薄膜/PyC 中得到了很好体现。

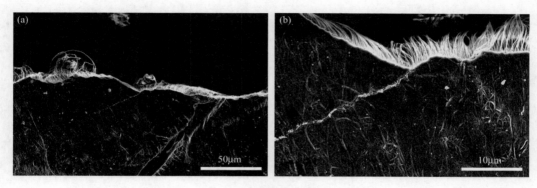

图 4-17　CNTs 薄膜/PyC 断口表面形貌

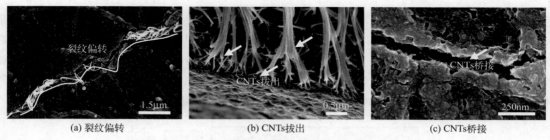

(a) 裂纹偏转　　　　　　　(b) CNTs拔出　　　　　　　(c) CNTs桥接

图 4-18　CNTs 薄膜/PyC 中 CNTs 增强、增韧机制

4.5 ▶ CNTs 薄膜/C/SiC 复合材料

4.5.1　显微结构

　　利用 CVI 法制备了单层 CNTp/SiC 复合材料，并分析了微观结构。图 4-19 结果表明这种材料由于 CNTp 的存在而具有很好的韧性，但是内部孔隙很小，导致内部沉积不够致密，表面形成涂层，更加阻碍了 SiC 基体向预制体内部渗透。考虑到碳纤维预制体的孔是微米级的大孔，可以和 CNTp 的孔隙形成阶梯孔，逐步沉积，有利于预制体内部小孔隙基体的沉积。所以设想采用 CVI 法制备碳布和 CNTp 叠层二维 SiC 基复合材料，即 CNTp-C/SiC。

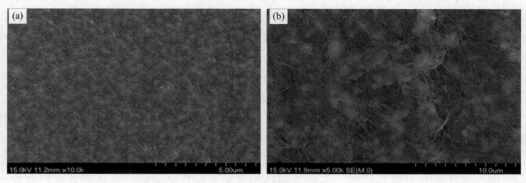

图 4-19

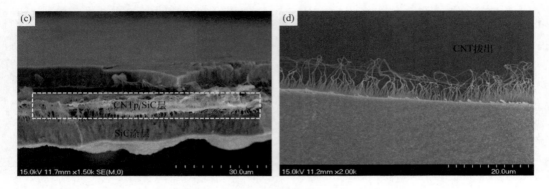

图 4-19　单层 CNTp/SiC 复合材料的表面及其断口微观形貌

和制备 C/SiC 的步骤一样，将二维碳纤维布和 CNTp 叠层制备复合材料预制体，用带有气孔的石墨夹具将预制体夹持平整。首先在化学气相沉积炉中向纤维表面沉积厚度大约 100nm 的 PyC 界面层，制备一个相对较弱的界面；然后将带有界面层的 CNTp-C 预制体放置于 CVI 炉中渗透 SiC 基体。为了防止堵塞纤维中的孔隙和更好地在纳米级孔隙中渗透基体，每两层碳布和一层 CNTp 交替叠层（图 4-20），而且叠层厚度在 2.4mm 左右。

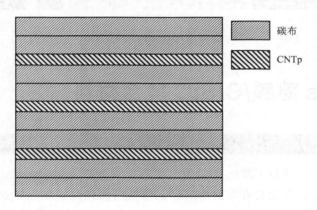

图 4-20　预制体中碳纤维布和 CNTp 叠层示意图

图 4-21 是 CNTp-C/SiC 复合材料的横截面 SEM 图片，从图 4-21（a）中可以看出碳布和 CNTp 交替叠层的结构，CNTp 层中间隔着两层碳布。图 4-21（b）是一个 CNTp 层处的高倍 SEM 图片，CNTp 层的厚度大约 15μm，和测量得到的数据是一致的。此外可以看到，两种预制体之间结合较为紧密，没有孔洞等缺陷出现，而且在两侧的纤维中基体沉积也很致密，说明微米级纤维和纳米级的 CNTp 组合作为 CVI 预制体是较为成功的。

制备了沉积 5～8 炉次四种不同的 CNTp-C/SiC 复合材料，然后利用阿基米德排水法对复合材料的密度及其气孔率进行了测试。图 4-22 是不同沉积炉次 CNTp-C/SiC 复合材料密度和气孔率变化，随着沉积炉次的增加，密度不断增加，气孔率不断下降。在沉积 8 炉次时，CNTp-C/SiC 的密度和孔隙率分别达到了 2.2g/cm³ 和 8.6%，这和 C/SiC 的参数是基本一致的，气孔率甚至更小一些。不同沉积炉次的复合材料的密度、气孔率及其弯曲强度和断裂韧性都列于表 4-1。

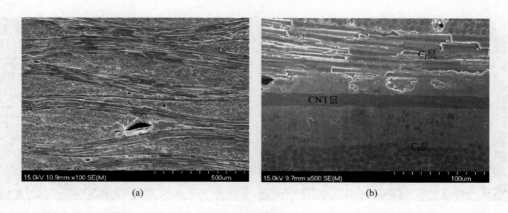

图 4-21　CVI 法制备的 CNTp-C/SiC 复合材料横截面 SEM 图片

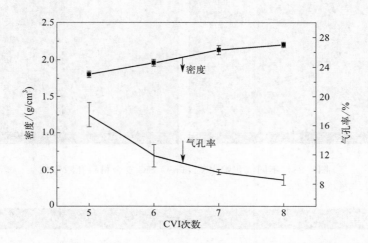

图 4-22　不同沉积炉次 CNTp-C/SiC 复合材料密度和气孔率变化

表 4-1　CNTp-C/SiC 复合材料的性能

试样名称	密度/(g/cm³)	气孔率/%	弯曲强度/MPa	断裂韧性/(MPa·m^(1/2))
S5	1.80 ± 0.043	17.5 ± 1.7	115 ± 17.5	11.5 ± 0.53
S6	1.96 ± 0.047	11.9 ± 1.5	305 ± 7.1	13.3 ± 0.57
S7	2.13 ± 0.061	9.7 ± 0.36	350 ± 7.1	15.0 ± 0.51
S8	2.20 ± 0.033	8.6 ± 0.76	353 ± 10.3	15.3 ± 0.71

注：S5、S6、S7、S8 分别代表沉积 5、6、7、8 炉次的 CNTp-C/SiC 复合材料。

为了直观地观察复合材料的内部孔隙形貌，对试样横截面进行了扫描电镜分析。图 4-23 分别展示了沉积 5～8 炉次 CNTp-C/SiC 复合材料的孔隙形貌，并在图中标示了材料沉积的炉次及对应的气孔率。试样 S5 中有大量的孔隙存在，这些气孔在材料内部就是一种缺陷，会对材料的性能产生不利的影响。S6 中的孔隙率就显著降低了，材料进一步致密化，密度也达到了 $1.96g/cm^3$。S7 和 S8 相比于前面两个孔隙率就大大降低了，密度也分别达到了 $2.13g/cm^3$ 和 $2.20g/cm^3$，这和 C/SiC 成品的密度是非常接近的。尤其是 S8，孔隙率更是降到了 8.6%，这时候材料中孔隙基本变成了闭气孔，无法再通过延长沉积时间大幅降低气孔率，而只是增加材料表面涂层厚度。

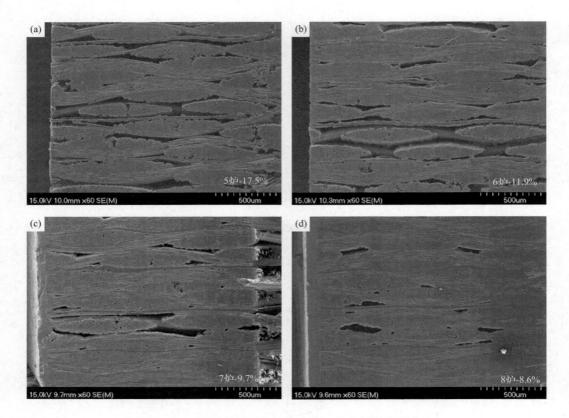

图 4-23　不同沉积炉次 CNTp-C/SiC 复合材料孔隙形貌

4.5.2　弯曲性能

图 4-24 是不同沉积炉次的 CNTp-C/SiC 复合材料弯曲强度变化。沉积 5 炉次时，试样 S5 的强度是最低的，仅达到 115MPa 的水平，这是因为沉积的 SiC 基体比较少，而且也没有制备表面涂层，纤维和基体无法有效结合起来，造成了材料强度较低。沉积 6 炉次时，材料的性能有了大幅的提升，达到了 305MPa。而当沉积了 7 炉次时，弯曲强度更是达到了 350MPa，而且密度也达到了 2.13g/cm^3，气孔率也降到了 10% 以下，这时候材料的综合性能基本已经达到了最佳状态。沉积 8 炉次时，材料的强度为 353MPa，相比于 7 炉次基本持平，密度略微提升，达到了 2.20g/cm^3。

为了研究 CNTp-C/SiC 复合材料在承受弯曲载荷过程中的力学行为，分别选取了不同沉积炉次复合材料的典型载荷位移曲线来进行分析，如图 4-25 所示。上面提到由于没有沉积涂层，导致 S5 的强度较低，而且在达到弯曲载荷峰值以后的过程中，载荷出现了比较大的波动，这是由于材料逐步发生分层所致，整个材料无法整体承载。而当沉积了涂层以后，内部 SiC 含量也随着上升，基体和纤维结合紧密，基体可以有效地把载荷传递给纤维，使其承载。S7 和 S8 的弯曲强度分别达到了 350MPa 和 353MPa，这是一个比较高的力学性能，但是 S8 的强度也没有显著高于 S7 的，说明第 8 炉次只是表面涂层的沉积，对提高强度没有显著效果。试样 S7 是一个韧性断裂模式，材料断裂失效以后，载荷逐渐降低；而 S8 载荷达到峰值以后，有一个小的载荷波动，然后载荷才开始降低。

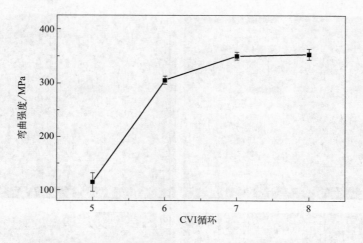

图 4-24　不同沉积炉次 CNTp-C/SiC 复合材料弯曲强度变化

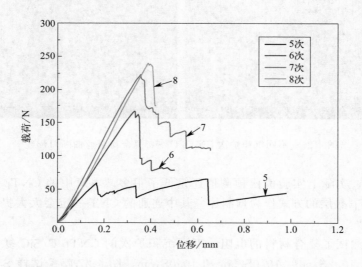

图 4-25　不同沉积炉次 CNTp-C/SiC 复合材料载荷位移曲线

　　图 4-26 给出了 CNTp-C/SiC 复合材料的三点弯曲试样断口形貌图。从图中可以看出，在分别沉积 5 炉次和 6 炉次的试样 S5 和 S6 中，每层碳布的结构清晰可见，而且层与层之间没有结合好，出现了分层现象，不同的是，沉积 6 炉次的比 5 炉次的分层现象弱了许多。而 S7 和 S8 则基本上没有出现分层现象，这是因为 SiC 基体的沉积使得分层的碳布有效结合，形成一个完整的材料，并且它们的强度也达到了 350MPa 左右，说明材料的力学性能已经比较优异。

4.5.3　电磁屏蔽效能

　　众所周知，CNT 除了具有非常优异的力学性能以外，还具有极其优异的导电性能。经过测试，实验中所用到的 CNTp 电导率达到 500S/cm，这对于提高复合材料的导电性能是非常有利的。由于 CNTp 预制体中的 CNT 都是互相缠绕形成一个网络结构的，所以会有非

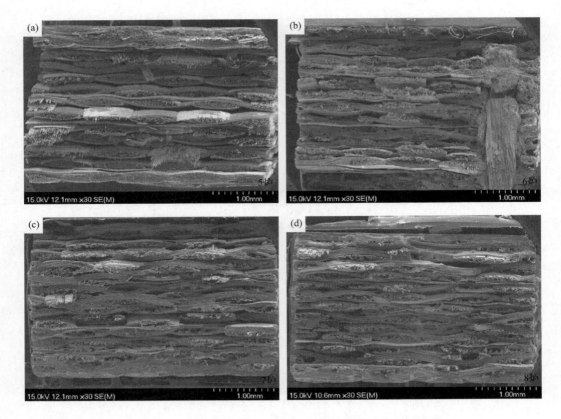

图 4-26   不同沉积炉次 CNTp-C/SiC 复合材料弯曲断口形貌

常大的接触电阻，实际上实验值比预测值还是低了很多。本章中的 CNTp-C/SiC 复合材料采用碳布和 CNTp 叠层的方式作为预制体，其中连通的 CNT 一定会大大提高复合材料的导电性能。

采用插槽法测试了复合材料的电阻，不同沉积炉次的 CNTp-C/SiC 复合材料电导率分别为 13.1S/cm、10.2S/cm、10.0S/cm 和 10.0S/cm，图 4-27 就是试样 S5、S6、S7 和 S8 的电导率变化趋势图。除了 S5 的电导率高了一些外，其余三个试样的电导率都在 10.0S/cm 左右，这样一个结果还是比较让人满意的。我们知道，在陶瓷基复合材料中，占有一半体积的都是陶瓷基体，所以会对材料的电导率产生不利的影响，虽然碳纤维的导电性也很优异，但是 SiC 基体的存在，会导致 C/SiC 复合材料的电导率不是很高，电导率一般在 3～5S/cm。这是因为 CNTp 是个二维的薄膜，内部是三维的网络结构，和编织的有很大不同。沉积 SiC 基体后，CNTp 还是一个整体的结构，而碳布中的纤维束，甚至单丝都被基体分离开来，造成导电性能下降。

CNTp-C/SiC 复合材料中添加了高导电的 CNTp，使得 CNTp-C/SiC 的导电性能相比于 C/SiC 有了大幅提高，达到了后者的两倍甚至三倍，这样一来材料的电磁屏蔽性能也会随着提高。

图 4-28 给出了 CNTp-C/SiC 和 C/SiC 两种复合材料在 X 波段电磁屏蔽效能对比，从而研究 CNTp 的添加对复合材料电磁屏蔽效能的影响，下标 0 代表 C/SiC，下标 1 代表 CNTp-C/SiC。从图中可以明显看出 CNTp 预制体的加入明显提高了材料的电磁屏蔽效能。

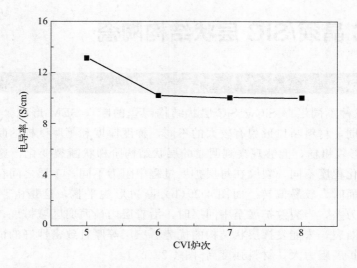

图 4-27　不同沉积炉次 CNTp-C/SiC 复合材料电导率变化趋势图

CNTp-C/SiC 复合材料的总电磁屏蔽效能从原始 C/SiC 的 29.4dB 上升至 36.8dB，吸收效能也由 18.8dB 增加到了 24.2dB，反射效能从 10.2dB 提高到了 12.5dB，提高率分别为 25.2%、28.7%、22.5%，可见吸收效能的增加对总屏蔽效能的增加贡献略大一些。

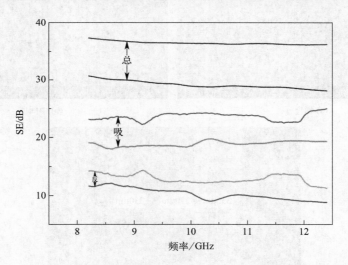

图 4-28　CNTp-C/SiC 和 C/SiC 复合材料电磁屏蔽性能对比

CNTp 的加入对材料吸收效能的影响比较大。一方面是 CNT 导电性较好，在原材料内部引入大量的移动载流子，这样材料的吸收屏蔽性能就会变好。另一方面是，材料内部 CNTp 和 SiC 结合形成 CNTp/SiC 复合材料，形成庞大的纳米界面，这种纳米界面的生成能够导致界面极化，有利于材料吸收屏蔽效能的增加。同时，CNTp 的引入还能够加强电阻损耗、隧道效应等现象，从而促使电磁波的衰减，使其转换为热能，使得材料实现电磁波屏蔽的作用。加入 CNTp 后，复合材料反射屏蔽效能也提高了 22.5%。由于电导率和反射屏蔽效能呈正比，所以相比于 C/SiC，导电性较好的 CNTp-C/SiC 的反射屏蔽效能理应会增加。

4.6 ▷ SiC 晶须/SiC 层状结构陶瓷

图 4-29 为三种不同层厚 SiCw/SiC 层状结构陶瓷的断口 SEM 形貌。由图 4-29 可以看出，由于层厚不同，材料断口形貌有较大的不同，梯度厚度和等厚试样的断口更加致密。图 4-29(a) 中断口形貌粗糙，能够观察到明显的层状结构阶梯状断裂变化，这是由于层厚梯度变化，单层致密化程度不同，裂纹在每层扩展过程中阻力不同，单层之间存在应力差，当裂纹扩展至层间界面时，较易偏转。而图 4-29(b) 断口形貌平整，这是由于中间层较厚且疏松多孔，承载能力差，当裂纹扩展至中间层时，沿着层内最薄弱区域扩展，进而导致裂纹贯穿，材料为脆性断裂，未能发挥层状结构的优势。三层等厚且致密性好的试样，整体致密度高，裂纹在层内扩展阻力大，材料强度高[图 4-29(c)]。

 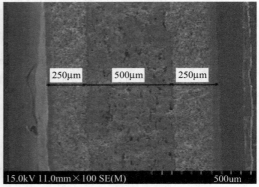

(a) 梯度   (b) 中间厚

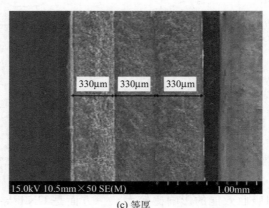

(c) 等厚

图 4-29　SiCw/SiC 层状结构陶瓷的断口 SEM 形貌

图 4-30 是 SiCw/SiC 层状结构陶瓷的断口形貌。由图 4-30(a)和(c)可以看出，梯度厚度和等厚度试样的断口致密，形貌较粗糙，晶须拔出数量较多且拔出长度较长。而图 4-30(b) 中试样的断口较疏松，晶须周围基体较少，较难观察到晶须拔出。这说明层厚直接影响到 ICVI 过程中层状陶瓷材料的致密度，进而影响到裂纹沿层间和层内偏转、裂纹桥接和晶须

拔出等增韧机制发挥作用。综合考虑材料的结构以及结合 ICVI 工艺的特点，层厚按梯度交替变化设计，单层厚度控制在 $200\sim400\mu m$ 之间。

(a) 梯度

(b) 中间厚

(c) 等厚

图 4-30　SiCw/SiC 层状结构陶瓷的断口形貌

图 4-31 是 SiCw/SiC 层状结构陶瓷的断口 SEM 形貌。由图可见，单层 SiCw/SiC 表面 SiC 层厚度明显不同，图 4-31(a) 的断口较平整，未见有明显的阶梯状断裂变化。而图 4-31(b) 的断口形貌凹凸不平，可观察到明显的层状结构断裂变化。比较而言，表面 SiC 层厚度对层间应力有较大影响，层间存在一定厚度的 SiC 层有利于层间裂纹偏转，延长裂纹扩展路径。而图 4-31(c) 的断口致密度较高，但断口较平整，未见明显的层状断裂模式。说明磨掉表面 SiC 层对提高材料致密度有较大作用，但对韧性贡献较小。层间结合强度过大会导致断裂过程中层状结构作用失效。层间结合强度过小，层间界面不足以使裂纹发生偏转，无法发挥有效的增韧作用。

图 4-32 是 SiCw/SiC 层状结构陶瓷的断口形貌。由图 4-32(a) 可以看出，断口粗糙度较低，晶须拔出长度较短，多数以穿晶断裂为主。而图 4-32(b) 的断口粗糙程度增加，晶须拔出数量和长度均明显增加。绝大部分晶须都是平行于断口排列，此排列方式有助于晶须在断裂过程中发挥承载能力。图 4-32(c) 给出磨掉表面 SiC 层试样的断口形貌，晶须拔出长度较短，多以穿晶断裂为主。因为晶须固有长度有限，因此断口拔出长度变化不特别明显。考虑到材料的致密性和发挥层状结构的优势，选择 ICVI 沉积 SiC 基体的时间为 80h，即在单层 SiCw/SiC 表面保留 SiC 层，且其厚度控制在 $10\mu m$ 左右。

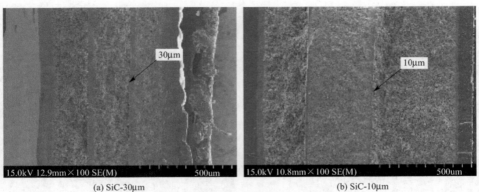

(a) SiC-30μm (b) SiC-10μm

(c) SiC-0μm

图 4-31 SiCw/SiC 层状结构陶瓷的断口 SEM 形貌

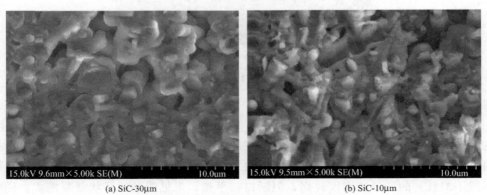

(a) SiC-30μm (b) SiC-10μm

(c) SiC-0μm

图 4-32 SiCw/SiC 层状结构陶瓷的断口形貌

图 4-33 是 SiCw/SiC 层状结构陶瓷的断口 SEM 形貌[SiCw 含量分别为 30％和 40％（体积分数）]，两者断口均较致密。由图 4-33(a) 可以看出，断口较平整，说明裂纹层间偏转较少。而图 4-33(b) 的断口较粗糙，说明裂纹沿层间偏转明显，吸收能量较多。这说明，增加晶须含量，能明显提高材料承载能力，发挥层状结构偏转裂纹的优势，提高材料的储能能力。

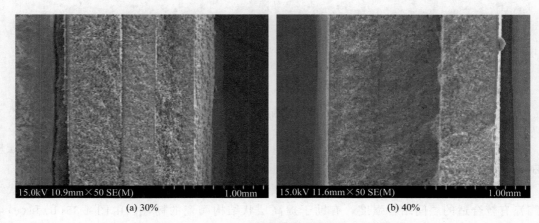

(a) 30%　　　　　　　　　　　　(b) 40%

图 4-33　SiCw/SiC 层状结构陶瓷的断口 SEM 形貌

图 4-34 给出 SiCw 含量分别为 30％和 40％（体积分数）试样的断口形貌。比较而言，晶须含量提高，晶须间孔隙减小，排列更加有序，经 ICVI 工艺后材料致密度提高，并且能有效地发挥晶须的增韧补强作用，对提高材料的拉伸强度有很大贡献。晶须对陶瓷材料的增韧机理一般有三种：裂纹桥联、裂纹偏转和晶须拔出。由于晶须的存在，紧靠裂纹尖端处存在晶须与基体界面开裂区域，在此区域内，晶须把裂纹桥接起来，并使在裂纹两个面产生闭合应力，通过阻止裂纹扩展起到增韧作用。在流延过程中，绝大部分晶须定向排列，当裂纹在传播过程中遇到定向分布的晶须时，裂纹难以偏转，只能按原来的扩展方向继续扩展，高长径比的晶须在裂纹两侧搭起桥梁，使两侧连在一起。晶须含量提高，裂纹偏转阻力增大，晶须桥接作用明显提高，而且当材料发生断裂时，晶须拔出数量增多，以上所有机制能更大程度地提高材料储能能力，进而提高层状结构陶瓷材料的强韧性。

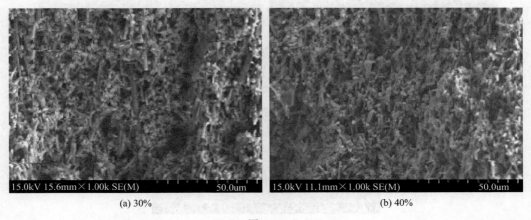

(a) 30%　　　　　　　　　　　　(b) 40%

图 4-34

(c) 30%   (d) 40%

图 4-34　SiCw/SiC 层状结构陶瓷的断口形貌

综上所述，层厚应设计为单层厚度为 $200\sim400\mu m$ 的交替变化；单层 SiCw/SiC 表面 SiC 层应控制在 $10\mu m$ 左右；层状结构陶瓷材料中晶须含量应控制在 40%（体积分数）以内。

由图 4-35（a）可见，在层间存在较多的裂纹偏转，这说明 TC-ICVI 工艺制备的层状结构陶瓷有较合适的层间结合强度，有助于提高层状结构陶瓷的韧性。由图 4-35（b）和（c）可见，在层内存在裂纹偏转、裂纹桥接和晶须拔出等，说明 TC-ICVI 制备的层状结构陶瓷层内晶须与基体有较合适的结合强度，有助于各种增韧机制发挥作用，对提高层状结构陶瓷的韧性有显著贡献。而且，体积分数高且形貌完整的晶须增强体均匀分布于层状结构陶瓷内部，对提高材料的强度有重要作用。

(a) 层间裂纹偏转

纤维拔出

(b) 晶须拔出

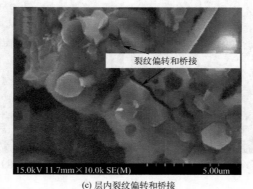

裂纹偏转和桥接

(c) 层内裂纹偏转和桥接

图 4-35　SiCw/SiC 层状结构陶瓷裂纹扩展及断口形貌

纳米增强体有序组装三维结构陶瓷基复合材料

对于层状结构陶瓷材料，层厚是优化设计中一个至关重要的结构单元，为此制备了三种不同层厚的 SiCw/SiC 层状结构陶瓷试样，总层数均为三层，总厚度均为 1mm，其密度、开气孔率和拉伸强度列于表 4-2。

表 4-2　SiCw/SiC 层状结构陶瓷性能

层厚设计	密度/(g/cm³)	开气孔率/%	拉伸强度/MPa
梯度厚度	2.47±0.07	21	92±23
中间层较厚	2.15±0.11	27	60±19
等厚度	2.43±0.06	20	76±21

本节中 SiCw 含量为 30%（体积分数），依据单层厚度不同，分为梯度厚度、中间层较厚和等厚度三种试样。由表可知，层厚梯度变化试样和等厚试样的密度和开气孔率相近，而中间层较厚试样的密度最低，开气孔率最高。层厚梯度变化试样的拉伸强度最高；层厚等厚试样的拉伸强度居中；中间层较厚试样的拉伸强度最低。层厚梯度变化试样的拉伸强度比层厚等厚试样的高 21.05%，比中间层较厚试样的高 53.33%。

图 4-36 给出 SiCw/SiC 层状结构陶瓷拉伸应力-位移曲线。由图可见，梯度厚度试样的拉伸应力最大，中间层较厚试样的拉伸应力最小，而等厚度试样拉伸应力居于两者之间。梯度厚度和等厚度两种试样的拉伸行为均表现出线性脆性断裂的特征。两者的拉伸曲线都可以分为两个阶段：第一阶段为线性变形阶段，拉伸曲线的斜率保持恒定不变；第二阶段为基体应力饱和阶段，应力达到最大值，材料发生断裂。而对于中间层较厚的试样，其拉伸曲线分为三个阶段：第一阶段为加载的初期阶段，该阶段表现为拉伸曲线存在左尾迹。这可能是由于试验机夹头与试样相对滑移造成的。调整结束后，试样进入线性变形阶段即第二阶段。当基体裂纹饱和后，试样进入第三阶段，发生断裂。比较而言，当层厚由"薄"到"厚"梯度变化时，加载过程中应力逐渐释放，从而提高材料的拉伸应力。

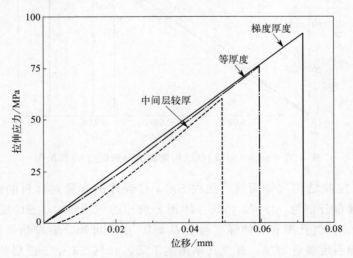

图 4-36　SiCw/SiC 层状结构陶瓷的拉伸应力-位移曲线

由于 SiCw/SiC 层状结构陶瓷的制备过程是 TC-ICVI 交替进行，即下一次流延的基片为已沉积完成的单层 SiCw/SiC 材料。因此，单层 SiCw/SiC 材料表面的 SiC 层对层间界面结合强度有重要影响。本节控制 ICVI 沉积时间，制备了不同 SiC 厚度层状结构陶瓷试样，SiC 层厚度分别为 $30\mu m$ 和 $10\mu m$，将磨掉 SiC 层的试样作为对照。SiCw 体积分数为 30%，总层数均为三层，厚度均为 $1\mu m$，材料性能列于表 4-3。由表可知，当 SiC 层厚度为 $10\mu m$ 和 $0\mu m$ 时，试样的密度相差较小，但两者的密度均远远高于 SiC 层厚度为 30mm 的密度；相应的开气孔率也随密度的提高而降低。SiC 层厚度为 $10\mu m$ 时，试样的拉伸强度最高；SiC 层厚度为 $30\mu m$ 时，试样的拉伸强度最低；将 SiC 层磨掉后，试样的拉伸强度较 $10\mu m$ 时略有下降。SiC 层厚度为 $10\mu m$ 时，试样的拉伸强度比 SiC 层厚度为 $30\mu m$ 时提高了 28.57%。

表 4-3 SiCw/SiC 层状结构陶瓷性能

SiC 厚度/μm	密度/(g/cm^3)	开气孔率/%	拉伸强度/MPa
30	2.22 ± 0.13	25	63 ± 18
10	2.42 ± 0.07	21	81 ± 19
0	2.49 ± 0.06	17	71 ± 15

图 4-37 给出了 SiCw/SiC 层状结构陶瓷的拉伸应力-位移曲线。由图可见，随着 SiC 层厚度的增加，SiCw/SiC 层状结构陶瓷的拉伸应力减小。这三种试样的拉伸行为均表现出线性脆性断裂的特征，且拉伸曲线都可以分为两个阶段：第一阶段为线性变形阶段，拉伸曲线的斜率保持恒定不变。相较于 C/SiC 复合材料的拉伸曲线，层状结构陶瓷的拉伸曲线线性变形段更长，显著提高了比例极限应力。第二阶段为基体应力饱和阶段，应力达到最大值，材料发生断裂。而将表面 SiC 层磨掉后，试样的强度有所下降，且位移减少。

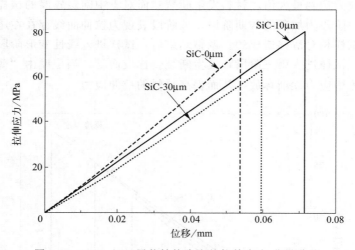

图 4-37 SiCw/SiC 层状结构陶瓷的拉伸应力-位移曲线

对 SiCw/SiC 层状结构陶瓷而言，层内 SiCw 增强体的含量对材料的性能有重要影响。因此制备了晶须含量分别为 30% 和 40%（体积分数）的三层 SiCw/SiC 层状结构陶瓷（层厚梯度），其密度、开气孔率和拉伸强度列于表 4-4。由表可知，随着晶须体积分数的增加，材料的密度、拉伸强度显著增加，开气孔率迅速下降，40%-SiCw/SiC 层状结构陶瓷试样的拉伸强度比 30%-SiCw/SiC 层状结构陶瓷试样的提高了 40.54%。在本材料中晶须是主要的承载体，在断裂过程中承担大部分载荷，因此随着晶须含量的提高，层状结构陶瓷材料的拉伸强度显著提高。

表 4-4　SiCw/SiC 层状结构陶瓷性能

SiC 含量(体积分数)/%	密度/(g/cm^3)	开气孔率/%	拉伸强度/MPa
30	2.42±0.07	21	74±20
40	2.54±0.07	14	104±24

图 4-38 给出不同晶须含量 SiCw/SiC 层状结构陶瓷的拉伸应力-位移曲线。由图可见，两条曲线具有相似的特征，均表现出线性增加和迅速下降的趋势，随着 SiCw 含量由 30% 增加到 40%(体积分数)，材料的承载能力增强，拉伸强度明显提高。

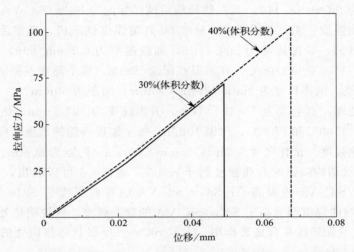

图 4-38　不同晶须含量 SiCw/SiC 层状结构陶瓷的拉伸应力-位移曲线

晶须在流延过程中具有较好的取向性，且晶须薄膜中又预留有一定的孔隙，这些空间结构为 ICVI 过程中反应气体传输提供通道，使反应气体进入晶须薄片内部反应生成 SiC 基体，形成致密的 SiCw/SiC 层状结构陶瓷材料。图 4-39 为 SiCw/SiC 层状结构陶瓷的孔径分布曲线。由图可见，当晶须含量为 30% 时，试样含有少量 30～200μm 的大孔，还有相对较多的

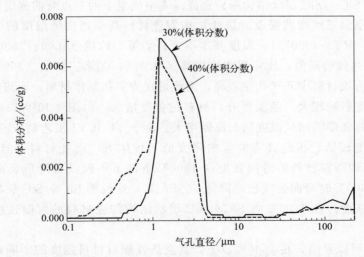

图 4-39　不同含量 SiCw 增强 SiCw/SiC 层状结构陶瓷的孔径分布曲线

$0.1\sim 5\mu m$ 的小孔；当晶须含量提高到 40% 时，试样中孔隙数量和尺寸均明显减少，以 $0.1\sim 1\mu m$ 的小孔为主。当孔隙以小孔为主时，裂纹在偏转的过程中不易形成贯穿破坏，因此材料的拉伸强度提高。

4.6.3　SiC 晶须/SiC 层状结构陶瓷热处理改性

测试 SiCw/SiC 层状结构陶瓷材料的高温三点弯曲强度和真空环境热处理冷却后的室温三点弯曲强度，试样中晶须体积分数均为 30%，未改性试样标记为 SiCw/SiC-AR，测试高温强度试样标记为 SiCw/SiC-HT，真空热处理后试样标记为 SiCw/SiC-VA。

（1）高温弯曲强度：测试设备为 YKM-2200 高温强度试验机，真空度为 1×10^{-6} Torr （1Torr=132.322Pa），升温速率为 30℃/min，加载速率为 0.5mm/min，测试温度分别为 1000℃、1300℃、1500℃和 1700℃，在测温点保温 10min，每个温度点测试 3 根试样，同时记录载荷-位移曲线。试样尺寸为 3mm×4mm×70mm，跨距为 60mm。

（2）真空热处理：真空度为 1×10^{-6} Torr，升温速率为 30℃/min，热处理温度分别为 1000℃、1300℃、1500℃和 1700℃，保温 10min，每个温度点随炉放置 3 根试样，随炉冷却后测试其室温弯曲强度。试样尺寸为 3mm×4mm×40mm，跨距为 30mm。

SiCw/SiC 层状结构陶瓷的弯曲强度列于表 4-5。从表 4-5 可以看出，SiCw/SiC-HT 的弯曲强度比 SiCw/SiC-AR 的提高了；SiCw/SiC-VA 的弯曲强度与 SiCw/SiC-AR 的相近；SiCw/SiC-HT 的弯曲强度明显高于 SiCw/SiC-VA 的弯曲强度。这说明热处理对提高 SiCw/SiC 层状结构陶瓷的强韧性具有显著作用，尤其 SiCw/SiC 层状结构陶瓷的高温弯曲强度更加优异。

表 4-5　SiCw/SiC 层状结构陶瓷弯曲强度

材料	弯曲强度/MPa
SiCw/SiC-AR	296±13
SiCw/SiC-HT	320±12
SiCw/SiC-VA	303±15

图 4-40 给出 SiCw/SiC 层状结构陶瓷在高温真空气氛下的三点弯曲强度和经 10min 真空高温热处理后的室温三点弯曲强度。层状结构陶瓷材料高温强度随温度的变化存在三个阶段：①第一阶段（RT~1000℃），强度基本不变；②第二阶段（1000~1500℃），强度逐渐升高，在 1500℃达到最高值，比室温强度提高了 8.1%；③第三阶段（1500~1700℃），强度迅速降低。因为该材料中开气孔率较高，因此可视为多孔基体材料。而研究表明，温度对多孔基体材料强度影响较大，随温度升高材料的强度增大。由图 4-40 可以看出，从室温到 1500℃，高温弯曲强度随测试温度的升高而增大。由于 TC-ICVI 工艺制备的 SiCw/SiC 层状结构陶瓷材料密度较低，因此其室温弯曲强度低于块体 SiC 陶瓷材料。但在高温条件下，SiCw/SiC 层状结构陶瓷材料的弯曲强度在 1500℃条件下不仅没有降低反而升高，而块体 SiC 陶瓷材料在 800℃时弯曲强度已经降低 50% 左右，这说明 SiCw/SiC 层状结构陶瓷材料具有优良的高温强度。在 1700℃时 SiCw/SiC 层状结构陶瓷材料的弯曲强度与块体 SiC 的相近。

由图 4-40 还可以看出，在 1500℃以下，真空热处理对材料强度的影响较小，材料强度基本保持不变；当材料在 1700℃真空热处理后，SiCw/SiC 层状结构陶瓷的强度显著下降。层状结构陶瓷材料经 10min 真空热处理后，其室温剩余强度较高温强度低。这可能是由于

纳米增强体有序组装三维结构陶瓷基复合材料

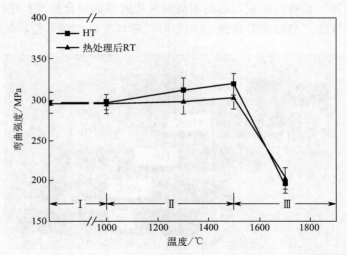

图 4-40　SiCw/SiC 层状结构陶瓷高温真空强度及其热处理后剩余强度

高温能够提高多孔材料的强度，但到室温时效果不明显。

图 4-41 为 SiCw/SiC 层状结构陶瓷的弯曲应力-位移曲线。SiCw/SiC-AR、SiCw/SiC-VA 和 SiCw/SiC-HT 的弯曲曲线从加载到弯曲应力达最大值均为线性变形阶段，弯曲应力达最大值后，材料发生断裂。对比 SiCw/SiC-AR，SiCw/SiC-VA 和 SiCw/SiC-HT 弯曲曲线可知，三者的最终断裂方式相似。区别在于 SiCw/SiC-HT 在弯曲应力上升的过程中出现了典型的"锯齿"状特征，这是因为在加载过程中，裂纹产生并发展时在层间被捕获或偏转，但没有发生层间剥离；加载的弯曲应力未能得到释放，弯曲应力继续上升，直至弯曲应力足够大时整个试样发生断裂，致使其断裂位移增加，对提高材料强韧性有益。SiCw/SiC-VA 和 SiCw/SiC-HT 的弯曲模量都较 SiCw/SiC-AR 的弯曲模量下降，尤其 SiCw/SiC-HT 的弯曲模量下降更加明显，曲线上升更加缓慢。

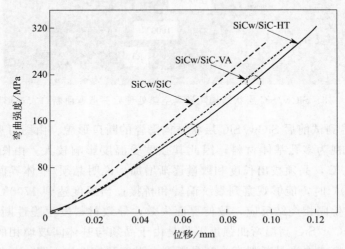

图 4-41　SiCw/SiC 层状结构陶瓷的弯曲应力-位移曲线

图 4-42 给出 SiCw/SiC 层状结构陶瓷高温测试后的断口宏观形貌。由图可见，随测试温度由室温升高到 1500℃，试样的断口宏观形貌粗糙程度逐渐增加；在 1300℃和 1500℃时能

观察到明显的"台阶"状断口形貌，这说明高温对层间界面结合强度产生了较大的影响，从而提高材料的力学性能。当温度升高到1700℃时，断口变得比较平整，试样发生脆性断裂。

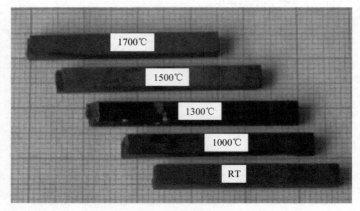

图 4-42　SiCw/SiC 层状结构陶瓷高温测试后断口宏观形貌

图 4-43 为 SiCw/SiC 层状结构陶瓷真空热处理后室温三点弯曲断口宏观形貌。由图可见，随测试温度由室温升高到 1500℃，材料的断口宏观形貌粗糙程度逐渐增加，这说明高温处理改善了层间界面结合强度，从而提高了材料的力学性能。但与图 4-42 比较，断口粗糙程度增加较少，这也是真空热处理后材料力学性能提高幅度较低的原因。当温度升高到 1700℃时，断口形貌变得比较平整，试样脆性断裂。

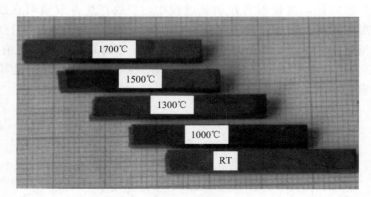

图 4-43　SiCw/SiC 层状结构陶瓷真空热处理后三点弯曲断口宏观形貌

图 4-44 为高温测试前后 SiCw/SiC 层状结构陶瓷的断口形貌。由图可见，材料内部的小尺寸孔隙较多，可视为多孔基体材料，因此其强度受温度影响较大。由图 4-44(a)～(d)可知，从室温到 1500℃，晶须拔出长度和数量逐渐增加，说明晶须/基体界面传递载荷的效率提高，尤其在 1500℃时，能够观察到裂纹偏转和桥接；当温度达到 1700℃时[图 4-44(e)]，晶须与基体界面发生固相烧结反应，致使界面失效，导致材料发生脆性断裂。Mahfuz 等发现烧结法制备的 SiCw/SiC 高温弯曲强度下降是由于晶须与基体间玻璃相的出现，加速了裂纹扩展，造成断裂模式由沿晶断裂变为穿晶断裂，强度和韧性均下降，材料发生脆断。晶须表面存在 Si-O 层，对调节晶须/基体间界面强度有显著作用；同时，在 1700℃高温下可能呈玻璃相且发生界面反应，对材料强韧性有害。1700℃材料性能迅速下降的原因还有待深入研究。

纳米增强体有序组装三维结构陶瓷基复合材料

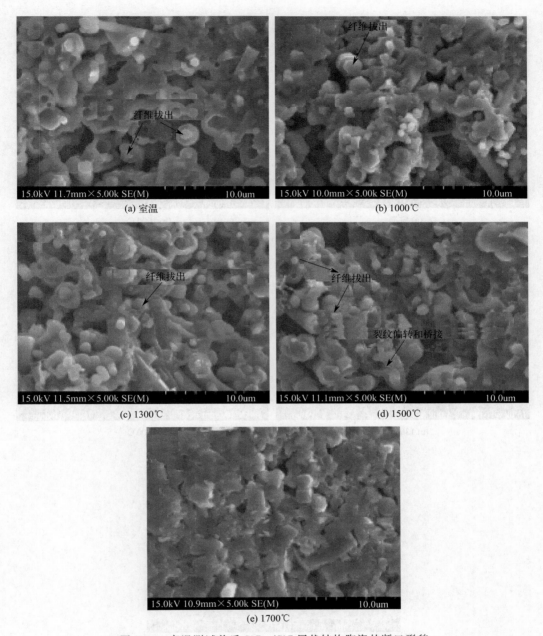

图 4-44　高温测试前后 SiCw/SiC 层状结构陶瓷的断口形貌

图 4-45 为真空热处理前后层状结构陶瓷的断口形貌。与高温测试后材料的断口形貌变化规律有所不同,从室温到 1500℃,真空热处理后层状结构陶瓷的断口形貌变化较小,晶须拔出长度和数量略有增加,如图 4-45(a)～(d)所示。1700℃热处理对晶须/基体界面影响较大,界面短时间内失效。但 1700℃真空热处理后试样的弯曲强度比高温的强度稍高,说明室温下晶须与基体界面的损伤在 1700℃真空热处理后有一定的恢复,但恢复程度有限。

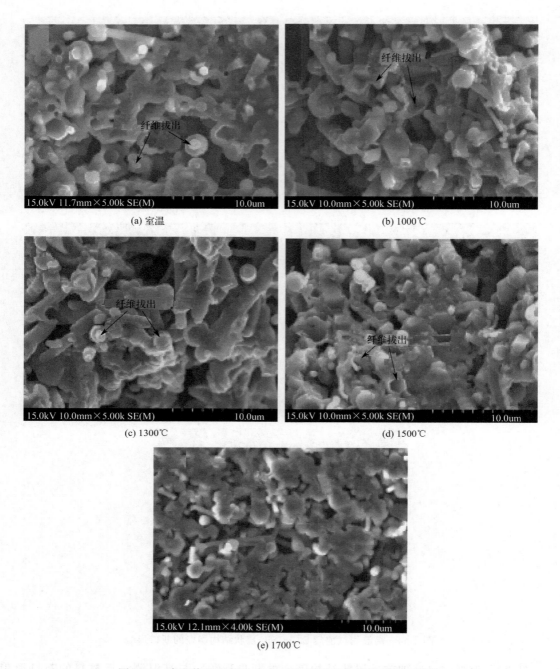

图 4-45 真空热处理前后 SiCw/SiC 层状结构陶瓷的断口形貌

4.6.4 SiC 晶须/SiC 层状结构陶瓷致密化改性

采用 PIP 改性 SiCw/SiC 层状结构陶瓷,即液态 HBPCS 先驱体浸渍-裂解,具体 PIP 改性参数见表 4-6 所示。在 Ar 环境中,900℃裂解 2h,PIP 循环次数从 0 到 6 次。SiCw/SiC 层状结构陶瓷中晶须体积分数为 40%。

纳米增强体有序组装三维结构陶瓷基复合材料

表 4-6　SiCw/SiC 层状结构陶瓷 PIP 改性参数

PIP 循环次数	PIP 参数			
	温度/℃	保温时间/h	加热速率/(℃/min)	气氛
0	—	—	—	—
1	900	2	1	Ar
2	900	2	1	Ar
3	900	2	1	Ar
4	900	2	1	Ar
5	900	2	1	Ar

不同 PIP 工艺改性 SiCw/SiC 层状结构陶瓷材料的密度、弯曲强度和断裂韧性列于表 4-7。由表可知，PIP 改性后层状结构陶瓷的密度、弯曲强度和断裂韧性均有提高，说明 PIP 改性可以有效提高材料的性能。而经过 5 次 PIP 改性后材料的性能趋于稳定。

表 4-7　SiCw/SiC 层状结构陶瓷性能

材料	密度/(g/cm³)	弯曲强度/MPa	断裂韧性/(MPa·m^{1/2})
SiCw/SiC(PIP-0)	2.40±0.04	315±13	8.02±0.23
SiCw/SiC(PIP-1)	2.49±0.03	321±14	8.27±0.21
SiCw/SiC(PIP-3)	2.58±0.03	350±13	8.59±0.25
SiCw/SiC(PIP-5)	2.64±0.05	356±13	8.66±0.19
SiCw/SiC(PIP-6)	2.64±0.04	357±17	8.63±0.24

图 4-46 给出 SiCw/SiC 层状结构陶瓷密度和开气孔率随 PIP 次数的变化曲线。从图中可以看出，在 5 次 PIP 循环前，试样的密度随着浸渍-裂解循环次数的增加而呈线性增加，开气孔率随着浸渍-裂解循环次数的增加而呈抛物线性降低；在 5 次 PIP 循环后，试样的密度和开气孔率基本保持不变，说明试样表面的气孔已基本被封填。试样内部存在大尺寸和小尺寸孔隙，HBPCS 在浸渍过程中更易先填满小尺寸孔隙，后继续填满大尺寸孔隙。但无论其填充在哪里，都对质量有贡献，所以试样的密度呈线性变化。但由于试样在浸渍-裂解过程中，表面的气孔容易被裂解产物封闭，因此开气孔率降低较多。

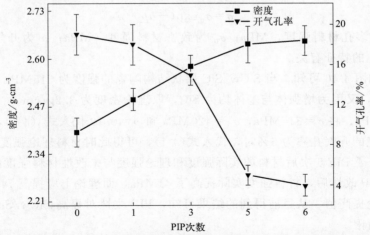

图 4-46　SiCw/SiC 层状结构陶瓷的密度和开气孔率随 PIP 次数的变化曲线

图 4-47 给出 SiCw/SiC 层状结构陶瓷的弯曲强度和断裂韧性随 PIP 次数的变化曲线。从图中可以看出，材料的弯曲强度和断裂韧性均随着浸渍-裂解循环次数的增加而提高。强度和韧性的提高大致分为三个阶段：①第一阶段是试样经过 1 次 PIP 工艺后，强度和韧性均有

所提高，强度比韧性提高的幅度更大，这说明在这个过程中，裂解产物填充试样内部小尺寸孔隙，对提高基体强度有较大的贡献。②第二阶段为试样经过3次PIP工艺过程后，强度和韧性均有大幅度提高。经过3次循环后，SiCw/SiC层状结构陶瓷的强度和韧性分别达到350MPa和8.59MPa·m$^{1/2}$，说明这个过程中，裂解产物将继续填满材料内部较小尺寸的孔隙，同时填满材料内部的大尺寸孔隙，这样不仅有利于提高材料的致密度，而且提高了材料的强韧性。③第三个阶段为试样经历从4次到6次PIP工艺，强度和韧性提高均较少。经过5次循环后，SiCw/SiC层状结构陶瓷的强度和韧性分别为356MPa和8.66MPa·m$^{1/2}$，与3次循环后试样的强度和韧性比提高较少。从第五次到第六次循环，材料的强度和韧性基本保持不变。这说明经过5次浸渍-裂解过程后，材料表面孔隙被填满，HBPCS进入到材料内部的量明显降低，导致材料强度和韧性无法进一步提高。

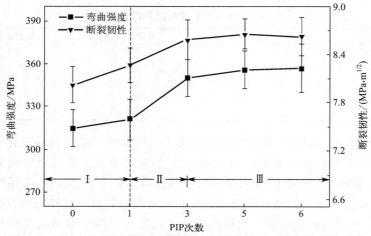

图4-47　SiCw/SiC层状结构陶瓷的力学性能随PIP次数的变化曲线

对于多孔材料而言，其强度与开气孔率有如下关系：

$$\sigma = \sigma_0 \exp(-bp) \tag{4-1}$$

式中，σ为多孔材料强度，MPa；σ_0为致密材料强度，MPa；p为开气孔率，%；b为经验常数，与孔的特征有关。

由表4-7和图4-46可知，当SiCw/SiC层状结构陶瓷的强度为315MPa时，其相应的密度为2.4g/cm^3，又因为增强体与基体均为SiC，取理论密度为3.2g/cm^3，可计算出致密材料强度为420MPa。将$\sigma = 315$MPa，$\sigma_0 = 420$MPa和$p = 0.19$代入式（4-1），可得$b = 1.51$。当层状结构陶瓷的开气孔率为5%时，代入式(4-1)，可得此时材料理论强度为389MPa。

表4-8给出了PIP 5次后材料的实际强度和理论强度与未改性材料强度的差值。由表4-8可见，5次PIP改性后，材料强度实际提高了41MPa，而理论上应提高74MPa，强度实际提高值低于理论提高值。从目前得到的结果可知，PIP改性对提高SiCw/SiC层状结构陶瓷的强韧性贡献有限。

表 4-8　SiCw/SiC 层状结构陶瓷强度差值

项目	SiCw/SiC(PIP-0)	SiCw/SiC(PIP-5)		差值	
		实验值	理论值	实验值	理论值
弯曲强度/MPa	315	356	389	41	74

纳米增强体有序组装三维结构陶瓷基复合材料

图 4-48 给出了 SiCw/SiC 层状结构陶瓷弯曲强度和密度随 PIP 次数的变化曲线。由图可见，SiCw/SiC 层状结构陶瓷弯曲强度和密度随着 PIP 循环次数的增加呈现出相同的增长趋势，即线性增加，由此可见，材料致密度是影响强度的重要因素。

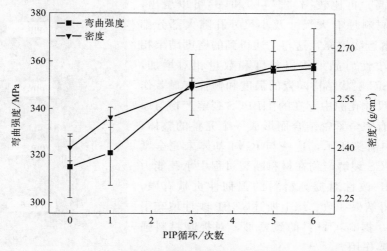

图 4-48　SiCw/SiC 层状结构陶瓷的弯曲强度和密度随 PIP 次数变化曲线

PIP 改性 SiCw/SiC 层状结构陶瓷材料的弯曲应力-位移曲线如图 4-49 所示。由图可见，两者弯曲变化行为相似，从加载开始到弯曲应力达最大值均为线性变形阶段。弯曲应力达到最大后，发生断裂。对比 SiCw/SiC（PIP-0）和 SiCw/SiC（PIP-5）的弯曲应力-位移曲线可知，两者的断裂方式相似且模量相近。两者的区别在于 SiCw/SiC（PIP-5）的弯曲应力更高，说明 PIP 改性对提高层状结构陶瓷强韧性发挥了作用。

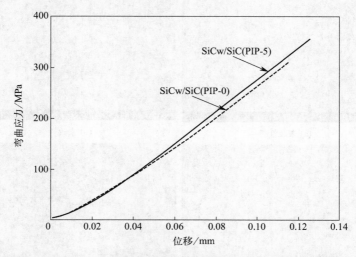

图 4-49　PIP 改性 SiCw/SiC 层状结构陶瓷的弯曲应力-位移曲线

图 4-50 给出 PIP 改性后 SiCw/SiC 层状结构陶瓷的断口宏观形貌。随着 PIP 循环次数的增加，试样的断口宏观形貌依次变得粗糙，裂纹沿层间偏转增多，而且未出现分层现象，说明层间结合良好。频繁的裂纹偏转有利于材料断裂过程中吸收更多的能量，提高材料的断裂功，与图 4-47 给出的力学性能结果吻合。

图 4-51 是未改性和 5 次 PIP 后的 SiCw/SiC 层状结构陶瓷的断口形貌。比较图 4-51(a)和(c)可以看出，经 PIP 改性后材料的致密度显著提高，且断口的粗糙程度也明显提高。再比较图 4-51(b)和(d)可以看出，经 PIP 改性后材料原有大尺寸及小尺寸孔隙大部分都被 HBPCS 裂解产物填充，这与上述得到的密度结果相一致。另外，改性后晶须拔出长度和数量相对增加，对提高 SiCw/SiC 层状结构陶瓷的强度和韧性有显著作用。但由于大尺寸孔隙中存在的 HBPCS 裂解产物与原有基体之间没有完全紧密结合而形成一个完整的整体，如图 4-51(d)中箭头所示，这些与 ICVI 基体未完全紧密结合的 HBPCS 裂解产物在材料断裂过程中承载能力有限，致使 PIP 改性对提高材料的强韧性贡献有限，这与表 4-8 所得结果一致。综上所述，PIP 改性填充了材料内部孔隙，提高了材料的致密性，对提高材料强韧性发挥了重要作用。

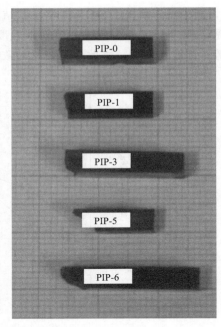

图 4-50　PIP 改性后 SiCw/SiC 层状结构陶瓷的断口宏观形貌

采用 LSI 改性 SiCw/SiC 层状结构陶瓷，即先浸渍酚醛树脂并使其裂解，然后渗硅，具体 LSI 改性参数为：在 Ar 环境中，1450℃，LSI 改性时间分别为 0、0.5h 和 1h。SiCw/SiC 层状结构陶瓷晶须体积分数为 40%。

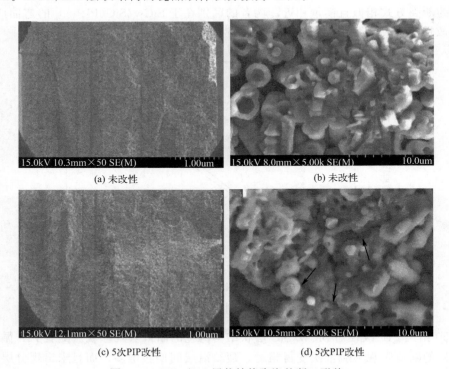

(a) 未改性　　　　　　　　　　　　(b) 未改性

(c) 5次PIP改性　　　　　　　　　(d) 5次PIP改性

图 4-51　SiCw/SiC 层状结构陶瓷的断口形貌

LSI 改性前后 SiCw/SiC 层状结构陶瓷的密度和力学性能列于表 4-9。由表可知，经过 0.5h 渗硅改性后层状结构陶瓷的密度、弯曲强度和断裂韧性均有提高，说明短时间 LSI 改性可以有效提高材料的致密度，提高其强韧性。而经过 1h 渗硅改性后材料的密度继续上升，但弯曲强度和断裂韧性下降，说明长时间 LSI 改性对改善材料力学性能不利。

表 4-9　LSI 改性前后 SiCw/SiC 层状结构陶瓷性能

材料	密度/(g/cm³)	弯曲强度/MPa	断裂韧性/(MPa·m^{1/2})
SiCw/SiC(LSI-0h)	2.40 ± 0.04	315 ± 13	8.02 ± 0.23
SiCw/SiC(LSI-0.5h)	2.51 ± 0.06	348 ± 15	8.43 ± 0.18
SiCw/SiC(LSI-1h)	2.70 ± 0.05	295 ± 12	7.89 ± 0.20

图 4-52 是经过不同 LSI 工艺改性后 SiCw/SiC 层状结构陶瓷的密度和开气孔率变化曲线。从图中可以看出，试样的密度随着渗硅时间的增加而显著增加，开气孔率随着渗硅时间的增加而迅速降低。经过 0.5h 渗硅后，试样的密度显著提高，开气孔率迅速下降，说明渗硅工艺能够在短时间内致密化 SiCw/SiC 状结构陶瓷，进一步证实 LSI 工艺是一个简单、有效的致密化途径。试样经过 1h 渗硅后，密度提高了 12.5%，相应的开气孔率降低了 89.5%，说明更多的 Si 进入到材料内部与酚醛树脂裂解产生的 C 反应，进一步封填内部及表面的孔隙。

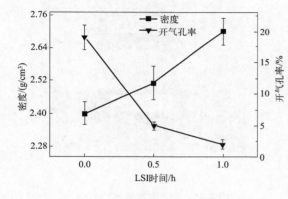 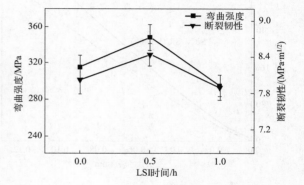

图 4-52　SiCw/SiC 层状结构陶瓷的密度 　　图 4-53　SiCw/SiC 层状结构陶瓷的
和开气孔率随 LSI 时间的变化曲线 　　力学性能随 LSI 时间的变化曲线

图 4-53 给出经过不同 LSI 工艺改性后的 SiCw/SiC 层状结构陶瓷的弯曲强度和断裂韧性变化曲线。从图中可以看出，试样的弯曲强度和断裂韧性随着渗硅时间的增加先增加后降低。经过 0.5h 的渗硅，SiCw/SiC 层状结构陶瓷的强度和韧性均大幅度提高，分别达到 348MPa 和 8.43MPa·m^{1/2}，尤其弯曲强度，比未改性 SiCw/SiC 层状结构陶瓷的强度提高了 10.5%。这说明合适的渗硅时间有助于液硅进入材料内部，与内部提前引入的酚醛树脂裂解产物——无定形 C，发生反应生成 SiC 基体，填充材料内部的小尺寸及大尺寸孔隙。反应生成的 SiC 基体有利于提高材料的致密度，提高基体强度，从而提高材料的强韧性。当渗硅时间增加到 1h 时，材料的强度和韧性均降低。这可能是由于大量的 Si 进入材料内，不能与足够的裂解 C 反应，导致残留 Si 增多，过多的 Si 在材料内部或促使发生其他化学反应，致使材料强韧性下降。另外，对比图 4-52 可以看出，材料弯曲强度和断裂韧性与密度变化趋势相一致，进一步证实，长时间的 LSI 对提高材料的强韧性无益。LSI 改性后材料强度提

高的幅度与 PIP 改性后的结果相当，但韧性提高的幅度略低，说明 LSI 改性对强度影响更显著。

LSI 改性 SiCw/SiC 层状结构陶瓷材料的弯曲应力-位移曲线如图 4-54 所示。两者弯曲行为变化相似，从加载开始到弯曲应力达最大值，均为线性变形阶段。在应力达到最大值后，试样发生断裂。对比 SiCw/SiC(LSI-0h) 和 SiCw/SiC(LSI-0.5h) 的弯曲应力-位移曲线可知，两者的断裂方式相似。两者的区别在于 SiCw/SiC(LSI-0.5h) 曲线上升较快，模量提高，进一步证实 LSI 改性对提高材料强度贡献较多。

图 4-55 给出 LSI 改性后 SiCw/SiC 层状结构陶瓷的断口宏观形貌。渗硅 0.5h 试样的断口形貌与未改性试样相近，能观察到裂纹沿层间偏转。但随着渗硅时间增加到 1h，试样表现为脆性断裂，断口较为平整，裂纹沿层间偏转减少，致使材料的弯曲强度和断裂韧性下降。

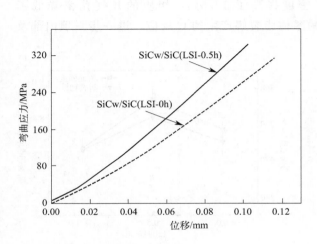

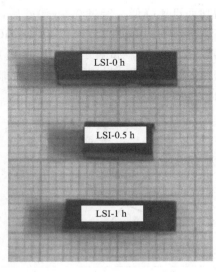

图 4-54　LSI 改性 SiCw/SiC 层状
结构陶瓷的弯曲应力-位移曲线

图 4-55　LSI 改性后 SiCw/SiC 层
状结构陶瓷的断口宏观形貌

图 4-56 是经过不同 LSI 工艺改性后 SiCw/SiC 层状结构陶瓷的断口形貌。比较图 4-56(a)、(c) 和 (e) 可以看出，经 LSI 改性后试样的致密度显著提高，且随着渗硅时间的增加，试样的致密度逐渐增加，这与之前得到的密度结果相一致。经过 0.5h 改性后，试样断口的粗糙程度增加；但经过 1h 改性后，断口的粗糙程度明显降低。比较图 4-56(b)、(d) 和 (f) 可以看出，经过 0.5h 渗硅后，晶须拔出长度和数量相对增加，并且晶须拔出后留下的孔隙数量也显著增加。但随着渗硅时间的进一步增加，晶须拔出数量和长度均明显减少，这可能是由于晶须与基体界面结合强度提高，即由"弱"变"强"，晶须易发生脆断，从而影响材料的强韧性。综上所述，合适时间的 LSI 改性有效填充了材料内部孔隙，提高了材料的致密度，从而提高了材料的强韧性。

4.6.5　SiC 晶须/SiC 层状结构陶瓷颗粒改性

由于晶须具有较高的长径比，在材料内部易形成错综复杂的网状结构，ICVI 工艺无法

纳米增强体有序组装三维结构陶瓷基复合材料

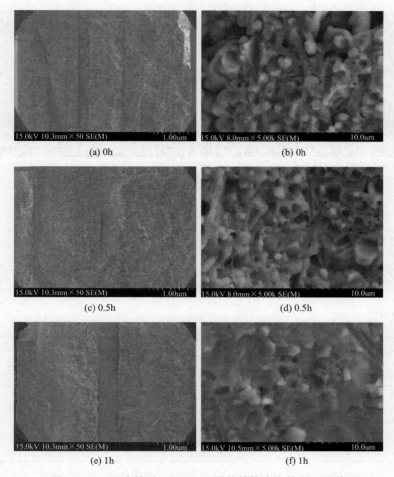

(a) 0h   (b) 0h

(c) 0.5h   (d) 0.5h

(e) 1h   (f) 1h

图 4-56　LSI 改性后 SiCw/SiC 层状结构陶瓷的断口形貌

致密化晶须之间的间隙，造成陶瓷材料孔隙率较高，进而影响陶瓷材料整体的力学性能。采用 PIP 或 LSI 致密化改性 SiCw/SiC 层状结构陶瓷，虽然能够提高材料的密度和力学性能，但仍存在一些不足。经过几次 PIP 改性循环后，材料表面的孔隙被封填，而且内部大尺寸孔隙内的裂解产物与 ICVI 基体未完全紧密结合，致使 PIP 改性对提高材料的强韧性作用有限。对于 LSI 改性虽然可以在短时间内提高材料的性能，但会促使晶须/基体界面发生由"弱"到"强"的变化，对提高材料的韧性贡献也有限。因此要寻找另一种不仅能提高材料的致密度，而且对界面无损伤的提高层状结构陶瓷强韧性的方法。据研究报道，采用添加 SiC 颗粒提高陶瓷材料的性能取得了诸多显著效果。颗粒体积较小，形状较规则，易于填充和分布在晶须形成的空间结构中，起到致密化陶瓷材料的作用；而且，颗粒还具有强化基体的作用，对提高陶瓷材料的力学性能有显著贡献。在浆料中同时引入 SiC 晶须和 SiC 颗粒（微米或纳米颗粒），充分发挥晶须和颗粒的作用，从而提高陶瓷材料的力学性能，这也是陶瓷强韧化的重要研究方向。

以 SiCw 为增强相，在其中添加 SiCp，晶须和颗粒的原始形貌如图 4-57 所示。由于两者形状和尺寸存在差异，可将两者混合制备薄片预制体，发挥其协同作用，以期改善材料的性能。SiCp 的平均粒径为 $0.5\mu m$。

(a) SiCw

(b) SiCp

图 4-57 原始形貌 SEM 图片

表 4-10 不同含量 SiCw 的（SiCw＋SiCp）/SiC 层状结构陶瓷工艺参数

材料	SiCw(vol)/%	SiCp(vol)/%
SW-25	25	0
SW-30	30	0
SW-40	40	0
S-25	25	8
S-30	30	8
S-35	35	8

表 4-11 不同含量 SiCp 的（SiCw＋SiCp）/SiC 层状结构陶瓷工艺参数

材料	SiCp(vol)/%	SiCw(vol)/%
S-0	0	25
S-3	3	25
S-6	6	25
S-8	8	25
S-12	12	25

首先，保持 SiCp 的体积分数不变（0 或 8％），改变晶须的体积分数，研究 SiCw 的添加对 SiCw/SiC 层状结构陶瓷力学性能和显微结构的影响，具体工艺参数见表 4-10 所示。其次，保持 SiCw 体积分数不变（25％），改变 SiCp 的体积分数，从 0 逐渐增加到 12％，研究 SiCp 的含量对 SiCw/SiC 层状结构陶瓷力学性能和显微结构的影响，具体工艺参数见表 4-11 所示。

表 4-12 为两组添加与未添加 SiCp 的 SiCw/SiC 层状结构陶瓷的性能。对于未添加 SiCp 的材料而言，密度、拉伸强度、弯曲强度和断裂韧性均随着晶须含量的增加而持续增加，均在晶须含量最多时达到最大值。而对于添加 SiCp 的材料而言，密度、拉伸强度、弯曲强度和断裂韧性均随着颗粒含量的增加先增加后降低。

表 4-12 有无颗粒 SiCw/SiC 层状结构陶瓷性能

材料	密度/(g/cm³)	拉伸强度/MPa	弯曲强度/MPa	断裂韧性/(MPa·m^{1/2})
SW-25	2.25±0.05	133±13	273±15	6.94±0.30
SW-30	2.33±0.03	149±12	296±14	7.23±0.45
SW-40	2.44±0.06	173±13	357±12	8.79±0.35
S-25	2.36±0.04	148±16	324±14	7.32±0.30
S-30	2.42±0.07	167±15	351±16	7.76±0.40
S-35	2.40±0.04	159±18	344±13	7.65±0.30

纳米增强体有序组装三维结构陶瓷基复合材料

图 4-58 给出了（SiCw＋SiCp）/SiC 层状结构陶瓷的密度随 SiCp 含量的变化曲线。由图可见，添加 SiCp 后，层状结构陶瓷的密度大幅度增加，当 SiCp 的含量增加到 6％（体积分数）时，试样的密度达到最大值为 2.39g/cm³，说明 SiCp 改性能够有效提高材料的致密度。当进一步提高 SiCp 的含量时，试样的密度则缓慢下降。

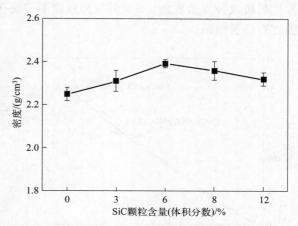

图 4-58 （SiCw＋SiCp）/SiC 层状结构
陶瓷的密度随 SiCp 含量的变化曲线

图 4-59 是（SiCw＋SiCp）/SiC 层状结构陶瓷的力学性能随 SiCp 含量的变化曲线。由图可见，添加 SiCp 后，层状结构陶瓷的拉伸强度、弯曲强度和断裂韧性均明显提高，拉伸强度的增加量与弯曲强度和断裂韧性的增加量相比略低一些。材料的拉伸强度、弯曲强度和断裂韧性与材料密度变化趋势相一致，进一步证实材料的性能与密度有直接的联系。当 SiCp 的含量增加到 6％（体积分数）时，拉伸强度、弯曲强度和断裂韧性均达到最大值，分别为 152MPa，333MPa 和 7.49MPa·m$^{1/2}$，比未添加 SiCp 的 SiCw/SiC 层状结构陶瓷的分别提高了 14.3％，22.0％ 和 7.9％。当进一步提高 SiCp 的含量时，强度和韧性则缓慢降低。上述密度与力学性能变化趋势说明合适含量的 SiCp 对提高（SiCw＋SiCp）/SiC 层状结构陶瓷的性能有重要作用。

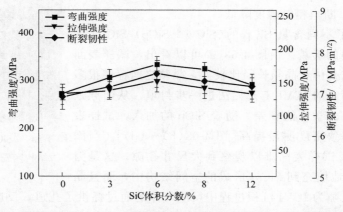

图 4-59 （SiCw＋SiCp）/SiC 层状结构陶瓷的力学性能随 SiCp 含量的变化曲线

图 4-60 是添加与未添加 SiCp 的（SiCw＋SiCp）/SiC 层状结构陶瓷的弯曲应力-位移曲线。由图可见，两者弯曲变化行为相似，从加载开始到弯曲应力达最大值，均为线性变形阶段。在应力达到最高值后，发生断裂。对比 S-0 和 S-6 的弯曲应力-位移曲线可知，两者的断裂方式相似，均有"锯齿"状存在。两者的区别在于 S-6 模量略低于 S-0，且 S-6 曲线上"锯齿"状较多，说明颗粒改性对提高层状结构陶瓷的韧性发挥了作用。

图 4-61 是添加与未添加 SiCp 的（SiCw＋SiCp）/SiC 层状结构陶瓷的拉伸应力-应变曲线。由图可见，S-0 和 S-6 的拉伸曲线从加载到应力达最大值，整个过程中均为线性变化行为。但在 S-6 的拉伸曲线上观察到了明显的"锯齿"状，这可能是由于裂纹在扩展过程中在层间

发生偏转或分支造成的。S-6 的拉伸强度明显高于 S-0 的强度，说明颗粒改性对提高材料的强度有显著贡献。

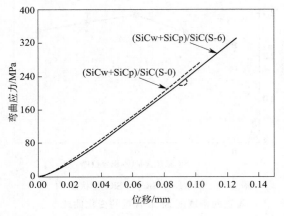

图 4-60　是否添加颗粒(SiCw＋SiCp)/SiC 层状结构陶瓷的弯曲应力-位移曲线

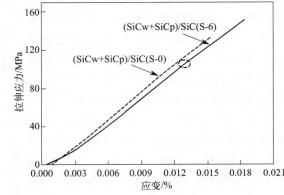

图 4-61　是否添加颗粒(SiCw＋SiCp)/SiC 层状结构陶瓷的拉伸应力-应变曲线

图 4-62 给出了(SiCw＋SiCp)/SiC 层状结构陶瓷的断口宏观形貌图。由图可见，未添加颗粒试样的断口较为平齐。随着 SiCp 含量的增加，断口变得更加粗糙，在颗粒含量为 6％和 8％（体积分数，下同）时断口粗糙程度均较高，裂纹沿层间偏转较多，对提高材料的韧性有较大贡献。但当 SiCp 含量继续增加至 12％时，断口粗糙程度降低。

图 4-63 给出了不同含量 SiCp 的(SiCw＋SiCp)/SiC 层状结构陶瓷抛光表面的形貌。由图 4-63(a)可以看出，试样表面较为疏松多孔，这是由于晶须长径比较大，晶须之间存在很多大尺寸孔隙，且后续的 ICVI 工艺无法进一步封填，从而导致试样致密度较低，力学性能较差。随着 SiCp 的加入，试样表面孔隙逐渐减少，致密度明显提高[图 4-63(b)～(d)]。当添加 6％的 SiCp 后，试样表面难以观察到大尺寸孔隙，这是因为 SiCp 能够较好地填充到 SiCw 形成的空间结构中，而且晶须、颗粒形成的孔隙为 ICVI 沉积过程中反应气体的通过提供了孔道，反应气体能够更好地

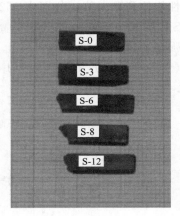

图 4-62　(SiCw＋SiCp)/SiC 层状结构陶瓷的断口宏观形貌

进入到材料内部而反应生成 SiC 基体，使晶须、颗粒和基体之间结合更加紧密，从而提高材料的致密度。这也是决定材料具有较高力学性能的主要原因之一。当继续增加 SiCp 的含量[图 4-63(e)]，试样表面仍然较致密，但出现一些大尺寸孔隙，而且大尺寸孔隙的数量随着 SiCp 含量的增加而增多，这可能与晶须或颗粒发生聚集有关。

图 4-64 为含有 12％-SiCp 的(SiCw＋SiCp)/SiC 层状结构陶瓷的表面形貌。由图可见，在大孔隙附近的致密区域存在一些晶须和颗粒的团簇。Kodama 等发现，SiCp 团簇是导致断裂发生的断裂源。随着 SiCp 含量的增加，形成这种颗粒团簇的概率增加，产生更多的断裂源，并且 ICVI 过程中反应气体不能较好地进入材料内部，导致材料的密度和力学性能均下降。

纳米增强体有序组装三维结构陶瓷基复合材料

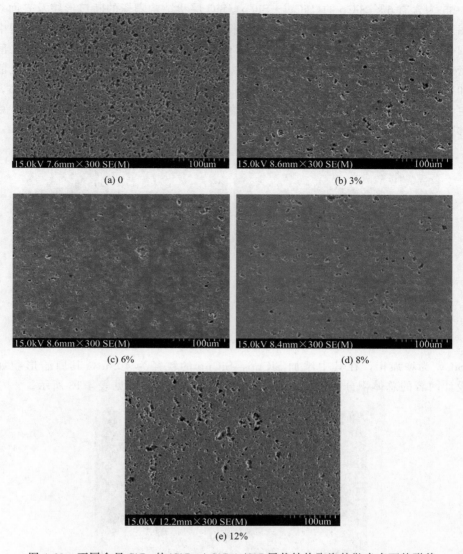

(a) 0   (b) 3%

(c) 6%   (d) 8%

(e) 12%

图 4-63　不同含量 SiCp 的（SiCw＋SiCp）/SiC 层状结构陶瓷的抛光表面的形貌

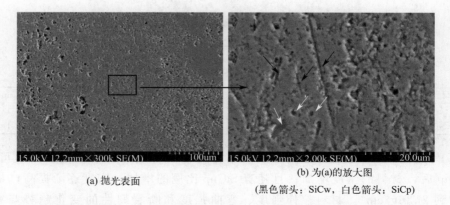

(a) 抛光表面

(b) 为(a)的放大图

(黑色箭头：SiCw，白色箭头：SiCp)

图 4-64　含有 12％-SiCp 的（SiCw＋SiCp）/SiC 层状结构陶瓷 SEM 形貌

图 4-65 为含有 6%-SiCp 的(SiCw＋SiCp)/SiC 层状结构陶瓷的断口形貌及表面裂纹扩展图。由图 4-65(a)可以看出，晶须和颗粒均保持最初的形貌，说明在材料制备过程中对晶须和颗粒损伤较小。试样断口致密，小粒径 SiCp 能够较好地分散于长棒状 SiCw 之间，形成更加致密的显微结构，说明 SiCp 改性能够有效提高层状结构陶瓷的致密度。而且能够观察到晶须和颗粒拔出，图中黑色箭头为 SiCw，白色箭头为 SiCp，由于颗粒尺寸较小，所以晶须拔出更为明显。图 4-65(b)中能观察到明显的裂纹沿晶须和颗粒的偏转和桥接，说明 SiCp 改性能够强化基体，从而提高材料的强韧性。

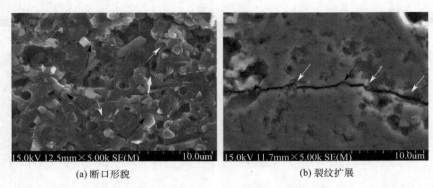

(a) 断口形貌　　　　　　　　　　(b) 裂纹扩展

图 4-65　含有 6%-SiCp 的(SiCw＋SiCp)/SiC 层状结构陶瓷 SEM 形貌

以 SiCw 为增强相，在其中添加 SiCnp，SiCnp 的粒径为 40nm，其原始形貌如图 4-66 所示。设计两者的总体积分数保持不变（30%），具体工艺参数见表 4-13 所示。

图 4-66　SiCnp 原始形貌

表 4-13　(SiCw＋SiCnp)/SiC 层状结构陶瓷工艺参数

材料	SiCw 与 SiCnp 的比例	材料	SiCw 与 SiCnp 的比例
S-1	仅有 SiCw	S-9	9：1
S-11	11：1	S-8	8：1

表 4-14 列出(SiCw＋SiCnp)/SiC 层状结构陶瓷的密度和力学性能。由表可以看出，加入 SiCnp 后，材料的密度增加；且随着 SiCnp 比例的增加，密度逐渐提高，从 $2.30g/cm^3$ 增加到 $2.36g/cm^3$。材料拉伸强度、弯曲强度和断裂韧性的变化趋势与密度略有不同。

纳米增强体有序组装三维结构陶瓷基复合材料

表 4-14　（SiCw＋SiCnp）/SiC 层状结构陶瓷性能

材料	密度/(g/cm³)	拉伸强度/MPa	弯曲强度/MPa	断裂韧性/(MPa·m^(1/2))
S-0	2.30±0.03	139±13	296±12	7.23±0.35
S-11	2.33±0.02	137±10	295±13	7.33±0.35
S-9	2.35±0.05	149±12	305±15	7.38±0.40
S-8	2.36±0.04	148±13	317±16	7.42±0.28

图 4-67 给出了（SiCw＋SiCnp）/SiC 层状结构陶瓷的密度随晶须与纳米颗粒比例的变化曲线。由图可知，随着 SiCnp 所占比例的增加，（SiCw＋SiCnp）/SiC 层状结构陶瓷的密度逐渐增加，说明 SiCnp 改性能够有效提高材料的致密度。

图 4-68 给出（SiCw＋SiCnp）/SiC 层状结构陶瓷的力学性能随晶须与纳米颗粒比例的变化曲线。由图可知，当 SiCnp 所占比例较小时（SiCw:SiCnp=11:1），试样的拉伸强度和弯曲强度与未改性试样的相比基本没有变化，断裂韧性有所增加。随着 SiCnp 所占比例的持续增加，试样的拉

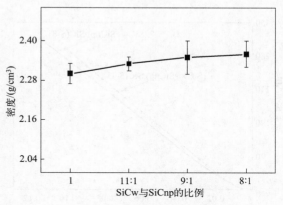

图 4-67　（SiCw＋SiCnp）/SiC 层状结构陶瓷的密度变化趋势

伸强度、弯曲强度和断裂韧性均逐渐增加，且变化趋势一致，说明 SiCnp 改性对提高材料强韧性有显著贡献。当 SiCw:SiCnp=8:1 时，材料的弯曲强度和断裂韧性均达到最大值，分别为 317MPa 和 7.36MPa·m^(1/2)；当 SiCw:SiCnp=9:1 时，材料的拉伸强度达到最大值，为 149MPa。由于纳米颗粒的比表面积较大，分散过程中易发生团聚，当继续提高 SiCnp 比例时，浆料分散困难，故未制备 SiCnp 比例更高的材料。在后续实验中，可将纳米颗粒表面改性，以期进一步提高纳米颗粒的比例来提高层状结构陶瓷的强韧性。

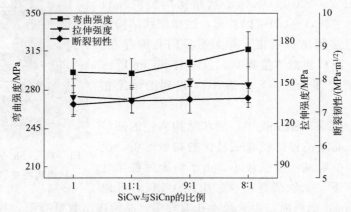

图 4-68　（SiCw＋SiCnp）/SiC 层状结构陶瓷的力学性能变化趋势

图 4-69 是添加与未添加 SiCnp 的（SiCw＋SiCnp）/SiC 层状结构陶瓷的弯曲应力-位移曲线。由图可见，两者弯曲变化行为相似，从开始加载到弯曲应力达最大值，均为线性变形阶段。在应力达到最高后，发生断裂。比较两者可知，S-8 试样曲线上升过程中稍微平缓一

些，说明添加纳米颗粒后层状结构陶瓷的韧性提高。并且 S-8 曲线中能观察到更多小的拐折，说明添加纳米颗粒后，材料在断裂过程中裂纹偏转明显增多。

图 4-70 是添加与未添加 SiCnp 的（SiCw＋SiCnp）/SiC 层状结构陶瓷的拉伸应力-应变曲线。两条曲线从加载直至断裂均为线性变形阶段。比较两者可知，两者模量相近，都能观察到细小的"锯齿"状特征；但 S-9 曲线中"锯齿"状特征更多，且更加明显，说明加入纳米颗粒后改善了层内显微结构，从而影响其拉伸性能。

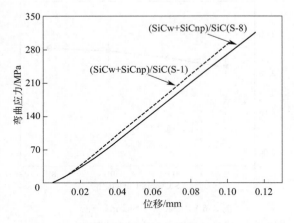

图 4-69　是否添加 SiCnp 的（SiCw＋SiCnp）/SiC 层
状结构陶瓷的弯曲应力-位移曲线

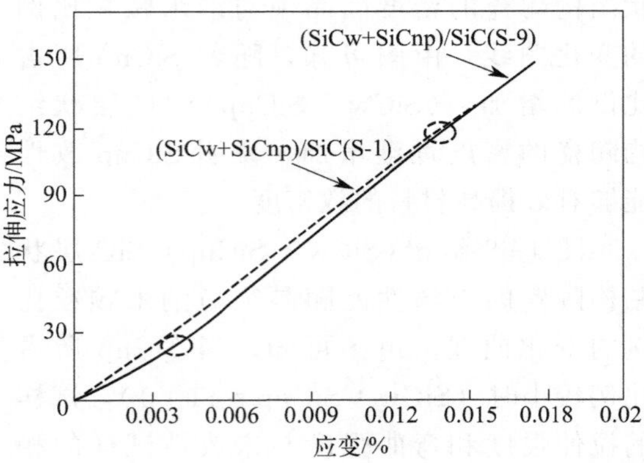

图 4-70　是否添加 SiCnp 的（SiCw＋SiCnp）/SiC 层
状结构陶瓷的拉伸应力-应变曲线

图 4-71 给出了（SiCw＋SiCnp）/SiC 层状结构陶瓷的断口宏观形貌。由图可见，试样断口未出现明显的分层现象，且随着 SiCnp 比例的增加，断口粗糙程度增加，也就是说裂纹沿层间偏转增多，对提高材料的韧性有较大贡献。

图 4-72 是（SiCw＋SiCnp）/SiC 层状结构陶瓷的断口 SEM 形貌。由图 4-72(a)～(d)可以看出，试样层状结构明显，轮廓清晰，且层间结合紧密，并无明显的孔隙存在。当加入 SiCnp 后，断口粗糙程度提高，且随着 SiCnp 所占比例的增加，致密度逐渐提高，与表 4-14 得到的结果相吻合。

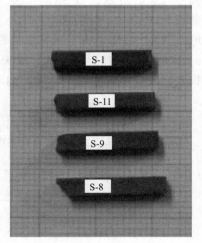

图 4-71　（SiCw＋SiCnp）/SiC 层
状结构陶瓷的断口宏观形貌

图 4-73 给出（SiCw＋SiCnp）/SiC 层状结构陶瓷的断口形貌。由图可见，晶须仍保持较高长径比的初始形貌，说明在材料制备过程中对晶须损伤较小。由于纳米颗粒尺寸较小，在此分辨率下，无法清楚辨认。由图 4-73(a)可以看出，未添加 SiCnp，试样断口中大尺寸孔隙较多，晶须拔出数量有限，拔出长度较短。而加入 SiCnp 后[图 4-73(b)～(d)]，断口更加致密，大尺寸孔隙减少；且随着 SiCnp 比例的增加，试样致密度逐渐提高，晶须拔出数量和长度显著增加。另外，还可以明显观察到基体的细化程度比未添加 SiCnp 的提高较多，基体断面呈凹凸不平的立体感，说明 SiCnp 对陶瓷基体的细化作用较明显，对提高基体强度有益。SiCnp 的加入，增加了基体中的晶界，致使裂

纳米增强体有序组装三维结构陶瓷基复合材料

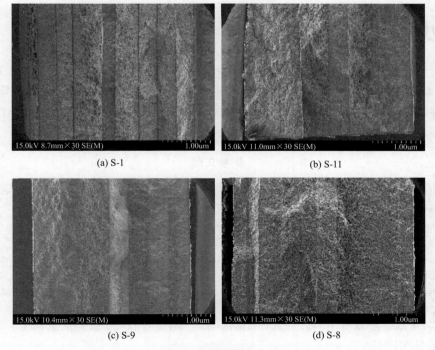

(a) S-1   (b) S-11

(c) S-9   (d) S-8

图 4-72　层状结构陶瓷的断口 SEM 形貌

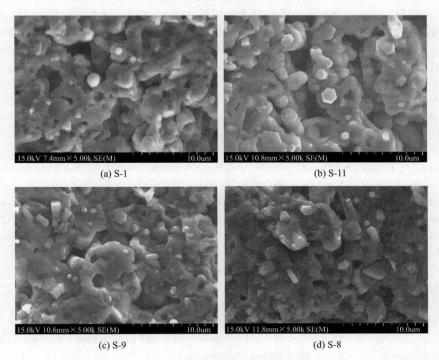

(a) S-1   (b) S-11

(c) S-9   (d) S-8

图 4-73　层状结构陶瓷的断口形貌

纹在基体中传播时沿晶界偏转，提高了材料断裂功，进而提高材料承载能力，材料表现出较高的强度和韧性。

4.7 ▶ 小结

本章主要介绍了二维组装体/陶瓷基复合材料，包括巴基纸/SiC 复合材料、巴基纸/C/SiC 复合材料、CNTs 薄膜/SiC 复合材料、CNTs 薄膜/C/SiC 复合材料、SiC 晶须/SiC 层状结构陶瓷等五种二维纤维增强的陶瓷基复合材料。从复合材料的微观结构、力学性能、电磁屏蔽性能等多方面对改性后的复合材料进行表征，并探索其增强机制及其应用。

参考文献

[1] R. P. Raffaelle, B. J. Landi, J. D. Harris, et al. Carbon nanotubes for power applications [J]. Material Science and Engineering B, 2005, 116 (3): 233.

[2] Z. X. Yang, Y. D. Xia, R. Mokaya. Aligned N-doped carbon nanotube bundles prepared via CVD using zeolite substrates [J]. Chemical Materials, 2005, 17 (17): 4502.

[3] K. L. Jiang, Q. Q. Li, S. S. Fan. Nanotechnology: Spinning continuous carabon nanotube yarns-carbon nanotubes weave their way into a range of imaginative macroscopic applications [J]. Nature, 2002, 419 (6909): 801.

[4] J. H. Gou. Single-walled nanotube buckypaper and nanocomposites [J]. Polymer International, 2006, 18 (13): 1283.

[5] U. Vohrer, I. Kolaric, M. H. Haque, et al. Carbon nanotube sheets for the use as artificial muscles [J]. Carbon, 2004, 42 (5/6): 1159.

[6] G. H. Xu, Q. Zhang, W. P. Zhou, et al. The feasibility of producing MWCNT paper and strong MWCNT film from VACNT array [J]. Applied Physics A-Materials Science and Processing, 2008, 92 (3): 531.

[7] Z. Wang, Z. Y. Liang, B. Wang, et al. Processing and property investigation of single-walled carbon nanotube (SWNT) buckypaper/epoxy resin matrix nanocomposites [J]. Composites Part A-Applied Science and manufacturing, 2004, 35 (10): 1225.

[8] J. L. Liu, J. Sun, L. Gao. A promising way to enhance the electrochemical behavior of flexible single-walled carbon nanotube/polyaniline composite flims [J]. Journal of Physical Chemistry C, 2010, 114 (46): 19614.

[9] P. Potschke, A. R. Bhattacharyya, A. Janke, et al. Plasma functionalization of multiwalled carbon nanotube buckypapers and the effect on properties of melt-mixed composites with polycarbonate [J]. Maromol Rapid Commun., 2009, 30 (21): 1828.

[10] G. T. Pham, Y. B. Park, S. R. Wang, et al. Mechanical and electrical properties of polycarbonate nanotube buckypaper composite sheets [J]. Nanotechnology, 2008, 19 (32): 325705.

[11] D. W. Urszula, S. Viera, G. Ralf, et al. Effect of SOCl$_2$ treatment on electrical and mechanical properties of single-wall arbon nanotube networks [J]. Journal of the American Chemical Society, 2005, 127 (14): 5125.

[12] V. Gupta, N. Miura. Influence of the microstructure on the supercapacitive behavior of polyaniline/single-wall carbon nanotube composites [J]. Journal of Power Sources, 2006, 157 (1): 616.

[13] X. T. Wang, N. P. Padture, H. Tanaka. Contact-damage-resistant ceramic/single-wall carbon nanotubes and ceramic/graphite composites [J]. Nature Materials, 2004, 3 (8): 539-544.

[14] J. G. Park, N. G. Yun. Single-walled carbon nanotube buckypaper and mesophase pitch carbon/carbon composites [J]. Carbon, 2010, 48: 4276-4282.

[15] P. Gonnet, Z. Liang, E. S. Choi, et al. Thermal conductivity of magnetically aligned carbon nanotube buckypaper and nanocomposites [J]. Current Applied Physics, 2006, 6: 119-122.

第5章

三维组装体/陶瓷基复合材料

5.1 ▶ 引言

定向CNT（aligned CNT，ACNT）是利用CVD法制备的一种垂直定向生长的CNT，这是一种自支撑的纤维预制体，可以直接采用CVI工艺向该预制体内部孔隙中渗透SiC基体，制备高性能的定向CNT/SiC复合材料。

CNTs海绵是CNTs在制备过程中自生长形成的，浮动催化化学气相沉积（catalyst CVD，CCVD）常用来制备CNTs海绵。CNTs海绵在长度和宽度方向上能达到米级，厚度方向上达到厘米甚至分米级，宏观上为凸凹不平、尺寸不规则的海绵体，微观上为无序CNTs相互交织，形成一个三维空间网络结构，疏松多孔。

自从CNTs被发现以来，人们已发展出多种CNTs制备工艺，主要有电弧放电法、激光蒸发合成法以及CVD法。其中CVD法又称有机气体催化热解法，含碳气体在金属催化剂的催化作用下裂解合成CNTs。早期CVD工艺制备的CNTs质量往往较差，管径不均匀，石墨化程度较低，缺陷也较多。随着研究的不断深入，CNTs质量得到很大提高，又由于CVD工艺成本低、产量大、实验条件易于控制、气体碳源可连续供给以及结果重复性好而受到广泛重视。

CVD工艺常用的碳源有气态和液态之分，气态碳源主要有甲烷、乙烯、乙炔等，液态碳源有苯、环己烷、乙醇等。不同碳源合成的CNTs不仅活性有区别，其结构和性能也有差别，当考虑碳源对CNTs的影响时需要与催化剂的特性等结合起来。常用的催化剂主要有Fe、Co、Ni及其合金，它们在制备CNTs的过程中表现出较高的催化特性。此外，依据催化剂形态的不同，CVD工艺又分为固定催化剂法和浮动催化剂法。固定催化剂法的催化剂颗粒预先制备好放置于反应器中，浮动催化剂法的催化剂是通过蒸发分解的方式飘浮进入反应器，因此其在反应器中的位置不固定。

1993年，José-Yacamán等[1]以乙炔为碳源、Fe为催化剂首次应用固定催化剂CVD法成功制备了CNTs，其螺旋结构与Iijima报道的一致。Wei等[2]以Fe/Al$_2$O$_3$为催化剂，乙烯、丙烯为碳源，采用浮动催化剂CVD法实现了CNTs的产业化生产。碳源除了气体还可以是液体，Dai等[3]以二茂铁为催化剂，二氯苯为碳源，利用浮动催化剂CVD法合成了

CNTs 海绵。独立的 CNTs 随意分布、相互交叉，没有一定的取向。通常 CNTs 之间的连接、交叉是维持 CNTs 海绵三维网络结构的必要条件，其连接、交叉的稳定性影响着 CNTs 海绵力学性能的稳定，接合点的形成是 CNTs 生长过程中持续能量最小化的结果。因此，海绵中较强的连接、交叉使 CNTs 保持在一起，并使它们随机彼此重叠，从而形成各向同性的三维网络。

目前浮动催化剂 CVD 法发展到现在被称为浮动 CCVD 法，应用此方法合成 CNTs 的研究层出不穷，工艺涉及不同碳源、不同催化剂等，CNTs 的质量和产量也得到大幅提高。浮动 CCVD 法可以一步实现催化剂制备以及 CNTs 的生长和组装，不管是液态碳源还是气态碳源，不管是催化剂与碳源预先混合还是分别进入反应室，引入反应室时它们均以气态形式存在，在一定的温区内完成催化剂和碳源气体的分解，分解的催化剂原子逐渐聚集成纳米量级的颗粒飘浮在反应空间，分解的碳原子在纳米催化剂颗粒上析出，从而形成 CNTs。由于分解出的催化剂颗粒可在整个反应室内分布，且催化剂挥发量可直接控制，因此其单位时间内产量较大，并可连续生产。通过调控实验条件，结合先进的技术手段，可以实现不同密度、不同形态等 CNTs 海绵的生长和组装。

CNTs 气凝胶是三维 CNTs 集合体中的一种，拥有较大的比表面积、极低的密度以及微、纳米级别的孔洞，理想情况下这些条件方便了陶瓷、树脂、金属基体的渗入，可作为理想的预制体骨架。目前由 CNTs 粉体自组装成 CNTs 气凝胶的方法主要有溶胶凝胶法和冷冻干燥法。

溶胶凝胶法是将 CNTs 分散在溶液中，在分散过程中加入含高化学活性组分的化合物，均匀混合后经化学、物理作用，形成稳定均一的溶胶体系，溶胶经过陈化组装成具有三维空间网络结构的凝胶，其网络间充满了无流动性的溶剂，最后凝胶经过超临界干燥或冷冻干燥去掉溶剂得到 CNTs 气凝胶。Bryning 等[4] 利用溶胶凝胶法把粉末状 CNTs 分散在十二烷基苯磺酸钠水溶液中，过夜形成凝胶，分别经过超临界干燥和冷冻干燥制备了 CNTs 气凝胶。该气凝胶密度低、导电性好，但较脆，遇到溶剂会散落，经聚乙烯醇（polyvinyl alcohol，PVA）增强后，CNTs 气凝胶力学性能得到改善，但导电性降低。Zou 等[5] 利用聚[3-(三甲氧硅)丙基甲基丙烯酸]（PTMSPMA）分散，修饰了 CNTs，PTMSPMA 经水解、缩合后在 CNTs 间建立永久牢固的化学链，然后用水交换其中的溶剂，冷冻干燥后得到密度为 $4mg/cm^3$ 的气凝胶。

该气凝胶不仅具有各向异性的大孔蜂窝结构和介孔蜂窝壁，还具有良好的压缩恢复特性、高比表面积和高导电性，可广泛应用于气体传感器、超灵敏压力传感器。

冷冻干燥又称冰模板法（ice-templating，IT），即利用冰晶生长过程中，冰晶之间产生微米级空间的微模板效应，实现对微小颗粒或者溶质的有序组装。这一思想来源于自然界中海冰生长过程给人们的启示。在海冰生长过程中，当六边形的冰晶沿着某一方向开始形成的时候，原来分散在海水中的杂质，包括盐类、生物质和有机物质等，都会从生成的冰晶中排挤出来而陷入到冰晶之间。依据这一原理人们将不同的溶质分散到溶剂中，形成溶液或者悬浮液，然后将此溶液或者悬浮液放入一定形状的容器里，容器的形状即是将来样品的形状。当有稳定的冷源为此溶液或者悬浮液施加一个温度场时，即为结冰提供了动力，冰晶在温度场里沿着一个主方向生长，由于物质在纯冰晶中的溶解度几乎为零，所以溶液或悬浮液中的溶质在冰晶生长的同时会被排挤出

纳米增强体有序组装三维结构陶瓷基复合材料

来陷入到不断长大的冰晶之间。当溶液或者悬浮液完全结冰后,放入冷冻干燥箱中进行低温低压干燥以除去冰晶,陷入在冰晶之间的溶质就会被保留下来形成具有多孔、有序微结构材料体,这一材料体的微观结构实际上是冰晶生长形态的反转复制品。在这一过程中,冰晶实际上扮演了模板的角色,控制溶质堆积微观结构的形成,所以这种方法被称为冰模板法。

与溶胶凝胶法不同的是,冷冻干燥法所需的表面活性剂、黏结剂或其他助剂最后残留在气凝胶中,起到粘连 CNTs、支撑整个骨架的作用。Thongprachan 等[6] 将 MWCNTs 分散在羧甲基纤维素钠(sodium carboxymethyl cellulose,CMC-Na)溶液中,然后在冷冻状态下干燥获得了三维 CNTs 气凝胶。Gao 课题组[7] 将 CNTs 和氧化石墨分散在水溶液中冷冻,然后冷冻干燥制备了超轻 CNTs 基气凝胶,该气凝胶不仅具有极低的密度、较高的循环可压缩性,同时,气凝胶的电导率随着弹性变化而变化,而且 99.9% 的孔隙率使该气凝胶拥有超高的吸油能力,吸油量是自身重量的 215~913 倍。

5.2 ▶ CNTs 阵列/SiC 复合材料

5.2.1 显微结构

图 5-1 是 ACNT 的 SEM 微结构,图 5-1(a) 中的小块体是从宏观完整的 ACNT 块体上用刀片切割下来的。由于 ACNT 内部孔隙较多,是一种多孔结构,造成材料本质上比较脆弱。所以观察到小块体不是特别完整,边缘有部分脱落。从图 5-1(a) 中可以隐约观察到,ACNT 是垂直定向生长的,如图中箭头所示。块体上部是 ACNT 生长自由端,下部是初始生长的位置,是和硅基片接触的。图 5-1(b)、(c) 和(d)分别是图 5-1(a)不同放大倍数的微观结构图。从图 5-1(b)和(c)可以清晰地观察到 ACNT 的完美定向结构,好像碳纳米管被用梳子梳理过一样。图 5-1(d) 展示了 ACNT 定向生长的间隙,会有一些 CNT 小分支把垂直的纳米管"捆绑"在一起,这样就把块体中孤立的 ACNT 联系在了一起,形成一个具有自支撑特性的整体,即 ACNT 预制体。这种新型的纳米纤维预制体可以直接采用 CVI 工艺来沉积 SiC 基体,制备高 CNT 体积分数、高性能的 ACNT/SiC 复合材料。图 5-1(e) 是 ACNT 块体的截面图,图 5-1(f) 是其高倍数放大图。从图中可以看出,CNT 分布非常均匀,而且之间的孔隙也比较均匀,平均大小为 400nm,有利于后续 SiC 基体的沉积。

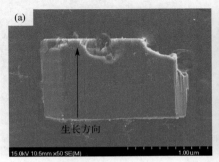

图 5-1

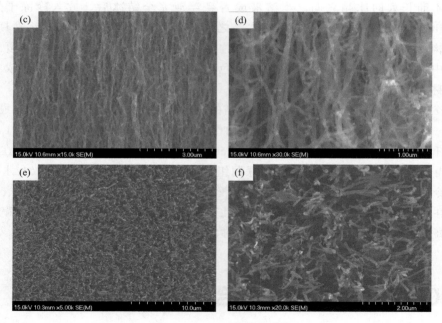

图 5-1　ACNT 的微观形貌

(a) 宏观形貌；(b) (c) (d) 不同放大倍数的侧面形貌；(e) 低倍截面形貌和 (f) 高倍截面形貌

CVD 法制备的 ACNT 块体内部有较多的孔隙，可以用来作为预制体渗透 SiC 基体制备陶瓷基复合材料。但是由于孔隙处于纳米级，平均值大约为 400nm，绝大多数孔隙处于 $0.1 \sim 2\mu m$ 范围内，所以从原始块体上切割下尺寸约为 2mm×1.5mm×1mm（长×宽×高）的不规则块体来进行后续的 CVI 工艺。这些被切割下来的块体放置于尺寸为 30mm×30mm×5mm 的石墨模具中，然后采用 CVI 工艺向预制体内部渗透 SiC 陶瓷基体，渗透 80h 和 2 个 80h 后，即分别获得了用于压缩和抗氧化测试的 ACNT/SiC 复合材料。

如图 5-2(a) 所示，利用不是特别规则的块体制备出了 ACNT 增强 SiC 基的复合材料，这些试样虽然不规则，但是无碍于后续抗氧化性能的测试，因为热重分析法是在氧化过程中实时称重的，而且试样能容纳于直径为 3mm 的氧化铝坩埚中即可。图 5-2(b) 是复合材料在透射电镜观察下的微观结构，图中可以观察到多壁 CNT 的管壁，这是石墨片层卷曲成 CNT 的表现形式，ACNT 壁间距为 0.35nm，如图 5-2(b) 中左上角方框所

图 5-2　(a) ACNT/SiC 复合材料试样及其 (b) TEM 微结构和电子衍射花样

示，这个和普通 CNT 壁间距或石墨的层间距是一致的。而 CVI 法获得的 SiC 基体通过选区电子衍射分析，显示其为多晶 SiC，如图 5-2(b)右上方插图所示，并标示了 (111)、(220)、(310) 等几个典型的晶面。而且 SiC(111) 晶面的间距是 0.26nm，这些都和上述 XRD 物相分析相吻合。

图 5-3 是获得的复合材料的 SEM 图，图 5-3(a)和(c)是复合材料的抛光截面图和断口形貌，图 5-3(b)和(d)分别是其高倍放大图。从图 5-3(a)和(b)可以看到复合材料被抛光的表面有分布均匀的白色斑点，这是在研磨过程中露出的 CNT。这些 CNT 在 SiC 基体中均匀分布，对基体起到了很好的增强作用。从图 5-3(c)和(d)可以看出，在复合材料的断口上，有大量并且非常均匀的 CNT 的拔出，这就是 CNT 对陶瓷基体增强增韧的机制体现。这些嵌入在 SiC 基体中的 CNT 可以阻碍裂纹的扩展，增大基体开裂应力，从而可以增强增韧陶瓷基体，获得高性能的 ACNT/SiC 复合材料。

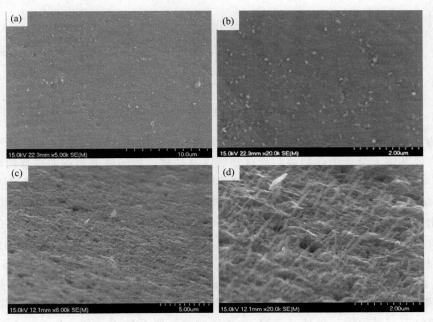

图 5-3　ACNT/SiC 复合材料的 SEM 图

(a) 抛光截面和 (c) 断口形貌；(b) 和 (d) 分别为 (a) 和 (c) 的高倍放大图

5.2.2　抗氧化性能

对获得的 ACNT/SiC 复合材料采用热重分析法（thermal gravimetric analysis，TGA）进行了抗氧化性能测试。将试样从室温加热到 1400℃，升温速率为 5℃/min，氧化过程中对试样实时称重，记录质量变化。为了做对照，将沉积 2 炉次的碳纤维束复合材料在同样的测试条件下进行测试。同样地，ACNT 块体和 1K 碳纤维束也用热重法进行了抗氧化测试。

图 5-4(a)给出的是 ACNT、碳纤维、C/SiC 和 ACNT/SiC 四种材料在空气气氛中的热重曲线，图 5-4(b)是 C/SiC 和 ACNT/SiC 两种复合材料的热重曲线放大图，从中可以更加清晰地看出两种材料的质量变化。从图中很明显地可以看出 ACNT 和碳纤维分别大约在

500℃和600℃时开始发生氧化，最终在600℃和770℃左右氧化殆尽，质量变为零，这是由碳材料易于被氧化的本质决定的。从图5-4(b)这个放大图上来看，C/SiC复合材料在800℃开始发生氧化，到了1200℃时基本不再发生氧化，此时材料的失重率为10%左右；而AC-NT/SiC这种纳米复合材料的热重曲线近似一条直线，质量没有显著变化，说明该材料内部没有发生严重的氧化。

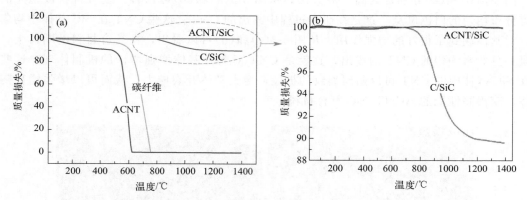

图5-4 ACNT、碳纤维、C/SiC和ACNT/SiC复合材料
在空气气氛中的热重曲线（a），（b）为图（a）虚线框的放大效果图

　　典型的C/SiC复合材料容易被氧化的原因在于纤维和基体存在热膨胀系数不匹配等问题，所以陶瓷基体上会产生热裂纹，而这些裂纹就是氧扩散的通道，从而导致内部的承载纤维被氧化，材料质量降低，最终大幅度削弱力学性能。如图5-5所示，一维纤维束C/SiC复合材料（Mini C/SiC）和ACNT/SiC复合材料的表面抛光图给出了材料基体的热裂纹分布情况，氧化后的断口形貌分别展示于图5-5(c)和(d)中。图5-5(a)是Mini C/SiC的表面抛光图，可以看出，基体热裂纹垂直于纤维轴向，间隔大约为100μm，宽度1μm左右，正是由于这些微裂纹作为输送氧气的通道，造成了C/SiC内部纤维容易被氧化。图5-5(b)是AC-NT/SiC复合材料的表面抛光图，在和图5-5(a)同样的尺度条件下，没有发现类似的基体裂纹。CNT和SiC的热膨胀系数相差也很大，但是ACNT/SiC的表面却没有出现C/SiC表面出现的热裂纹，究其原因，虽然ACNT和基体的热膨胀系数不一致，但是它是一种柔韧性很好的一维材料，就像"橡皮筋"一样可以随基体膨胀或收缩，而且这个过程中也不会产生较大的内应力，可以很好地保持材料的综合力学性能。

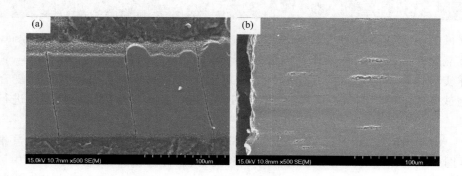

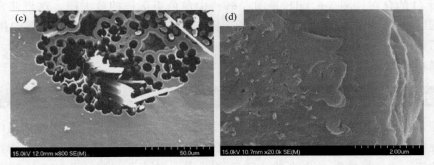

图 5-5 抛光的（a）Mini C/SiC 和（b）ACNT/SiC 复合材料表面及其氧化后断口形貌（c）和（d）

图 5-5(c)和(d)分别给出了 C/SiC 和 ACNT/SiC 复合材料在经历 1400℃静态空气氧化后的断口形貌。从图 5-5(c)中可以发现，C/SiC 中的碳纤维发生了大量而且严重的氧化，外围的纤维基本都被彻底氧化完了，内部的纤维则发生了部分氧化，纤维截面变成了扁平状，而不是初始的圆形。然而图 5-5(d)中的 ACNT/SiC 断口上则分布着均匀的 CNT，至少没有严重氧化的迹象，同时可以清晰地看到 CNT 拔出的尖端和 CNT 拔出以后留下的孔洞。

图 5-6 全面展示了 ACNT/SiC 复合材料氧化后的微观形貌，图 5-6(a)是氧化后的宏观断口形貌，图 5-6(b)和(c)分别是图 5-6(a)中标记有字母 B 和 C 的白色矩形框的放大图。由于图 5-6(a)的放大倍数较小，纳米级别的 CNT 基本观察不到，而在图 5-6(c)中，则清晰地看到在断口表面有大量 CNT 拔出，白色的拔出尖端分布在整个断裂面上，没有发生类似 C/SiC 的严重氧化现象。然而，如图 5-6(b)所示，ACNT/SiC 表面的 SiC 涂层则发生了氧化，被氧化成了黏滞态的二氧化硅，变成了和 CVI-SiC 完全不一样的形貌，EDS 能谱也证明了

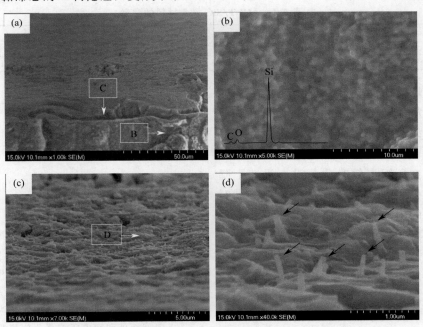

图 5-6 ACNT/SiC 复合材料氧化以后的断口微观形貌图
(a)宏观断口截面；(b)表面 SiC 基体被氧化成了 SiO_2；(c)图为(a)中白色矩形框的放大图，
有大量 CNT 拔出；(d)图为(c)中白色矩形框的放大图，清楚地观察到 CNT 被拔出而没有明显的氧化（黑色箭头）

表面有大量 O 的存在。图 5-6 (d) 是图 5-6(c)中白色矩形框的放大图,这里非常清晰地展示了 ACNT/SiC 复合材料经过氧化测试后,断口上保留下来的 CNT,如图中黑色箭头所示,断裂后的 CNT 头部变得比较尖,这是由于断裂过程中管壁逐层断裂形成的,这就是所谓的"剑鞘模型"。

5.2.3 压缩性能

在压缩试验中,脆性材料试样直至破裂时所承受的最大压缩应力即为压缩强度。脆性材料的拉伸性能分散性比较大,受内部缺陷影响较大,而测试材料的抗压性能则能很好地反映该材料的性能。本实验中制备出来的 ACNT/SiC 是一种多孔材料,孔隙率比较高,大约维持在 28% 这个水平,ACNT 和 SiC 的体积分数分别为 27% 和 45%,密度大约为 1.54g/cm^3。该试验分别对复合材料的 CNT 生长方向(即面外)和垂直于 CNT 生长方向(即面内)进行了静态压缩,在这两种压缩模式下,材料受力情况不一样,因此材料表现出来的性能就不一样。

表 5-1 给出了 ACNT/SiC 复合材料的密度、气孔率及其面外和面内压缩强度,可以看出,面外压缩强度达到了 160MPa,远远大于面内的 41MPa。面外压缩时,CNT 都是竖直的,这些被 SiC 基体包裹起来的纳米管和周围基体形成一个整体,作为有效的支撑体,来阻挡和 CNT 方向一样的压向载荷。但是由于周围有较多的孔隙,来自四周的支撑力就减少了很多,而且孔隙加速裂纹扩展,使得材料在比较低的强度下失效。而材料的面内压缩强度仅仅为 41MPa,这是由于载荷方向和 CNT 垂直,造成材料承载能力大幅下降,相当于对一种多孔陶瓷进行压缩,其中数量庞大的 CNT 起不到应有的作用,故而面内压缩强度维持在一个较低数值。

表 5-1　ACNT/SiC 复合材料的参数

试样	密度/(g/cm^3)	气孔率/%	压缩强度/MPa	
			面外	面内
ACNT/SiC	1.54	28	160±16	41±3

图 5-7 是 ACNT/SiC 的静态压缩载荷位移曲线,1 为面外压缩曲线,2 为面内压缩曲线。压缩曲线是两种压缩模式下选取的有代表性的曲线,从图中可以看出,由于 CNT 的存在,材料在压缩失效时载荷没有迅速下降到 0 或者较低值,说明裂纹在材料中扩展时受到了一定的阻力,使得裂纹没有迅速扩展并穿过整个块体材料。这是因为 CNT 对裂纹扩展起到了强大的抑制作用,让裂纹扩展速度慢下来,使材料没有发生突然的、灾难性的破坏。而且在面内压缩最后失效之前,复合材料发生了类似于金属材料的"屈服"现象,载荷开始上下波动并向后延伸,这也是

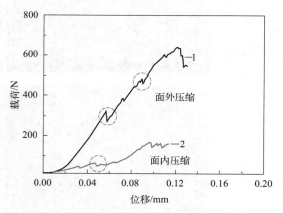

图 5-7　ACNT/SiC 复合材料
典型面外和面内压缩载荷位移曲线

材料当中的 CNT 对陶瓷基体起的作用。面外压缩曲线上虽然没有上述现象,但是材料失效时载荷下降是缓慢的,每下降一定载荷,就会出现一个"停顿",虽然材料整体已经失效,

纳米增强体有序组装三维结构陶瓷基复合材料

但还是有大量的 CNT 在桥接着陶瓷基体，使材料"藕断丝连"。

在压缩过程中的初始阶段，压缩曲线是光滑的，但是载荷增加到一定程度以后，在曲线上也出现了载荷的"滑动"现象，即曲线上标记有虚线圆圈的地方，这是因为材料受压向载荷时，个别 CNT 阻碍裂纹扩展时发生断裂，引起载荷形成轻微的波动。这两种模式下材料的应变基本一致，大约在 6%。

结构分析是对宏观性能测试后进行的机理探究，通过微观结构观察和分析往往能获得一些决定材料性能的原理或者规律，这是材料研究中必须进行的一项关键性工作。图 5-8 是 ACNT/SiC 复合材料压缩失效后的断口形貌。图 5-8(a) 和 (c) 中黑色箭头方向①即为载荷施加方向，从图 5-8(a) 中可以看到，沿载荷方向有宏观裂纹出现（②所示），这是造成材料失效的主要原因。然后材料便不能形成一个整体，分裂成几个形状不规则的小块体，不能一起承载，从而诱发横向裂纹 [图 5-8(b)]，造成材料最终失效。图 5-8(c) 中载荷垂直于 CNT 生长方向，箭头②即为材料失效时产生的基体裂纹，但是并没有发现沿 CNT 方向的裂纹，这是因为在垂直于 CNT 方向上，材料承载能力较弱，主裂纹一旦产生，材料便失效。在垂直 CNT 压缩模式中，虽然主裂纹扩展后材料即为失效，但是裂纹在扩展过程中也会发生偏转，如图 5-8(d) 所示，这样一来复合材料的强度和韧性就会随之提高。

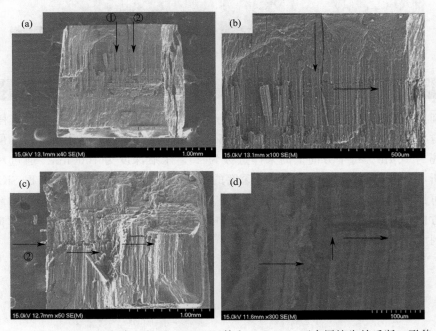

图 5-8　ACNT/SiC 复合材料 (a)(b) 面外和 (c)(d) 面内压缩失效后断口形貌

图 5-9 是复合材料失效后内部的 SEM 图，通过这些微观结构可以更加清楚地了解材料失效机制和 CNT 的增强增韧机理。图 5-9(a) 给出了材料内部一个横向裂纹的 SEM 图，图 5-9(b) 是图 5-9(a) 中标记 B 的矩形框的放大图。可以看到，CNT 在断裂后，由于管壁的层层剥离，最终形成了一个尖端，这就是"剑鞘模型"。图 5-9(c) 是图 5-9(a) 中标记 C 的矩形框的放大图，图中由于裂纹的扩展，CNT/SiC 复合材料纳米线发生断裂，CNT 同时也断裂拔出，这就是复合材料宏观力学性能（强度、韧性）的微观体现。图 5-9(d) 中给出了 CNT 对基体的桥接图，虽然 SiC 基体断裂了，但是芯部的 CNT 还桥接着基体，它不仅可以阻碍复合材料断裂，还

可以通过变形断裂大量吸收外界能量，这就使得复合材料的强韧性能远远高于陶瓷。

图 5-9　ACNT/SiC 复合材料失效后内部的 SEM 图

5.2.4　纳米压痕

　　样品通过纳米压痕沿不同的压痕方向进行测试，如图 5-10 所示。首先，当样品通过垂直和水平方向的内部梯度纳米压痕测试时，第一个采样点在距离样品表面 $10\mu m$ 的地方，采样点的间隔为 $10\mu m$。每个方向上的采样点数为 20，压痕深度为 1000nm。通过对纳米压痕曲线的分析和计算，可以得出不同 CVI 深度的模量和硬度。此外，CVI 沉积 SiC 复合材料的梯度也可以通过纳米压痕特性进行定量表征。其次，当样品进行测试时沿纵向和横向外表面，每个方向也是 20 个点，两个采样点之间的间隔为 $10\mu m$，从而找出压痕方向对 VAC-NT/SiCs 性能的影响。

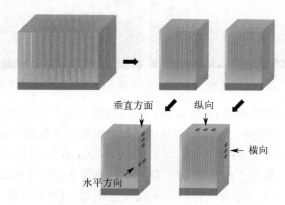

图 5-10　样品沿不同压痕方向进行测试示意图

　　纳米压痕实验后，得到载荷-位移曲线和数据。然后根据曲线和数据，可以计算得到结

纳米增强体有序组装三维结构陶瓷基复合材料

果。以下是计算方程式。

纳米压痕的硬度（H）定义为压痕载荷除以压痕的投影接触面积，如式(5-1)所示。

$$H = P_{max}/A_p \qquad (5-1)$$

初始卸载接触刚度（S）可以定义为卸载曲线初始部分的斜率，如式(5-2)所示。

$$S = \mathrm{d}P/\mathrm{d}h \qquad (5-2)$$

初始卸载接触刚度与试样弹性性能之间的关系如式(5-3)所示。

$$E_r = \frac{\sqrt{\pi}}{2}\frac{S}{\sqrt{A_p}} \qquad (5-3)$$

E_r 是降低的弹性模量，由式(5-4)给出。

$$1/E_r = (1-v_s^2)E_s + (1-v_i^2)E_i \qquad (5-4)$$

式中，P_{max} 是峰值负荷，A_p 是压痕的投影接触面积，P 是载荷，h 是压痕深度。E_s 是试样弹性模量，E_i 是压头弹性模量，v_s 是样本的泊松比，v_i 是压头的泊松比。

由于 CVI 过程主要取决于扩散，反应气体从表面流向内部到 CNT 阵列。随着 CVI 时间的推移，反应气体从外部扩散到内部受到阻碍，CNT 的 SiC 涂层厚度从外向内逐渐减小。图 5-11 显示了垂直和水平方向上的纳米压痕载荷-位移曲线。达到相同深度所需的最大载荷随着 CVI 深度的增加而减小，这表明密度随着 CVI 深度的不同而变化。由于 VACNT/SiCs 的弹性变形，卸载曲线和 X 轴的交点小于 1000nm 的最大压痕深度。在压头压缩下，单个 CNT 覆盖的 SiC 涂层管首先被压碎，产生塑性变形和小的弹性变形，这可以从卸载曲线中观察到。然后它可能与相邻的管子接触。峰值压痕负载随时间保持恒定，因此相邻管的变化可能仍会继续。以上是纳米压痕过程中 VACNT/SiCs 的变形机理。通过压痕的投影接触面积和这些曲线可以计算出垂直和水平方向的模量和硬度，可以分析 CVI 深度对 CVI 沉积 SiC 梯度的影响。此外，根据纳米压痕方程，硬度与 A_p 呈反比，并与 P_{max} 成比例。此外，模量与 $\sqrt{A_p}$ 呈反比并且与 S 成比例。这些关系可用于分析模量和硬度的内部 CVI 梯度。

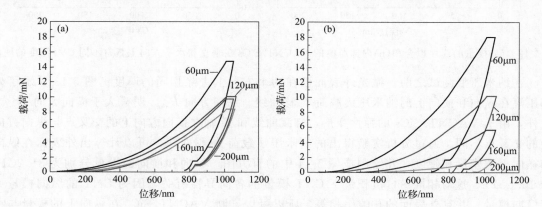

图 5-11　在水平方向(a)和垂直方向(b)上距离
表面 $60\mu m$、$120\mu m$、$160\mu m$、$200\mu m$ 的纳米压痕载荷-位移曲线

如图 5-12(a)所示，垂直和水平方向上的内部压痕模数可以通过线性拟合变成两条直线。垂直方向上拟合线的斜率是 -0.08328，水平方向的斜率是 -0.07881。因此，垂直和水平方向上的模量的内部 CVI 梯度变化几乎相等。因 SiC 涂层的厚度与弹性变形有关，致使 $\sqrt{A_p}$

和 S 与 SiC 涂层的厚度有关，因此应该研究 SiC 涂层与模量之间的关系，并分析内部压痕模量的结果。由于反应气体的扩散，SiC 涂层的厚度在不同方向的、相同 CVI 深度处几乎相等，并随着 CVI 深度的增加而减小。因此，内部 CVI 沉积 SiC 在垂直和水平方向上的模量梯度变化是相等的，并且模量随着 CVI 深度的增加而减小。

　　垂直方向上的硬度拟合线的斜率为 -0.00326，并且几乎是图 5-12(b) 中水平方向上的拟合线的斜率的两倍，水平方向的斜率为 -0.00174。可以推断，在相同的 CVI 深度处，两个方向上的硬度梯度是不同的。因为硬度与 A_p 呈反比，并且与 P_{max} 成比例，所以可以研究 VACNT/SiCs 的孔隙率。与内部相比，表面的扩散条件优越，因此内部未填充的孔隙率随着 CVI 深度增加而增加。由于压头的压缩，VACNT/SiCs 的单个管被压碎。因此，不同的孔隙率导致不同的弹性变形，可以推断 CNT 阵列/SiC 复合材料的密度和硬度随着 CVI 深度的增加而减小，证明了两个方向上的硬度拟合线的斜率是负的。但除此之外，反应气体在水平方向上的扩散比在垂直方向上的扩散更多，这导致水平方向上的气体扩散速度低于垂直方向上的气体扩散速度。但是在相同的 CVI 条件下产生 SiC 的气体反应速率相等，在相同的 CVI 深度处水平方向上的孔隙率大于垂直方向上的孔隙率，并且水平方向上的硬度梯度小于垂直方向上的硬度梯度，这是垂直方向上的斜率几乎是水平方向上的斜率的两倍的原因。

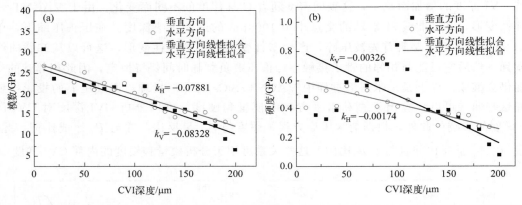

图 5-12　(a) 模量的线性拟合和 (b) 内部压痕的 VACNT/SiCs 在垂直和水平方向上具有不同 CVI 深度的硬度

　　在纳米压痕测试之前，抛光外表面已在两个方向上去除相同的厚度。图 5-13 显示了外部压痕在纵向和横向上的纳米压痕载荷-位移曲线。纵向方向 P_{max} 明显大于横向方向 P_{max}。此外，由于 VACNT/SiCs 的弹性变形，卸载曲线和 X 轴在横向方向上的交叉点与纵向方向上的交叉点不同。通过分析实验得出的纳米压痕载荷-位移曲线，可以计算出外表面在纵向和横向上的模量和硬度，并绘制成图 5-14 中的直方图。纵向和横向的模量分别为 31.2GPa 和 16.8GPa，这与相同 SiC 沉积量下 CNT 模量的各向异性有关，因为 CNT 的纵向模量大于横向模量，并且外表面的孔隙率相等，所以可以推断 VACNT/SiCs 在纵向上的模量与在横向上的模量相比更大。纵向和横向的硬度分别为 0.627GPa 和 0.597GPa。VACNT/SiCs 的外表面形成具有 CNT 阵列的致密 SiC 涂层，并且外表面的 SiC 密度相等。因为测量的实际硬度是外表面的 SiC 涂层的硬度，所以外表面的硬度相等。简而言之，VACNT/SiCs 表面没有 CVI 沉积 SiC 梯度，外表面性质因素是压痕方向，因为整个复合材料的模量各向异性。

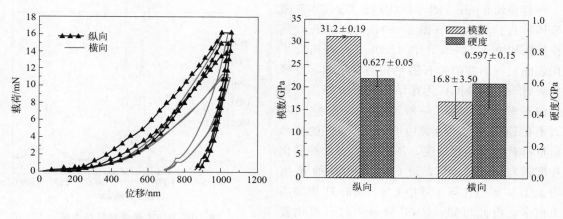

图 5-13　外部压痕在纵向和横向
上的纳米压痕载荷-位移曲线

图 5-14　VACNT/SiCs 在纵向和
横向上的外部压痕的模量和硬度

5.3 ▶ CNTs 泡沫/SiC 复合材料

5.3.1　显微结构

本工作中用于制备多级孔结构 CNTb 的 CNT 微聚体采用模板法制备，由清华大学魏飞课题组提供。图 5-15 为该 CNT 微聚体的显微结构，从图 5-15(a)中可以看到，该 CNT 微聚体为直径约 $200\mu m$、长约 $700\mu m$ 的圆柱结构。图 5-15(b)、(c)和(d)为其结构局部放大图，可以看到，该 CNT 微聚体具有两种孔隙，一种直径约 5000nm［图 5-15(b)，箭头标注］，

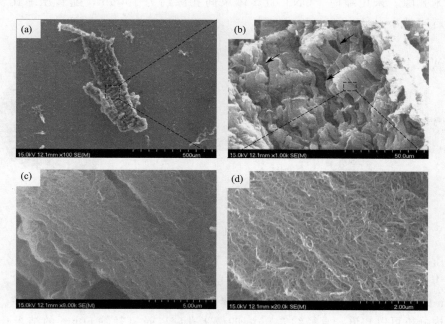

图 5-15　模板法制备的 CNT 微聚体的显微结构

一种直径约50nm［图5-15(d)］。对该CNT微聚体进行拉曼表征（图5-16），可以发现，其拉曼图谱在1350cm^{-1}和1580cm^{-1}处出现了代表碳材料的缺陷和石墨结构的特征峰，D峰代表材料中的缺陷、无序结构等，G峰代表规则的石墨片层结构。一般来说，G峰越尖锐，石墨化程度越高。通常用$R = I_D : I_G$的值来衡量材料的石墨化程度，R值越小表示石墨化程度越高。经过计算，该CNT微聚体的R值为1.16，该值比第4章中CNT膜的R值要高出很多，由此可知，CNT微聚体的石墨化程度并不高，即CNT结晶度较低。当然，CNT

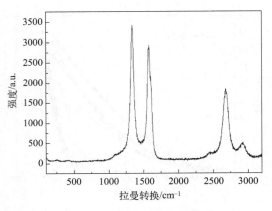

图5-16　CNT微聚体拉曼表征

结晶度可以通过调整制备温度或后续热处理等方法进行提高，其微聚体结构才是本章所关注的。

　　CNTb采用抽滤法制备，具体制备方法如图5-17(a)所示。先配制一定浓度的羧甲基纤维素（CMC）溶液，其中CMC作为黏结剂，将模板法制备的CNT微聚体粉末倒入溶液中，机械搅拌30min后将溶液倒入抽滤装置中进行抽滤，得到宏观CNT预制体CNTb。为进一步调节CNTb的孔隙结构，同时提高CNT体积分数，对抽滤好的CNTb分别进行了30％、50％、70％比例的压缩。由于抽滤工艺的原因，圆柱形CNT微聚体会在抽滤作用下沿水平方向搭接形成具有二维层状结构的CNTb，如图5-17(b)所示。未压缩及不同比例压缩之后的CNTb显微结构如图5-18所示，观察方向垂直于抽滤方向，图中可以明显看到CNT微聚体及其相互搭接形成的层状结构，同时CNT微聚体之间相互搭接形成良好的微米孔隙。未压缩时，CNT微聚体束间孔隙约为100μm，随着压缩比例的提高，束间孔隙越来越小。

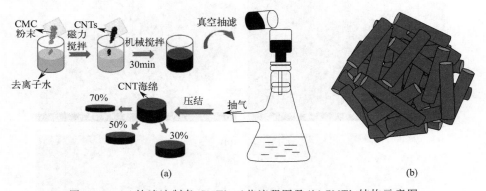

图5-17　(a)抽滤法制备CNTb工艺流程图及(b)CNTb结构示意图

　　采用压汞法对未压缩及不同压缩比例的CNTb进行孔隙结构分析，其孔隙分布如图5-19所示。从图中可以看到，对未压缩的CNTb来说主要有三种不同尺度的孔隙，分别是直径约90μm的微米孔隙、直径约3.5μm的微米孔隙以及直径约50nm的纳米孔隙。结合上文中的微结构分析可以知道，直径约3.5μm的微米孔隙以及直径约50nm的纳米孔隙均来自于CNT微聚体，而直径约90μm的孔隙来自于CNT微聚体相互搭接形成的束间孔。对

(a) 未压缩   (b) 压缩30%

(c) 压缩50%   (d) 压缩70%

图 5-18　CNTb 显微结构

CNTb 压缩 30% 后，三种主要孔隙尺寸均不变，但 90μm 孔含量显著下降，另外两种孔隙含量不变，说明前 30% 的压缩仅减小了束间孔隙，微聚体束并没有受到压缩，束内孔隙不变。对 CNTb 压缩 50% 后，纳米孔没有变化，90μm 孔尺寸和数量均大幅下降，孔径由 90μm 下降到约 30μm；而 3.5μm 孔尺寸有小幅下降，数量则出现明显下降。继续压缩 CNTb 至 70% 比例，微米孔几乎消失，纳米孔仍保持不变。上述分析说明，对 CNTb 进行合理压缩可以有效调节其微米孔隙尺寸及数量，从而调整其多级孔隙结构以适应 CVI 工艺。

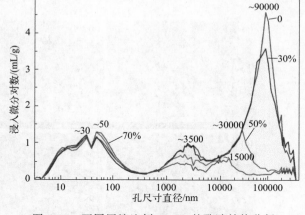

图 5-19　不同压缩比例 CNTb 的孔隙结构分析

前文中已经介绍了多级孔 CNTb 的制备方法及其孔隙结构，下面我们通过 CVI 方法制备了 CNTb/SiC 复合材料，具体研究了不同压缩比例下 CNTb 对 CVI 工艺的适应性。图 5-20 为不同压缩比例 CNTb 沉积 3 炉次后的宏观照片。未压缩、压缩 30% 和压缩 50% 的 CNTb 沉积 3 炉次后切开内部均有良好的陶瓷沉入，而压缩 70% 的试样用手可以轻松掰断，且明显看到 CNTb 表面结壳，内部完全没有陶瓷沉入（图 5-20），这恰好印证了 CVI 过程对预制体多级孔隙的要求。已经通过孔隙分析知道，压缩 70% 后，CNTb 内基本只剩下纳米孔，微米孔几乎全部被压实，也就导致了图 5-20 中看到的表面结壳情况。由于这一情况，在之后的研究中不再对压缩 70% 的 CNTb 进行进一步沉积，也不再对其进行性能分析。

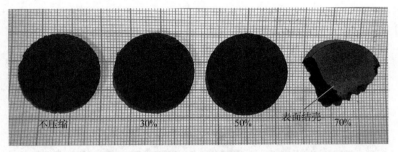

图 5-20　不同压缩比例 CNTb 沉积 3 炉次后的宏观照片

图 5-21 为未压缩、压缩 30％和压缩 50％的 CNTb 沉积 5 炉次后扫描电镜照片。由图 5-21(a)可以看到未压缩的 CNTb 沉积 5 炉次后表面仍存在大量孔隙，这些孔隙均是由于 CNT 微聚体之间的微米孔隙数量太多，5 炉次沉积并不能有效填充这些孔隙。对 CNTb 压缩 30％后，如图 5-21(b)所示，其孔隙相比未压缩的 CNTb 显著下降。继续对 CNTb 压缩至 50％比例，如图 5-21(c)所示，沉积 5 炉次后，其 CNT 微聚体束间孔隙基本由陶瓷基体填充。图 5-21(d～f)分别为不同压缩比例试样沉积 5 炉次后选取 CNT 微聚体束内区域进行扫描电镜分析的结果，可以明显看到，各试样 CNT 束内结构均十分致密。这就说明，制备具有多级孔隙的 CNT 预制体可以有效适应 CVI 工艺，从而制备致密化陶瓷基复合材料。对本章中的 CNTb 来说，微结构分析表明，压缩 50％后的 CNTb 具有最佳的 CVI 沉积孔隙结构，可以快速实现基体致密化。对于不压缩和压缩 30％的 CNTb，其孔隙过大，不利于基体快速致密化，而压缩 70％的 CNTb 由于微米孔隙消失导致沉积表面结壳，不能实现致密化。

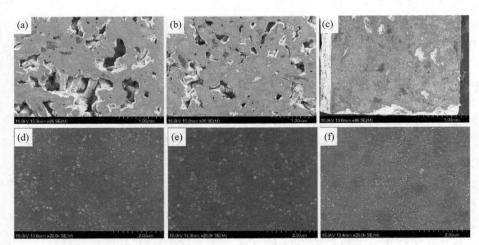

图 5-21　不同压缩比例 CNTb 沉积 5 炉次后的显微结构

(a)不压缩；(b)压缩 30％；(c)压缩 50％；(d)～(f)分别为(a)～(c)对应试样 CNT 微聚体束内区域显微结构

采用阿基米德排水法对不同压缩比例、不同沉积炉次的 CNTb/SiC 复合材料进行密度、孔隙率和压缩强度分析。密度、孔隙率、压缩强度数据如表 5-2 所示，其随压缩率和沉积炉次的变化关系如图 5-22 所示。不同压缩比例下，复合材料密度均随沉积炉次增加而提高，同时孔隙率下降。压缩比例越高，CNTb/SiC 复合材料越容易实现致密化。整体上来说，不压缩和压缩 30％的 CNTb 在沉积过程中致密化速率差异不大，压缩 50％时，沉积密度迅速

纳米增强体有序组装三维结构陶瓷基复合材料

提高，而孔隙率迅速下降，与不压缩和压缩 30％时的情况形成鲜明对比，这也是由其孔隙结构导致的，压缩 30％的 CNTb 与不压缩时相比仅 $90\mu m$ 孔数量有所下降，而压缩 50％时，孔径迅速减小，由 $90\mu m$ 减小到 $30\mu m$，且孔数量大幅下降。从表 5-2 中看到，压缩 50％的 CNTb 沉积 5 炉次后孔隙率下降到 6.3％，这样的孔隙率在 C/SiC 复合材料中已经达到了高致密度要求。同样沉积 5 炉次，压缩 30％试样孔隙率仍在 15.5％左右，不压缩试样孔隙率在 17.5％左右，均远高于压缩 50％的试样。

表 5-2　不同压缩比例、不同沉积炉次的 CNTb/SiC 复合材料密度、孔隙率和压缩强度数据

压缩率/%	CNT 的体积分数/%	沉积炉次	密度/(g/cm³)	孔隙率/%	压缩强度/MPa	
					面内	面外
0	11.1	3	1.80	27.3	119.9±10.5	91.8±10.7
		4	1.96	21.4	174.5±14.5	147.1±12.3
		5	2.08	17.5	207.5±29.2	171.6±14.2
30	13.7	3	1.71	26.2	232.3±11.5	152.3±18.8
		4	1.91	20.3	308.0±23.8	249.0±10.6
		5	2.06	15.5	367.9±10.6	305.3±43.8
50	19.0	3	1.95	11.3	394.6±26.6	314.5±14.8
		4	2.14	7.8	488.0±11.0	391.2±31.4
		5	2.17	6.3	544.8±22.6	432.9±35.2

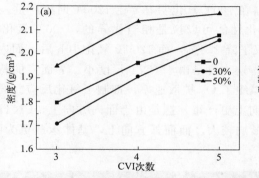 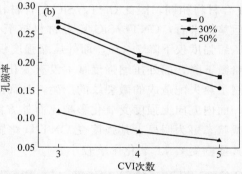

图 5-22　CNTb/SiC 复合材料密度(a)和孔隙率(b)随压缩比例和沉积炉次的变化关系

5.3.2　抗氧化性能

为研究 CNTb/SiC 复合材料的抗氧化性能，将压缩比例 50％、沉积 5 炉次的 CNTb/SiC 复合材料分别在 700℃和 1200℃下氧化 10h，将氧化后的 CNTb/SiC 复合材料进行压缩强度的测试，比较其氧化前后的压缩强度。

图 5-23 对 CNTb/SiC 复合材料氧化前后的压缩强度进行了对比分析。700℃氧化 10h 后，CNTb/SiC 复合材料面内压缩强度从氧化前的 544MPa 下降到 504MPa，下降幅度约 7.4％；面外压缩强度从氧化前的 432MPa 下降到 421MPa，下降幅度约 2.5％。1200℃氧化 10h 后，CNTb/SiC 复合材料面内压缩强度仅从氧化前的 544MPa 下降到 532MPa，而面外压缩强度基本没有变化。从上面的数据对比中我们可以看到，CNTb/SiC 复合材料在 700℃比在 1200℃时氧化更严重。在 C/SiC 复合材料研究中我们知道，由于 C/SiC 复合材料制备温度约在 900℃，当温度降到室温时，由于热失配，复合材料表面和内部不可避免会产生很多微裂纹。在高温氧化环境中，O_2 会通过微裂纹进入材料内部腐蚀碳纤维，随着温度升高

化学反应速率加快，材料氧化速率加快，但同时，温度升高也使由于热失配而产生的微裂纹慢慢愈合，从而降低材料氧化速率。研究表明，700℃是C/SiC复合材料氧化最严重的阶段，700℃以前材料氧化速率由C-O_2反应速率决定，氧化速率随温度升高而加快；温度高于700℃时，材料氧化速率受O_2在微裂纹中的气相扩散控制，温度越高微裂纹越少，O_2扩散越困难，氧化速率随温度升高而减慢。900℃时微裂纹基本愈合，继续升高温度，复合材料氧化速率由O_2在沉积缺陷处扩散速率决定，而在

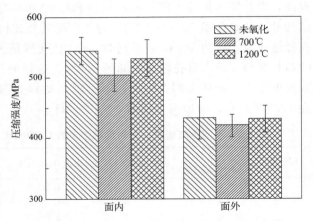

图5-23　CNTb/SiC复合材料氧化前后压缩强度对比

900℃以上时，SiC相和O_2开始发生反应生成SiO_2，生成的SiO_2会填充部分沉积缺陷，因此到900℃后继续提高氧化温度，材料氧化速率会进一步下降。直到温度上升到1400℃时，在SiC涂层氧化生成的SiO_2膜上形成气泡，为O_2扩散提供新的通道，复合材料氧化速率迅速上升。CNTb/SiC复合材料同样采用CVI方法制备，其所经历的氧化过程应大致与C/SiC复合材料相同，因此CNT_b/SiC复合材料在700℃氧化明显要比1200℃时更严重。

但整体来看，CNTb/SiC复合材料抗氧化性能可以说是相当优异的，700℃氧化10h，面内压缩强度仅下降7.4%，面外压缩强度仅下降2.5%，而1200℃氧化10h后，面内压缩强度略微下降，面外压缩强度基本没有变化。这主要是由于CNT尺度小、界面广的特征有效抑制了热失配造成的微裂纹的产生，从而减缓了O_2扩散速率，抑制了氧化反应。同时也发现，面内方向上强度受氧化影响比面外方向上更严重。这是由于面内方向上，CNTb/SiC束承载状态更为明显，其强度受CNT氧化影响较大。而面外方向上，基体承载更为明显，所以其强度受CNT氧化影响较小。

5.3.3　压缩性能

对CNTb/SiC复合材料的压缩性能进行研究，可从性能上证明CNTb多级孔结构对CVI过程的适应性。CNTb由于抽滤工艺表现为二维层状结构，其层状结构必然导致其性能的方向性。因此，本节研究了试样沿面层方向（面内）和垂直于面层方向（面外）两个方向的压缩性能。图5-24给出了不同压缩比例CNTb/SiC复合材料在两个方向上压缩强度随沉积炉次的变化关系。

在面内方向上[图5-24（a）]，试样压缩强度随压缩比例的提高而提高，三种压缩率试样均随CVI沉积炉次的提高而提高。这是由于CNTb/SiC复合材料抗压强度主要由孔隙率决定，孔隙率越小，承载介质越多，承载越稳定。压缩50%试样、沉积3炉次时，压缩强度已达到约394.6MPa。继续对压缩50%的试样沉积到5炉次，其压缩强度达到544.8MPa，相比不压缩试样5炉次沉积后的压缩强度（207.5MPa）提高了约163%。由此说明，对CNTb进行合理压缩可以有效调控其孔隙结构，使其适应CVI工艺。面外方向上[图5-24（b）]，CNTb/SiC复合材料抗压强度规律与面内方向基本一致，但在相同压缩比例与沉积炉次下，其面外压缩强度远低于其面内压缩强度。压缩比例50%的试样沉积5炉次后，面内

纳米增强体有序组装三维结构陶瓷基复合材料

压缩强度约为 544.8MPa，而面外压缩强度仅约为 432.9MPa，面内压缩强度比面外压缩强度高约 26%。对于 CNTb/SiC 复合材料，在压缩过程中，最终承载单元表现为单束 CNTb/SiC，面内方向压缩时，更有利于单束 CNTb/SiC 承载。因此，CNTb/SiC 复合材料面内压缩强度要高于面外压缩强度。图 5-25 给出了不同压缩比例、不同沉积炉次 CNTb/SiC 复合材料在两个方向上的典型力-位移曲线，可以看到 CNTb/SiC 复合材料均表现为脆性断裂。随压缩率及沉积炉次的提高，试样压缩破坏力增大，同时压缩破坏位移也增大。面内压缩同样比面外压缩表现出更高的压缩破坏位移。

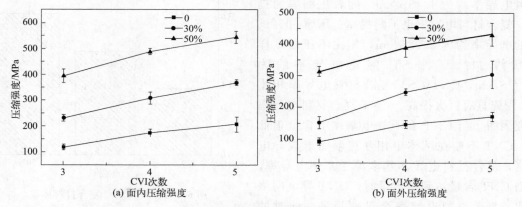

图 5-24　CNTb/SiC 复合材料压缩强度随沉积炉次的变化关系

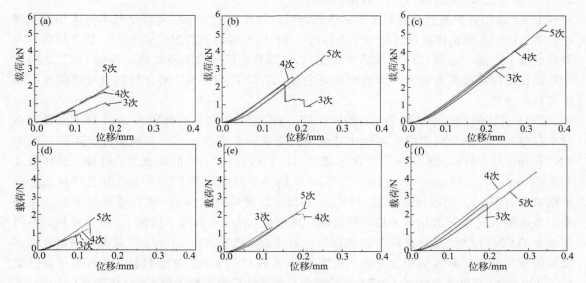

图 5-25　不同压缩比例、不同沉积炉次 CNTb/SiC 复合材料在两个方向上的典型力-位移曲线
（a）～（c）面内压缩比例 0～50%；（d）～（f）面外压缩比例 0～50%

5.3.4　电磁屏蔽效能

对于如 CNTb/SiC 这类无磁性的材料来说，电导率是预测其电磁屏蔽性能的重要指标。本节通过两线法测试了不同压缩比例 CNTb/SiC 复合材料（沉积 5 炉次）体积电导率，图 5-26 给出了 CNTb/SiC 复合材料体积电导率随压缩率的变化关系，具体电导率数据如表 5-3

所示。

表 5-3   不同压缩率 CNTb/SiC 复合材料体积电导率及平均电磁屏蔽效能数据

压缩率/%	电导率/(S/cm)	SE_T/dB	SE_A/dB	SE_R/dB
0	1.45±0.21	30.0	18.4	11.6
30	2.24±0.19	35.3	23.4	11.8
50	3.08±0.24	40.2	28.1	12.1

压缩率为 0，即不压缩的 CNTb/SiC 复合材料电导率约为 1.45S/cm。随着压缩率的提高，复合材料电导率也不断提高。压缩 50% 试样的电导率约为 3.08S/cm，相比不压缩试样提高约 112%。纯 SiC 陶瓷电导率约为 10^{-10}S/cm，CNTb/SiC 复合材料电导率相比 SiC 陶瓷具有巨大提高。CNT 复合材料电导率研究表明，当 CNT 在不导电基体中含量很低时，CNT 不能在基体中相互接触而形成导电网络，复合材料电导率基本等于基体电导率。而当 CNT 含量达到一定量时，CNT 导电网络形成，复合材料电导率会迅速提高，此时的 CNT 含量称为其渗流阈值。CNTb/SiC 复合

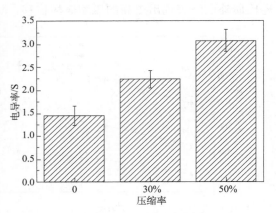

图 5-26   CNTb/SiC 复合材料体积电导率随压缩率的变化

材料 CNT 体积分数显然远远超出了其渗流阈值，并且 CNTb/SiC 复合材料本身采用预制体法制备，CNTb 预制体就可以认为是良好的 CNT 导电网络，因此 CNTb/SiC 复合材料具有较好的导电性能。随着 CNTb 压缩率的提高，CNT 体积分数不断提高，同时 CNT 之间由于压缩作用而接触更为紧密，导电网络更完善，所以 CNTb/SiC 复合材料电导率随压缩率的提高而提高。

　　CNT 是优异的电磁屏蔽吸收材料，CNTb/SiC 复合材料具有较高的 CNT 体积分数，电导率良好，有望满足耐高温、抗氧化环境中的电磁屏蔽需求。本节分别研究了不同压缩率 CNTb/SiC 复合材料沉积 5 炉次后在 X 波段（8.2～12.4GHz）的电磁屏蔽性能，试样尺寸为 22.86mm×10.16mm×2.0mm。图 5-27 给出了不同压缩率 CNTb/SiC 复合材料总电磁屏蔽效能（SE_T）、吸收屏蔽效能（SE_A）和反射屏蔽效能（SE_R）随电磁波频率的变化关系。各屏蔽效能在 X 波段的平均屏蔽效能计算结果如表 5-3 所示。由图 5-27(a)看到，不同压缩率的 CNTb/SiC 复合材料在 X 波段的反射屏蔽效能基本在 10～14dB 之间，各试样在 X 波段的平均反射屏蔽效能相差不大。压缩率 50% 的 CNTb/SiC 复合材料平均反射屏蔽效能约为 12.1dB，仅比不压缩的 CNTb/SiC 复合材料平均反射屏蔽效能 11.6dB 高出 0.5dB。不同压缩率试样电磁屏蔽性能差异主要体现在吸收屏蔽效能上，如图 5-27(a)，压缩率 50% 的 CNTb/SiC 复合材料平均吸收屏蔽效能相比不压缩 CNTb/SiC 复合材料提高约 52.7%，平均吸收屏蔽效能从 18.4dB 提高到 28.1dB。通过反射、吸收屏蔽效能的对比分析可以知道，对 CNTb/SiC 复合材料来说，吸收是其主要的屏蔽机制。不同压缩率的 CNTb/SiC 复合材料总电磁屏蔽效能分别为 30.0dB、35.3dB、40.2dB。屏蔽性能 30dB 和 40dB 分别表示当电磁波入射到屏蔽材料表面时，能阻挡 99.9% 和 99.99% 的电磁波透过材料。屏蔽性能 20dB 已经可以基本满足民用，军用屏蔽材料需至少达到 30dB 的屏蔽效能。CNTb/SiC 复合材料

纳米增强体有序组装三维结构陶瓷基复合材料

已可以满足民用及部分军用需求。

　　材料的反射屏蔽效能与其电导率呈正比。然而，CNTb/SiC 复合材料随压缩率的提高，其电导率提高，但反射屏蔽效能却基本不变。这是由于实际电磁波入射过程中，其屏蔽效能还与多种因素有关，比如材料的孔隙结构。当电磁波入射到材料表面或其界面处时，一部分电磁波会进入到材料内部，而另一部分会被反射掉。材料多孔表面相比光滑表面，入射电磁波会更多地被反射，因此反射屏蔽效能会提高。由前文已经知道，压缩率越低，CNTb/SiC 复合材料孔隙率越大，表面越粗糙多孔，有利于反射屏蔽。综合电导率与孔隙的影响，造成不同压缩率下 CNTb/SiC 复合材料反射屏蔽效能基本不发生变化。对于 CNTb/SiC 复合材料，其对电磁波的吸收损耗主要来自两方面：一方面是 SiC 基体对电磁波的介电损耗；另一方面 CNT 有较高的介电损耗角正切，可以依靠介质的电子极化或界面极化衰减来吸收电磁波。对 CNTb 进行压缩大幅提高了复合材料中 CNT 的体积分数，因而提高了复合材料电磁波的吸收能力，所以 CNTb/SiC 复合材料吸收屏蔽效能随压缩率提高而大幅提高。

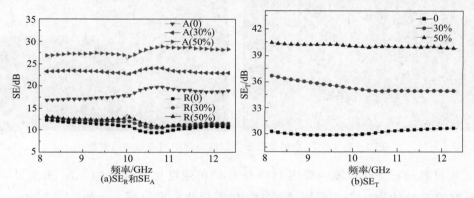

图 5-27　不同压缩率 CNTb/SiC 复合材料电磁屏蔽效能随电磁波频率的变化关系

5.4 ▶ CNTs 海绵/SiC 复合材料

5.4.1　显微结构

　　图 5-28 是 CNTs 海绵微观形貌以及海绵中网络结构示意图。可以看出，CNTs 海绵是大量独立 CNTs 相互连接、缠绕、支撑、自组装成的三维多孔网络。CNTs 具有极大的长径比，长度从几微米到几十微米，CNTs 之间是孔隙，孔隙大小不一，CNTs 之间的连接、交叉、缠绕是维持 CNTs 海绵三维网络结构的必要条件，影响着 CNTs 海绵力学性能的稳定。此外，还发现 CNTs 海绵在横向和纵向上稍有差异，在某一方向上 CNTs 排列较为整齐，这是因为反应生成的 CNTs 互相纠缠形成网络，在气流的单向吹动作用下，一些 CNTs 进行了局部重组、排列，呈现出轻微的各向异性，不过在高分辨率 SEM 下几乎观察不到这种各向异性。

　　应用激光拉曼光谱能够分析出 CNTs 的石墨化程度以及缺陷等信息。图 5-29（a）是 CNTs 海绵的激光拉曼光谱图，发现缺陷峰（D 峰）和石墨峰（G 峰）两个特征峰分别在 $1350cm^{-1}$、$1580cm^{-1}$ 处，并且 G 峰强度远大于 D 峰。D 峰代表的是碳原子晶格的缺陷，反映材料内部缺陷的多少；G 峰代表的是碳原子 sp^2 杂化的面内伸缩振动，反映材料的石墨

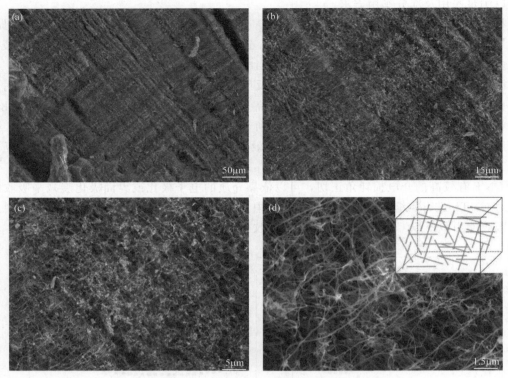

图 5-28　CNTs 海绵微观形貌以及海绵中网络结构示意图

化程度。碳材料的石墨化程度一般用 D 峰与 G 峰的强度比值 $R = I_D : I_G$ 来衡量，经计算 CNTs 海绵的 R 值约为 0.33，说明该 CNTs 的石墨化程度较高。此外，在 2700cm^{-1} 处出现了 2D 峰，它是 D 峰的二阶峰，由双振动拉曼散射造成，2D 峰对石墨的层数敏感，随着 CNTs 管壁层数的增加，2D 峰的尖锐程度会下降，而且峰会逐渐向右偏移，由图 5-29 可见 2D 峰比较尖锐，说明 CNTs 壁数较少。

图 5-29(b) 是 CNTs 海绵在空气中的 TG 分析曲线。可以直观地看到，当温度超过 560℃后，CNTs 海绵质量百分比急剧下降，说明 CNTs 被迅速氧化。750℃以后，剩余的质量百分比约为 10%，是铁催化剂氧化后的产物。

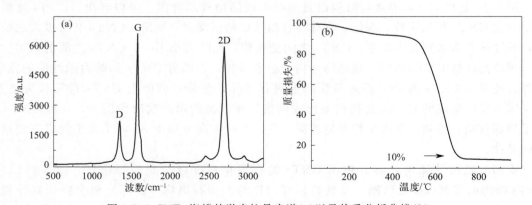

图 5-29　CNTs 海绵的激光拉曼光谱(a)以及热重分析曲线(b)

纳米增强体有序组装三维结构陶瓷基复合材料

图 5-30（a）是 CNTs 海绵的氮气吸附-脱附等温线，发现与纵铺 CNTs 气凝胶的 N_2 吸附-脱附等温线极其一致，均属于大孔材料多分子层吸附。当相对压力（P/P_0）在 0～0.8 之间时，无论是气凝胶还是海绵，它们的吸附-脱附曲线保持重合，被吸附的 N_2 分子完全脱附；大于 0.8 时，吸附-脱附曲线出现轻微分离，出现较小滞后环，这是由孔的毛细凝聚引起的。测得 CNTs 海绵比表面积为 $102m^2/g$，大于纵铺 CNTs 气凝胶比表面积（$74m^2/g$），这是因为 CNTs 气凝胶的最小组成单元是 CNTs 片层，CNTs 海绵的最小组成单元是独立 CNTs，因此具有较高的比表面积，海绵密度为 $1\sim10mg/cm^3$，比气凝胶低。图 5-30（b）是由 NLDFT 计算出的孔径分布，表明 CNTs 海绵的孔径主要集中在 $2\sim3nm$、$5\sim14nm$、$22\sim25nm$、$35\sim40nm$，纵铺 CNTs 气凝胶的孔径主要集中在 $1\sim2\mu m$、$10\sim40\mu m$，因此 CNTs 海绵比纵铺 CNTs 气凝胶呈现出更窄、更复杂的孔径分布。

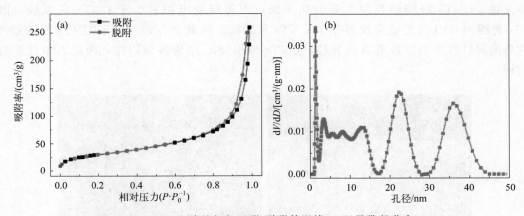

图 5-30　CNTs 海绵的氮气吸附-脱附等温线（a）以及孔径分布（b）

两次 CVI 之后，CNTs 海绵/SiC 实物图如图 5-31（a）所示，宏观上看，整个 CNTs 海绵表面均沉积上了 SiC 陶瓷基体，与 CNTs 气凝胶/SiC 一样原本的黑色变成了银灰色；不一样的是复合材料尺寸不太规则，表面凸凹不平，有一些褶皱，这是由于海绵不太规则，表面凸凹不平，存在一些褶皱。除此之外复合材料并没有明显的塌陷、收缩、开裂等与 CNTs 海绵不一致的宏观缺陷。此外从石墨模具中取出复合材料时，不可避免会导致部分材料损坏。之后使用 800♯砂纸将试样上下表面小心、均匀打磨至厚度 3mm，应用激光切割技术将复合材料板材切割成测试所需的试样，切割时尽量避免表面有缺陷的地方，挑选出较好的试样继续沉积 2、4、6 炉次的 SiC。图 5-32（b）是加工后部分材料的板材、试条以及剩余边角料实物图。

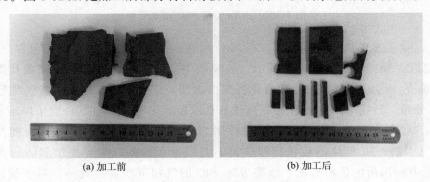

(a) 加工前　　　　　　　　　　　　(b) 加工后

图 5-31　CNTs 海绵/SiC 实物图

图 5-32 是 CNTs 海绵/SiC 微观形貌，其中图 5-32(a)是 CVI 两炉次之后经表面抛光处理后的断口形貌，称为 A 试样，图 5-32(b)是 CVI 两炉次后继续沉积两炉次的试样断口形貌，称为 B 试样。由图 5-32(b)看出，B 试样的断裂面包含两部分，即 SiC 涂层、多孔 CNTs/SiC 网络。CVI 工艺依赖气体扩散机制，在渗透初始阶段，气态前驱体很容易渗透，并在 CNTs 海绵内部沉积 SiC 基体，但沉积速度低于在表面的沉积速度。随着时间的推移，在表面就会形成一层致密的 SiC 涂层，阻碍了气态前驱体进一步向材料内部渗透。图 5-32(a)是 A 试样表面抛光之后的断口形貌，其 SiC 涂层在试样加工过程中被磨去。多孔 CNTs/SiC 网络的微观形貌如图 5-32(c)、(d)所示，发现很多"纳米线"独立分布，遍布整个网络，"纳米线"之间有一定的孔隙，且具有很大的长径比，其直径远大于 CNTs 直径，存在状态也并非平直而是呈现出"蚯蚓"式弯曲状，这与 CNTs 海绵中 CNTs 的存在状态相似。整体来说，CNTs 海绵的孔隙主要为纳米级，内部陶瓷沉积量少于 CNTs 气凝胶，因此 CNTs 海绵的 CVI 工艺适应性要差于 CNTs 气凝胶。除此之外，不同于 CNTs 气凝胶/SiC 结构各向异性致使力学性能各向异性，CNTs 海绵/SiC 结构各向同性，因此力学性能将会各向同性。

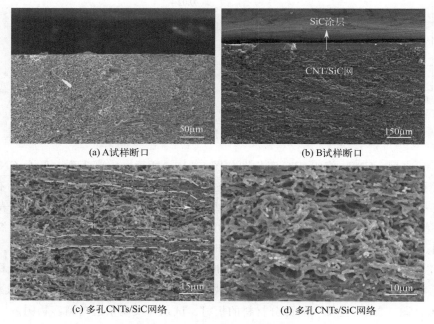

(a) A 试样断口   (b) B 试样断口

(c) 多孔 CNTs/SiC 网络   (d) 多孔 CNTs/SiC 网络

图 5-32　CNTs 海绵/SiC 微观形貌

事实上，除了 SiC 涂层、多孔 CNTs/SiC 网络，CNTs 海绵/SiC 中还包含一个过渡层，即致密的 CNTs/SiC 层，如图 5-33 所示。过渡层中"纳米线"之间无孔隙或孔隙很小，被 SiC 基体所填充。因此，复合材料致密化程度由内到外依次提高，比 CNTs 气凝胶/SiC 更能体现出梯度分布。致密 CNTs/SiC 层厚度比 SiC 涂层、多孔 CNTs/SiC 网络厚度小很多，为 CNTs 海绵/SiC 微米界面，在载荷传递过程中起"平衡层"作用。需要指出的是，复合材料内部多孔 CNTs/SiC 网络的致密化程度也不是完全一致的，主要受预制体的影响，图 5-32(c)虚线框中标识出的是典型的"致密带"。SiC 的气相沉积需要载体，对于载体较多的区域，沉积的 SiC 就相对较多。在 CNTs 海绵中，如果稠密的 CNTs 呈带状分布，也就出现了

纳米增强体有序组装三维结构陶瓷基复合材料

如图 5-32(c)所示的"致密带";假如是一团,毫无疑问应该是"致密团"。

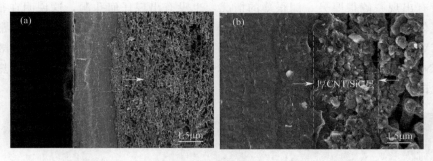

图 5-33　CNTs 海绵/SiC 中致密的 CNTs/SiC 过渡层

图 5-34 是多孔 CNTs/SiC 网络高分辨 SEM 图,观察发现无论原始 CNTs 状态如何,CVI 之后,其周围均沉积上了 SiC 基体,形成纳米界面,变成了"CNTs/SiC 纳米线",直径由 10～20nm 提升至 0.5～1μm。多孔网络中大部分"纳米线"独立分布,之间有很大孔隙,少量的"纳米线"靠沉积的 SiC 基体连在一起[图 5-34(b)],致密化程度低,材料整体是多孔材料,靠互连的"纳米线"连成一个整体。图 5-34(a)、(b)的 SEM 图表明,"CNTs/SiC 纳米线"断裂后,SiC 基体完全破裂,CNTs 被拔出,且拔出部分比较长,在有限的视野里找不到拔出的 CNTs 顶部,这证实了 CVI 工艺没有破坏 CNTs 的结构及力学性能,其较大的长径比也得以完美保留。由于 CNTs 海绵中 CNTs 是无序的,所以也存在一些平行于视野的 CNTs[图 5-34(b)中白色箭头所指]。图 5-34(c)、(d)是"纳米线"在基体发生破裂后,CNTs 并未从 SiC 基体中完全拔出,而是仍然将断裂的部分连在一起,呈现"桥接"现象,体现出 CNTs 在复合材料中的增韧作用,这些断裂拔出、桥接都是陶瓷基复合材料中典型且非常重要的能量吸收机制。

图 5-34　多孔 CNTs/SiC 网络高分辨 SEM 图

图 5-35 是"CNTs/SiC 纳米线"微观形貌,其中图中所画白线长度相同,白线的交点

是"纳米线"的圆心,即 CNTs 处,白线之间呈 120°角。由图可见 CNTs 四周的 SiC 基体厚度一致,没有出现一侧很厚另一侧很薄的情况,也没有出现任何孔洞,这说明在很微小的局部区域,气体扩散、陶瓷沉积相当均匀,基体以及 CNTs 与基体间的结合也非常致密,明显不同于 CVI C/SiC 复合材料中 SiC 基体内存在大量微裂纹,这是因为相比于微米级脆性碳纤维,CNTs 尺寸小且柔韧,使得"CNTs/SiC 纳米线"中增强体与基体间因热膨胀系数不同而产生的热应力远小于 C/SiC 复合材料,从而防止产生大量微裂纹。

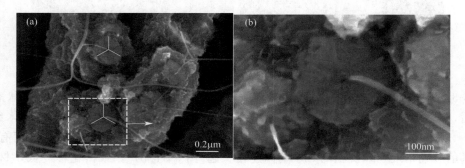

图 5-35 "CNTs/SiC 纳米线"微观形貌

陶瓷基复合材料断裂表面的增强体拔出通常伴随有拔出留下的孔洞,图 5-36(a)是 SiCnw 气凝胶沉积 SiC 基体后断口的微观形貌,观察发现在复合材料中有明显的 SiCnw 拔出以及拔出后残留的孔洞。然而仔细观察 CNTs 海绵/SiC 断裂表面很少能看到 CNTs 从基体中拔出留下的孔洞,这是因为海绵中的 CNTs 长度超长,在断裂面这个视野里 CNTs 恰好处于尽头的概率比较小,此外 CNTs 拔出后在基体中也许就不留下孔洞。图 5-36(b)显示的是"CNTs/SiC 纳米线"中 CNTs 的拔出以及拔出后的形貌,发现其中一根"复合纳米线"有 CNTs 超长拔出,另一"纳米线"观察不到 CNTs 拔出,也观察不到拔出残留的孔洞。

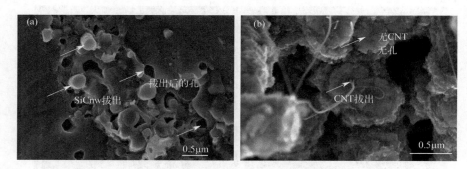

图 5-36 SiCnw/SiC 复合材料中 SiCnw 拔出(a)以及"CNTs/SiC 纳米线"中 CNTs 拔出(b)

CNTs 的断裂机制与碳纤维、SiC 纤维、SiC 纳米线等微米级纤维的断裂机制有所不同,它主要表现为"剑鞘"机制,断裂时最外层 CNTs 壁首先断裂,然后从外到内逐层断裂,最后 CNTs 以"台阶状"的方式断裂拔出,这种类型的断裂几乎看不到 CNTs 拔出留下的孔洞。图 5-37 是 CNTs 断裂后顶部区域的高分辨 TEM 像,清楚地看到断裂后 CNTs 顶部呈现典型的"针尖状",这就是由 CNTs"台阶状"断裂方式形成的,图中箭头所指是 CNTs 壁由外到内的逐层断裂。

在载荷作用下,"CNTs/SiC 纳米线"中的 SiC 基体首先发生破坏,裂纹随之扩展至增

纳米增强体有序组装三维结构陶瓷基复合材料

强体与基体结合处，增强体阻止裂纹扩展并促使其沿着弱界面发生偏转。与此同时，CNTs克服与基体间的弱结合向外拔出，随着载荷的继续增加，裂纹尖端应力不断积累，CNTs最外层壁破裂，裂纹尖端应力得到部分释放并传递到邻近CNTs壁。CNTs壁之间主要靠弱的范德华力连接，使得内部未断裂部分在载荷作用下发生滑移，从"纳米线"断裂部分中拔出，裂纹也随之向强度较弱的CNTs壁间的结合部分偏转，随后第一层内壁在不断增大的应力作用下破裂，裂纹继续向第二层内壁扩展，如此进行下去直至CNTs完全破裂。这种"台阶状"断裂方式对复合材料力学性能的贡献不仅仅体现在与基体相结合的最外层CNTs壁上，其内层CNTs壁的拔出和断裂以及裂纹在内部的偏转也可以有效吸收裂纹扩展的能量。

为了准确分析CNTs海绵/SiC的物相组成，将复合材料研磨成粉末对其进行XRD分析，并与复合材料表面物相组成进行对比。图5-38是CNTs海绵/SiC粉末和复合材料表面的XRD谱图，分析得出，复合材料粉末物相的组成包括β-SiC、CNTs相，35.60°、59.98°、71.78°、75.49°处的衍射峰分别对应β-SiC的（111）、（220）、（311）、（222）面，此外33.7°处的衍射峰为层错的特征峰，关于SiC基体中层错缺陷已经在第3章中阐述。26.6°处的衍射峰对应于CNTs的（003）面，为CNTs的特征峰，来自表面的XRD谱图则反映不出任何CNTs的存在，仅仅是普通的SiC涂层。

图 5-37　CNTs 断裂后顶部高分辨 TEM 图像；
箭头所指是 CNTs 的"台阶状"断裂

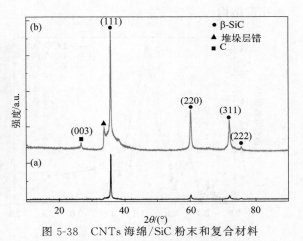

图 5-38　CNTs 海绵/SiC 粉末和复合材料
表面的 XRD 谱图。(a)表面；(b)粉末

5.4.2　弯曲性能

图 5-39 是 CNTs 海绵/SiC 密度和开气孔率随 CVI 炉次的变化曲线，发现试样的密度随CVI炉次的增加而增加，开气孔率随CVI炉次的增加而减少。2炉次后与4炉次后的密度和开气孔率变化较大，这是因为此时复合材料有较多开孔，内部和外部的SiC沉积量较大，增重较多；6炉次后与8炉次后的密度和开气孔率变化很小，这是因为此时试样已无开孔，内部陶瓷沉积量几乎为零，全部沉积在试样表面，增重较少。最终2、4、6、8炉次后的复合材料密度分别达到 $(0.90\pm0.10)g/cm^3$、$(1.30\pm0.09)g/cm^3$、$(1.49\pm0.08)g/cm^3$、$(1.55\pm0.07)g/cm^3$，开气孔率分别为 $(70\pm4)\%$、$(58\pm3)\%$、$(52\pm2.5)\%$、$(51\pm2.2)\%$。对比发现 CNTs 海绵/SiC 试样密度均小于沉积 2 炉次 CNTs 气凝胶/SiC 密度，再次表明 CNTs 海绵内部陶瓷沉积量较少，CVI 工艺适应性差于 CNTs 气凝胶。

图 5-40（a）是 CNTs 海绵/SiC 的孔径分布，依据之前的讨论，后来的 CVI 对孔径分布几乎无影响，只是对 SiC 涂层有影响，因此只测试了 2、4、8 炉次后的试样孔径分布。由图可见，所有试样均呈现出不均匀的单峰孔径分布形状，孔径变化范围为 0.1～2.7μm，最高峰处所对应的孔，即相对含量最多的孔的孔径为 1.0～1.2μm，相对体积含量分别达到 24%、20%、23%。图 5-40（b）给出了三种试样的微分孔体积，观察表明在整个孔径范围内三种试样的微分孔体积呈现几乎一致的趋势，两端低中间高，并且随着 CVI 炉次的增加微分孔体积显著下降，主要是因为 SiC 涂层的增加以及孔体积分数的相对减少，实际上孔分

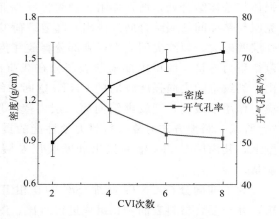

图 5-39　CNTs 海绵/SiC 的密度和开气孔率随 CVI 炉次的变化曲线

布、大小并没有多少改变。综合微观结构以及孔径分布表明，CNTs 海绵/SiC 靠独立"CNTs/SiC 纳米线"互连在一起，具有纳米网络结构，不同于纵铺 CNTs 气凝胶/SiC 的微米孔道结构。

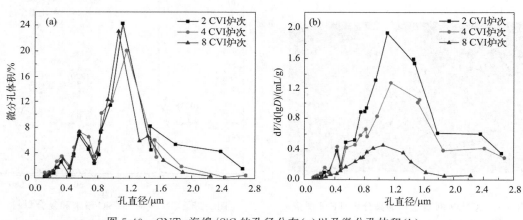

图 5-40　CNTs 海绵/SiC 的孔径分布（a）以及微分孔体积（b）

图 5-41 给出了不同 CVI 炉次后 CNTs 海绵/SiC 弯曲强度以及应力-应变曲线，2 炉次后即复合材料密度为（0.90±0.10）g/cm³ 时，弯曲强度为（50±4）MPa，此时复合材料没有 SiC 涂层，其强度可看作为多孔 CNTs/SiC 网络的强度。随着 CVI 炉次的增加，即 SiC 涂层的增加，复合材料弯曲强度逐渐升高，8 炉次后，即复合材料密度为（1.55±0.07）g/cm³ 时，弯曲强度达到（150±7）MPa，与多孔 CNTs/SiC 网络相比，提高了约 200%。

观察应力-应变曲线发现所有试样从应力加载到应力达到最大值的过程中均发生线性变形，直至最大应力后材料发生断裂，也就是说材料整体上呈脆性断裂模式。在应力上升过程中应力-应变曲线上出现了"锯齿状"特征，这是因为复合材料致密化程度呈现梯度分布，不均一，有高有低，即使是内部多孔 CNTs/SiC 网络也并非完全均一，也有一些"致密带"和"非致密带"等。在应力加载过程中，SiC 涂层首先发生破坏，裂纹扩展至致密 CNTs/

纳米增强体有序组装三维结构陶瓷基复合材料

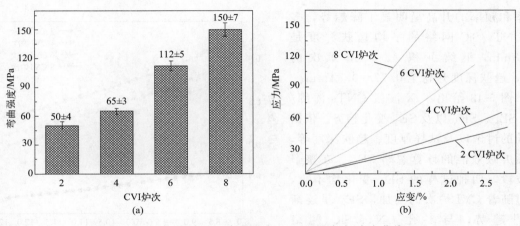

图 5-41　CNTs 海绵/SiC 弯曲强度（a）以及应力-应变曲线（b）

SiC 过渡层，过渡层中 CNTs 以及部分微纳孔会缓解裂纹尖端应力，引起裂纹偏转，削弱断裂能，持续增加载荷，裂纹扩展至内部 CNTs/SiC 网络，网络中孔隙会大大消散断裂能，同时"CNTs/SiC 纳米线"的断裂失效也会消散一部分断裂能，事实上中间的 CNTs/SiC 过渡层起一个缓冲层作用，先削弱一部分断裂能。这些结构特征促使内部应力产生、释放，裂纹产生、发展、消失，直至应力最大时整个试样发生断裂。表 5-4 给出了 CNTs 海绵/SiC 的弹性模量、断裂韧性以及断裂功，由表可知，随着 CVI 炉次的增加，复合材料弹性模量、断裂韧性、断裂功均有提高，多孔 CNTs/SiC 网络的弹性模量和断裂韧性分别为（20.7±1.7）GPa、（0.95±0.10）MPa·$m^{1/2}$，经过 8 炉次的 CVI 提高至（85.8±4.0）GPa、（1.55±0.07）MPa·$m^{1/2}$，而断裂功则是 6 炉次的最高，达到（1320±80）kJ/m^2。CNTs 海绵的 CVI 工艺适应性差于 CNTs 气凝胶，内部陶瓷量较少且表面过早封闭，因此与 CNTs 气凝胶/SiC 相比，力学性能较差。

表 5-4　CNTs 海绵/SiC 弹性模量、断裂韧性以及断裂功

性能	CVI 炉次			
	2	4	6	8
弹性模量/GPa	20.7±1.7	35.3±1.6	63.2±2.8	85.8±4.0
断裂韧性/(MPa·$m^{1/2}$)	0.95±0.10	1.15±0.04	1.25±0.05	1.55±0.07
断裂功/(kJ/m^2)	737±65	853±45	1320±80	1300±60

5.4.3　电磁屏蔽效能

应用体电导率表征 CNTs 海绵/SiC 的导电性能，发现随着 CVI 炉次的增加，复合材料平均电导率大体呈下降趋势。2 CVI 炉次后的复合材料，即多孔 CNTs/SiC 网络的电导率最高，达到 1.76S/cm，继续沉积 2、4、6 炉次的 SiC，复合材料电导率分别下降至 0.39S/cm、0.35S/cm、0.42S/cm，与多孔 CNTs/SiC 网络相比下降了 76%～80%，与 2D C/SiC 复合材料相比更是低了很多，这与复合材料的结构与组成有密切的关系。CNTs 海绵中 CNTs 无序、超长为电流流动提供了很好的路径，沉积 SiC 后由于 CVI-SiC 基体的电导率远不如 CNTs[8-9]，所以不可避免地导致电导率下降。相对来说，当多孔 CNTs/SiC 网络表面没有 SiC 涂层时表现出较好的导电性，有涂层时呈现出较差的导电性，这是由于 SiC 基体含量相对增加。X 波段 CNTs 海绵/SiC 的趋肤深度如图 5-42 所示，趋肤深度随电

导率和频率的升高呈明显下降趋势，多孔 CNTs/SiC 网络的平均趋肤深度是 0.38mm，继续沉积 2、4、6 炉次的 SiC，趋肤深度升高至 0.77～0.84mm。

图 5-43 给出了 X 波段 CNTs 海绵/SiC SE_R、SE_A 以及 SE_T 变化趋势。依据之前的讨论以及试样厚度、趋肤深度等，电磁屏蔽效能的计算忽略 SE_M。在整个 X 波段，四种试样的 SE_A 变化均不大，不过随着 CVI 炉次的增加，SE_A 呈逐渐上升趋势，与多孔 CNTs/SiC 网络（SE_A：17.5dB）相比，沉积 8 炉次后复合材料 SE_A 增加了 57%，达到 27.5dB，这是由于涂层厚度增加减少了材料内部

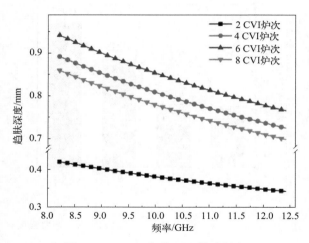

图 5-42　CNTs 海绵/SiC 趋肤深度

电磁波反射出表面和透过的数量，在材料内部封闭的环境里电磁波被无序的"CNTs/SiC 纳米线"多次反射，最终被 SiC 基体、CNTs 吸收耗散。与同样厚度纵铺 CNTs 气凝胶/SiC 相比，CNTs 海绵/SiC 具有较低的密度、较高的 SE_A，这是因为复杂的 CNTs/SiC 功能网络更能在内部多次反射、吸收电磁波。

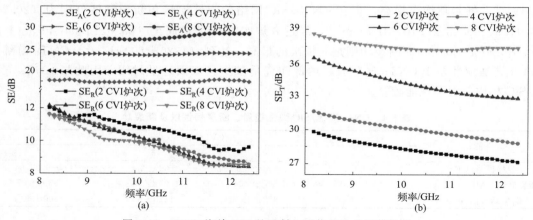

图 5-43　CNTs 海绵/SiC 的反射、吸收以及总屏蔽效能

CNTs 海绵/SiC SE_R 均在 8.5～12dB 范围内，随着频率的增加 SE_R 大体呈下降趋势，多孔 CNTs/SiC 网络的 SE_R 比其他三种试样 SE_R 平均高出 0.5dB，后三者的 SE_R 几乎一致，曲线近乎重合。这主要是因为 SE_R 是电磁波到达材料表面被材料反射的电磁波，是由阻抗不匹配引起的，三种试样的表面都是 SiC 涂层，其阻抗不匹配性具有高度一致性，因此 SE_R 非常接近，曲线近乎重合。对于多孔 CNTs/SiC 网络，其表面没有涂层，具有很多孔隙，如图 5-44 所示，当电磁波到达材料表面或界面时，一部分透过材料，一部分被反射到外面，其中一些到达内部的电磁波通过表面孔隙被反射出材料表面，这种反射是反射机制的一部分，对于沉积 4、6、8 炉次的试样，来自内部的大部分反射波被材料吸收，因此多孔 CNTs/SiC 网络具有相对高的 SE_R，图 5-45 是电磁波经过具有涂层和不具有涂层的复合材料表面的反射模型。

纳米增强体有序组装三维结构陶瓷基复合材料

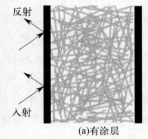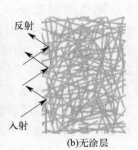

（a）有涂层　　　　　　　　　（b）无涂层

图 5-44　多孔 CNTs/SiC 网络表面微观形貌　　　图 5-45　电磁波经过复合材料表面反射模型

将 SE_R、SE_A 相加得到 SE_T，如图 5-43（b）所示，分别为 27.2～30.0dB（2CVI 炉次）、28.8～31.7dB（4CVI 炉次）、32.8～36.5dB（6CVI 炉次）、37.2～38.6dB（8CVI 炉次），均能阻挡 99% 以上的入射电磁波。表 5-5 列出了 R、T、A 系数以及比系数 R/（R＋A）、A/（R＋A），可以清晰地看出系数 T 极小，表明透过复合材料的电磁波极少。在所有被屏蔽的电磁波中，主要部分（如表中 92.31%～85.78%）得益于电磁波反射，较少部分（如表中 7.69%～14.22%）得益于电磁波吸收，被反射的电磁波远远多于被吸收的电磁波。

表 5-5　CNTs 海绵/SiC 反射、透射、吸收以及比系数

CVI 炉次	反射	透射	吸收	反射系数/%	吸收系数/%
2	0.92～0.86	0.00164～0.00303	0.08～0.14	92.31～85.78	7.69～14.22
4	0.94～0.90	0.00107～0.00208	0.06～0.10	94.01～90.27	5.99～9.73
6	0.96～0.93	0.00077～0.00156	0.04～0.07	95.91～92.87	4.09～7.13
8	0.97～0.95	0.00064～0.00102	0.03～0.05	96.95～94.99	3.05～5.01

5.4.4　热物理性能

CNTs 海绵/SiC 中间是多孔 CNTs/SiC 网络，外侧是 SiC 涂层，涂层和网络之间是一层致密 CNTs/SiC 过渡层，从结构上说是典型的"三明治"结构（sandwich structure），超高温"三明治"结构复合材料的主要应用领域是超声速飞行器的热防护系统（thermal protection systems，TPS）。从材料角度讲，TPS 必须具有耐高温、抗氧化、低密度、高强度、高比模等特点，SiC CMCs 常常应用于 1600℃ 以下的环境中[10]，在高于 1600℃ 的环境中，通常应用 ZrB_2 基超高温陶瓷或者两者的复合材料。依据 TPS 的应用领域以及特点，TPS 应具有轻质化特点，以便增加飞行器推重比，提高负载。目前越来越多的一体化 TPS 正在被开发利用，其中"三明治"结构（诸如波纹板、波纹格、蜂窝状等）得到了广泛的关注、开发及应用，例如 ZrB_2/SiC/graphite 波纹板[11]、低密度 C/SiC 椎体状夹层板[12]、多孔 SiC 板[13] 等，它们不仅能起到热防护作用，还可以承受高载荷。CNTs 海绵/SiC 是典型的"三明治"结构材料，虽然其力学性能还不算很优异，但进一步研究其热物理性能规律对以后材料开发等具有一定的借鉴意义。为了更为准确地研究复合材料的热扩散率、热导率，只选择了多孔 CNTs/SiC 网络和带 SiC 涂层的 CNTs 海绵/SiC（以下称 CNTs 海绵/SiC），并且两者之间的密度差距尽量大，以避免引起较大误差。

图 5-46 给出了多孔 CNTs/SiC 网络、CNTs 海绵/SiC 在 25～1200℃的热扩散率，其中多孔 CNTs/SiC 网络的密度是 (1.07±0.01)g/cm³，CNTs 海绵/SiC 的密度为 (1.55±0.05)g/cm³，两者密度相差约 0.5g/cm³，由图可见，两者的热扩散率随温度的变化规律与 CNTs 气凝胶/SiC 一致，即随温度的升高，热扩散率逐渐下降，温度较低时，热扩散率下降速率较大，随着温度的升高下降速率开始减小，高温阶段曲线趋于平缓。多孔 CNTs/SiC 网络在 25、200、400、600、800、1000、1200℃时的热扩散率分别为 (3.32±0.04)、(2.44±0.01)、(2.07±0.01)、(1.87±0.01)、(1.73±0.04)、(1.65±

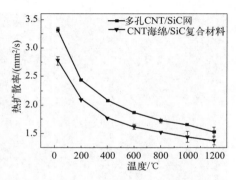

图 5-46　多孔 CNTs/SiC 网络以及 CNTs 海绵/SiC 在 25～1200℃的热扩散率

0.03)、(1.52±0.09)mm²/s，由室温时的最高值下降至 1200℃时的最低值，下降约 54%。CNTs 海绵/SiC 从室温到 1200℃时的热扩散率分别为 (2.77±0.07)、(2.09±0.01)、(1.77±0.02)、(1.62±0.04)、(1.51±0.03)、(1.44±0.09)、(1.38±0.07)mm²/s，由最高值下降至最小值的下降率约为 50%。此外，CNTs 海绵/SiC 在 25～1200℃内的热扩散率均低于多孔 CNTs/SiC 网络，25℃时差值最大，约 0.55mm²/s，1200℃时差值最小，约 0.14mm²/s，差值随温度的升高而逐渐缩小。

复合材料的热扩散率随温度的升高而逐渐下降可由晶格热传导"声子"理论解释，即温度升高导致平均"声子"数增加，"声子"间碰撞概率增大，引起平均自由程减少，因此热扩散率减小。当温度较高时，平均"声子"数增加减缓并趋于恒定，因此热扩散率减小缓慢

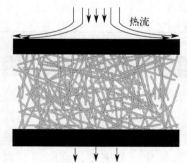

图 5-47　热流在 CNTs 海绵/SiC 中的传导示意图

并趋于稳定。CNTs 海绵/SiC 的热扩散率低于多孔 CNTs/SiC 网络，这是由于 CVD-SiC 的热扩散率远大于多孔 CNTs/SiC 网络，当热流辐射到复合材料表面时，热流会沿着 SiC 涂层向四周迅速扩散，导致经过多孔 CNTs/SiC 网络到达材料另一侧 SiC 涂层的速率就会减慢，因此具有较低的热扩散率。如果没有 SiC 涂层，热流会直接经过多孔 CNTs/SiC 网络而到达材料另一侧，少了 SiC 涂层对热流的阻挡与扩散损耗，因而具有较高的热扩散率。图 5-47 是热流在 CNTs 海绵/SiC 中的传导过程示意图。此外多孔 CNTs/SiC 网络的热扩散率也小于 CNTs 气凝胶/SiC 的热扩散率，这是因为无序 CNTs 互相连接形成的纳米网络结构使导热路径更加曲折，CNTs 气凝胶/SiC 中互连的 CNTs/SiC 片层给热流提供了较好的路径以使其较快地向材料内部、另一端扩散。

图 5-48 是多孔 CNTs/SiC 网络、CNTs 海绵/SiC 在 25～1200℃的热容以及热导率，发现两者的热容随温度升高大体呈升高趋势，但多孔 CNTs/SiC 网络升高速率较大，CNTs 海绵/SiC 升高速率较为平缓，200℃以后的热容有升有降变化不是太大。热导率的变化曲线波动较大，由于热导率为热扩散率、热容以及密度之积，虽然热容升高，但热扩散率是降低的，所以也就呈现出如图 5-49(b)所示的结果。多孔 CNTs/SiC 网络在 25、200、400、600、800、1000、1200℃时的热导率分别为 (2.91±0.03)、(3.02±0.01)、(3.28±0.02)、

纳米增强体有序组装三维结构陶瓷基复合材料

（3.62±0.02）、（3.63±0.08）、（3.90±0.07）、（3.46±0.08）W/(m·K)，最高值在 1000℃处，CNTs 海绵/SiC 的热导率依次为（3.21±0.14）、（3.44±0.02）、（2.94±0.03）、（2.91±0.08）、（2.79±0.06）、（2.60±0.18）、（2.62±0.12）W/(m·K)，最高值在 200℃处。200℃之前，CNTs 海绵/SiC 的热导率较高，200℃之后，多孔 CNTs/SiC 网络的热导率较高。

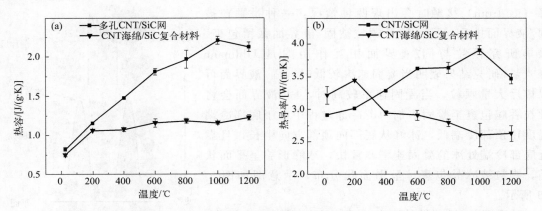

图 5-48　多孔 CNTs/SiC 网络、CNTs 海绵/SiC 在 25～1200℃的热容(a)以及(b)热导率

对比 CNTs 海绵/SiC 热导率与 β-SiC 晶体计算热导率、实验热导率[14-16]，发现 CNTs 海绵/SiC 的热导率比 β-SiC 的热导率低了近两个数量级，也比本实验室 CVI 制备的 SiC/SiC CMCs 的热导率[7～8W/(m·K)]低[17-18]，可以说中间夹层多孔 CNTs/SiC 网络的存在对复合材料热扩散率、热导率的降低起了很大的作用。如此的"三明治"结构符合 TPS 的设计思路，然而"三明治"结构复合材料不仅要起到热防护作用，还要能承受一定的载荷。但与 C/SiC、SiC/SiC CMCs 相比，CNTs 海绵/SiC 的力学性能欠佳，难以承受较高的载荷，微米级纤维预制体（比如碳纤维预制体、SiC 纤维预制体）纤维体积分数高，孔径大，表面不会过早封闭，内部陶瓷沉积量大，承载能力强。

基于 CNTs 海绵结合直接的 CVI 过程制备出了具有"三明治"结构的 CNTs/SiC，我们设想在微米级纤维（如碳纤维、SiC 纤维）预制体表面涂覆或生长一些具有很大长径比的纳米级一维材料（如 CNTs、SiCnw 等）来降低表面孔径，使其低于内部孔径，然后在 CVI 陶瓷基体、CVI 初期预制体内部不断沉积基体，预制体逐渐有了强度，由于表面孔径小于内部，随着沉积的进行，表面孔过早封闭形成一层陶瓷涂层，这样也就获得了具有较高强度的"三明治"结构复合材料。当然预制体表面一维材料的含量应该有一个适中值：如果偏少，预制体内部陶瓷沉积量相对较高，不能形成较好的"三明治"结构；如果偏多，预制体内部陶瓷含量较低，力学性能不好。此外，预制体也不仅仅是连续纤维预制体，预先沉积过界面层、陶瓷基体的多孔预制体或多孔陶瓷也是可以的。

5.5 ▶ CNTs 气凝胶/SiC 复合材料

5.5.1 显微结构

冷冻时浆料中粉体、颗粒等物质在生长凝固的冰晶的推挤、排斥下进行聚集而被排挤在冰晶之间，冷冻干燥时冰坯中冰得以升华，最后留下以冰为模板的具有定向、层状的多孔材料，这样的多孔材料常称为气凝胶，粉体、颗粒层之间的孔隙原为原始形成的冰晶。气凝胶的微观结构如孔径、孔分布、层之间的连接以及取向等可以由实验条件来控制，形状即是盛装悬浮液容器的形状，尺寸大小、形状随容器的不同而不同。

在悬浮液体系中，当固体颗粒与冰水固/液界面冰峰（ice front）接触时会出现两种情况：一种是颗粒被固/液界面排斥，另一种是颗粒被固/液界面截留包裹。最早研究颗粒与固/液界面相互作用的是 Uhlmann 等[19]，研究结果表明当凝固速率较低时，固/液界面可以排斥大量颗粒，当凝固速率较高时，固/液界面会将颗粒吞噬包裹至凝固溶剂中。冷冻过程中由于底部冷端温度比顶部冷端低，冰峰从底部向顶部方向生长，且靠近底部冷端处冰的凝固速率非常快，冰峰形貌呈平面状晶，颗粒被冰晶包裹，呈平面状分布，示意图如图 5-49 所示。

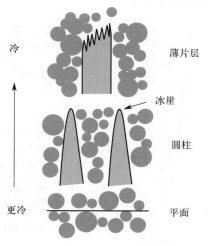

图 5-49　冷冻过程中冰晶形貌演变

随后固/液界面继续向前推进，由于凝固速率下降，冰晶除了会包裹部分颗粒外，还会对其余颗粒进行排斥、推挤，当被排挤的固体颗粒扩散速率与冰晶生长速率未达到平衡时，冰峰附近会产生浓度梯度，聚集的固体颗粒原位降低了溶剂的冰点，导致成分过冷区的产生，这个不稳定区域使平面状晶消失，柱状晶形成，这种现象即为界面热力学/动力学的不稳定状态。当冰峰运动速度达到稳定状态时，冰晶转变为片层状的形貌，边生长边推挤颗粒，使颗粒发生聚集、重排，此时冰峰运动速度为最终恒定值，冰晶连续生长，直至到达顶部冷端处，整个冷冻过程结束。

在悬浮液靠近底部冷端处的一瞬间，触发平面状冰晶形成不是在一个固定位置，它可以在不同位置，同一位置形成的平面状冰晶大多互相平行，随后这些不同位置形成的平行平面状冰晶向四周迅速铺展，并与其他平面状冰晶交会，如图 5-50（a）和（b）所示，当这一瞬间过后，平面状冰晶向柱状冰晶转变，因此刚开始平面状冰晶向四周铺展，对悬浮液中颗粒进行横向铺展组装。为了对 CNTs 进行横向铺展组装，我们设计了如图 5-50（c）所示的模具，模具是一个盒子，实验时将 CNTs 分散液倒入模具中，然后轻轻放在冷冻干燥机预冷的钢制托盘上进行冷冻干燥。

通常情况下，应用冷冻干燥方法制备 CNTs 气凝胶需要加入黏结剂以物理连接方式粘接 CNTs，较为常见的黏结剂有壳聚糖（chitosan，CTS）[20]、丝纤蛋白[21]、PVA[22] 以及 CMC-Na[23] 等。CMC-Na 是天然纤维素经过化学改性得到的一种具有醚结构的衍生物，分子链中含有大量的羟基和羧基，属阴离子型纤维素醚，其分子结构式如图 5-51（a）所示。CMC-Na 一般为白色或乳白色粉末状固体，有时也呈颗粒状或纤维状，无特殊气味，具有吸湿性，易溶于水，溶于水后形成无色透明且具有一定黏度的溶液，黏度随温度升高而降低，水溶液的 pH 值为 8～10。CMC-Na 具有优异的性能，如增稠、悬浮、保护胶体、抗微生物、成膜、稳定溶剂等，在医学、食品和日化等工业领域得到广泛应用。CMC-Na 不仅可以作为 CNTs 的黏结剂，还可以作为 CNTs 的分散剂，由于阴离子型 CMC-Na 包覆 CNTs 提供静电排斥作用，因此具有较高的分散稳定性[24]，其作用方式为非共价键方式，示意图

纳米增强体有序组装三维结构陶瓷基复合材料

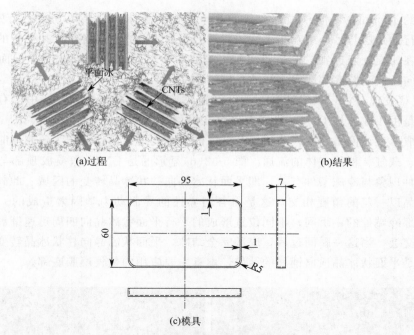

(a)过程   (b)结果

(c)模具

图 5-50   冷冻过程中横向铺展示意图

如图 5-51(b)所示。图 5-51(c)是所制备的 CNTs 气凝胶实物图，可见其是一个独立自支撑的宏观材料体，测得密度为 $0.023g/cm^3$。

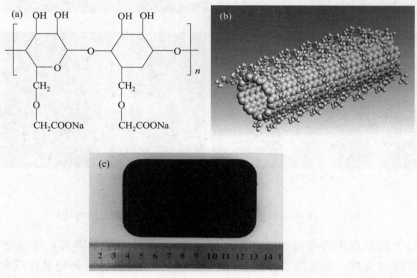

图 5-51   (a)CMC-Na 分子结构式；(b)CMC-Na 包覆在 CNTs 表面示意图[162]
以及(c)冷冻干燥制备的 CNTs 气凝胶实物图

图 5-52 是 CNTs 气凝胶微观形貌，其中图 5-52(a)为气凝胶顶部，观察发现顶部有许多孔，孔的大小从几十到几百微米不等，孔隙呈现不规则形状，CNTs 片层平行于冷冻方向随机分布，片层大小、形态各异。冷冻干燥之后所形成的孔即为原始冰坯中的冰晶，可以推断 CNTs 片层包围的冰晶呈柱状，平行于冷冻方向。在气凝胶底部 [图 5-52(b)]，CNTs 片层

之间的宽度约 $100\mu m$，不同于顶部孔径的几十到几百微米，片层以互相平行的方式排列，一组互相平行的片层与另一组互相平行的片层有明显的分界线，各组互相平行的片层以一定角度相交并在相交处互连在一起，可以推断底部 CNTs 片层包围的冰晶呈平面状，同样平行于冷冻方向，气凝胶底部取向多样的片层结构完全不同于顶部。图 5-52(c) 是 CNTs 片层 SEM 图，观察发现 CNTs 被 CMC-Na 大分子链粘接形成网络结构，片层中也有一些纳米尺寸的孔，这是由于在冰坯 CNTs 片层中也存在有微小的冰晶。CNTs 和 CMC-Na 大分子的物理粘接形成了三维网络结构，显示出了良好的多孔孔道连通性，作为预制体时有利于陶瓷气态前驱体、载气、稀释气体的流通。图 5-52(d) 显示的是 CNTs 气凝胶顶部与底部之间的过渡层，这种现象与冷冻条件有关，即平面状冰晶向柱状冰晶转变的区域。此外，底部互相平行的平面晶以一定的角度相交，这是由各向异性的界面动力学因素造成的。在 CNTs 悬浮液靠近底部冷端处的一瞬间，不同位置形成的平行平面状冰晶向四周迅速铺展，并与其他平面状冰晶交会，当这一瞬间过后，底部完全结冰，平面状冰晶向柱状冰晶转变，因此气凝胶底部形貌是平面状冰晶横向铺展的结果，本章主要应用的是气凝胶底部。

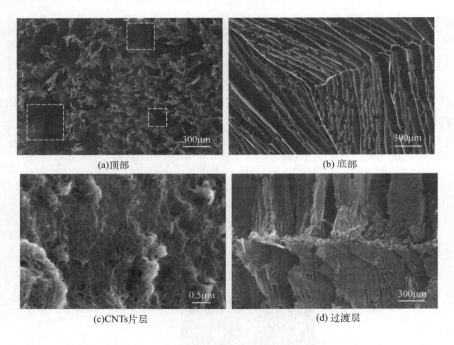

(a)顶部　　　　　　　　　　　(b) 底部

(c)CNTs片层　　　　　　　　　(d) 过渡层

图 5-52　CNTs 气凝胶微观形貌（白色方框标识出的是孔）

将 CNTs 气凝胶放入石墨盒中，用碳纤维沿石墨盒前后左右将其系住置于 SiC 沉积炉中，底部放置镂空支撑以最大限度保证气体传输均匀。此外为保证陶瓷基体沉积均匀，每完成 1 炉次之后把试样上下面颠倒继续沉积。首次 CVI 之后，CNTs 气凝胶/SiC 实物图如图 5-53(a) 所示，宏观上看整个 CNTs 气凝胶表面沉积了一层 SiC 陶瓷基体，已观察不到 CNTs 片层的存在，原本的黑色变成了银灰色，复合材料尺寸与 CNTs 气凝胶尺寸一致，没有明显的塌陷、收缩、开裂等宏观缺陷，可以看出这是一种近净尺寸成型工艺。与其他烧结工艺需要很高的温度不一样，CVI 工艺在较低的温度下就可以获得 CNTs/SiC，避免了高温和高残余应力对增强体的损伤。

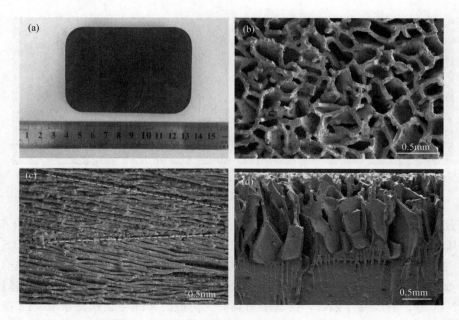

图 5-53　CNTs气凝胶/SiC实物图(a)以及微观形貌：(b)顶部；(c)底部；(d)过渡层
(红线和白线分别标识出复合片层以及互相平行的片层之间的分界线)

复合材料微观形貌如图 5-53(b)、(c)、(d)所示，观察发现 CNTs 片层被 SiC 基体所包覆，复合材料顶部[图 5-53(b)]、底部[图 5-53(c)]以及过渡层[图 5-53(d)]的形貌与气凝胶形貌特征、片层排列方式一致。顶部孔的大小从几十到几百微米不等，孔隙呈现不规则形状，CNTs/SiC 复合片层沿冷冻方向分布，片层大小、形态各异。图 5-53(c)中红线标识出底部以互相平行的方式排列的复合片层，白线是一组互相平行的片层与另一组互相平行的片层明显的分界线，每组互相平行的片层之间相交有一定的角度，由于沉积炉次只有一次，片层之间的孔隙没有被基体完全填充，此外顶部与底部之间有一个明显的过渡层。从这些微观形貌可以看出，CVI 之后气凝胶的网络结构很好地保存下来，CNTs 片层没有出现破损、破碎，因此冷冻干燥制备 CNTs 气凝胶结合 CVI 工艺制备 CNTs/SiC 表现出良好的工艺适应性。复合材料整体厚度 6~7mm，下部 4~5mm，顶部 2~3mm，顶部一般占试样总体积的35%~45%，此部分杂乱无章，加工不成一个整体，在试样加工时磨去，也就是底部横向铺展部分保留，称为横向铺展 CNTs 气凝胶/SiC（横铺 CNTs 气凝胶/SiC）。

CNTs/SiC 复合片层断口形貌如图 5-54(a)所示，观察发现 CNTs 片层中孔隙被 SiC 基体填充，但仍残留一些纳米孔，这与 CVI 工艺的原理特点有关，后面将详细讨论。CNTs/SiC 复合片层两侧是致密的 SiC 基体，没有明显的孔洞，复合片层与 SiC 基体之间形成微米界面。图 5-54(b)是 CNTs/SiC 复合片层线扫 EDS，其中白线代表的是线扫位置，粉线、蓝线、红线、黑线分别代表的是 Si、Na、O 以及 C 元素的含量分布，很明显由于 CNTs 的存在 CNTs/SiC 片层中 C 含量高于两侧基体中 C 含量，相反 Si 含量相对低于两侧，由于CMC-Na 中还含有 O 和 Na，因此在复合片层中分布有少量的 O 和 Na。

图 5-55(a)是 CNTs/SiC 复合片层的高分辨 SEM 图，从中观察到一些微小的孔洞以及大量的 CNTs 拔出（纳米管增强、增韧机制），CNTs 巨大的表面效应转化为强大的纳米界面效应。图 5-55(b)是复合材料高分辨 TEM 图，发现 MWCNTs 结构保存完好，与基体结

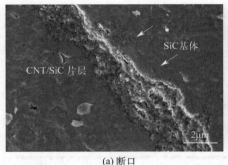

(a) 断口　　　　　　　(b) CNTs/SiC复合片层中C、O、Na、Si元素分布

图 5-54　CNTs/SiC 复合片层断口微观形貌

合紧密。此外，由图 5-55(a)还发现拔出的 CNTs 顶部有一个"尖端"，这是由于断裂时 CNTs 壁从外到内的逐层断裂形成的"尖端"，也就是 CNTs 的"剑鞘"机制（Sword-in-Sheath）。在载荷作用下，CNTs 周围的 SiC 基体首先发生破坏，裂纹随之扩展至 CNTs 与基体结合处，随着裂纹尖端应力不断积累，CNTs 最外层壁破裂，应力得到部分释放并传递到邻近 CNTs 壁，裂纹发生偏转，持续增加载荷，类似的情况会在次外层 CNTs 壁上发生，如此进行下去，最终表现为 CNTs 壁由外到内的层层剥离。以上是由纳米界面解释的载荷传递规律，从微米界面角度讲，在载荷作用下，CNTs/SiC 复合片层两侧的 SiC 基体首先发生应力集中，裂纹扩展，当扩展至微米界面时，界面处 CNTs 以及部分纳米孔会缓解裂纹尖端应力，消耗一部分断裂能，引起裂纹偏转，持续增加载荷裂纹最终会贯穿整个片层，造成片层断裂失效。

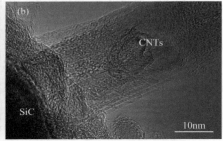

图 5-55　CNTs/SiC 片层高分辨 SEM 像(a)以及(b)TEM 像

当复合材料上半部分磨去以后，剩下的部分继续沉积，三次 CVI 过程之后，复合材料有了足够强度，此时将试样上下表面细细打磨以保证表面平整，最终厚度为 3mm。图 5-56 是打磨好的横铺 CNTs 气凝胶/SiC 表面形貌，观察发现各组互相平行的 CNTs/SiC 片层之间存在一定的相交角度，片层取向多样，图 5-56(a)显示的是一组平行片层，图 5-56(b)、5-56(c)分别显示的是两组平行的片层相交约 45°和 130°角，图 5-56(d)则是三组平行的片层组成一个三角形，因此这种复合材料是由许多复合片层组成的，片层之间有基体、有孔隙。由图 5-56 还发现试样表面暴露出很多开孔，此时继续沉积以降低孔隙率直至增重小于 0.5%，表面无明显开孔。

图 5-57 是沉积不同炉次后复合材料试样的密度和开气孔率。发现试样的密度随 CVI 炉次的增加而增加，开气孔率随 CVI 炉次的增加而减少；第四次 CVI 之后，试样的密度和开

纳米增强体有序组装三维结构陶瓷基复合材料

气孔率变化很小，说明试样表面开孔已基本被填充，最终材料密度以及孔隙率分别为(2.57±0.1)g/cm³、(11.6±3)％。

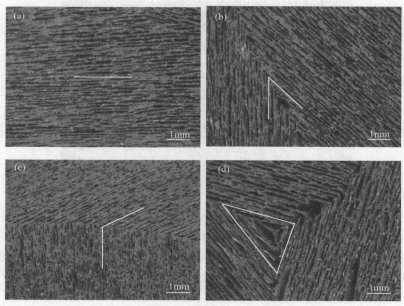

图 5-56　横铺 CNTs 气凝胶/SiC 试样表面形貌
（白线标识的是平行的复合片层）

图 5-58 为最终获得的复合材料试样典型断口形貌，观察发现复合材料由内到外致密度逐渐提高，呈现梯度分布，白色箭头所指的孔洞主要集中在材料的中间部分，而白色方框内的试样边缘区域则是厚厚的致密层（这里只用白色方框标识出上边缘区域，其他边缘区域情况一致），是纯的 SiC 涂层。CVI工艺会发生比较明显的"瓶颈效应"，由于表面的致密化速度较快，导致"结壳"现象产生，阻碍了反应气体向材料内部的渗透，使得材料中心区域无法充分致密，残余大量封闭气孔，表面则由于较高的 MTS 前驱体浓度

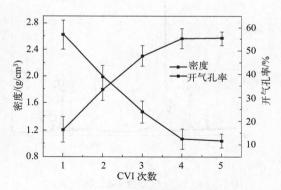

图 5-57　沉积不同炉次后横铺
CNTs 气凝胶/SiC 的密度和开气孔率

得以迅速沉积 SiC 基体，直至获得 SiC 涂层，放在更微观的 CNTs 气凝胶片层里也就出现了如图 3-6(a)、3-7(a)所示的纳米孔。

图 5-59 是 CNTs 气凝胶/SiC XRD 谱图，分析得出复合材料相组成包括 β-SiC、CNTs以及 SiO₂ 相，35.60°、59.98°、71.78° 以及 75.49° 处的衍射峰分别对应 β-SiC 的 (111)、(220)、(311) 以及 (222) 面。此外在 33.7° 处有一个小的衍射峰，此峰为层错的特征峰[25]，表明在 SiC 基体里有层错缺陷，事实上人们早就发现在 CVD-SiC 中普遍有层错、孪晶以及位错缺陷[26]。在 β-SiC 的生长过程中，其生长模式极其显著，呈现为等轴纳米晶/粗大柱状晶交替叠加。每次沉积开始，生成大量 10nm 以下的纳米晶，而后沿生长方向长大为粗大柱状晶，当六角密堆结构中的原子层相互之间进行大量错排时，就产生了高密度层

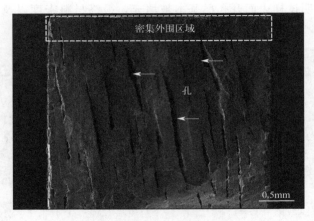

图 5-58　横铺 CNTs 气凝胶/SiC 断口形貌

错[27]。图 5-60 是 CVI-SiC 基体的高分辨 TEM 像以及相应的选区电子衍射谱图（selected area electron diffraction，SAED），证实了基体中含有高密度层错缺陷。26.6°处的衍射峰对应于 CNTs 的（003）面，为 CNTs 的特征峰，此外 20.9°、26.6°以及 50.1°处的衍射峰为 SiO_2 的特征峰，这主要归因于 CMC-Na 中的 O 元素与 Si 元素的反应。

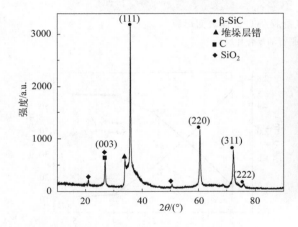

图 5-59　CNTs 气凝胶/SiC XRD 谱图

图 5-60　CVI-SiC 基体的高分辨
TEM 像以及相应的选区电子衍射谱图

　　CVI 过程是一个极其复杂的过程，虽然 MTS 中 Si 和 C 的原子数相等，易于获得化学计量的 SiC，但 SiC 的沉积还常常会伴随有其他相的生成，比如 Si 相或者自由 C 相，这取决于反应温度、压力、气体组成等条件[28]。图 5-61 是 SiC 纳米线（SiC Nanowire，SiCnw）气凝胶 CVI SiC 基体制备的 SiCnw/SiC 复合材料 EDS 分析，结果显示 CVI SiC 基体含有一定量的自由 C 相，这与实验室其他人的研究结果一致[29]。

　　如图 5-62 所示，当冰峰运动速度达到稳定状态后，片层状冰晶边纵向生长边推挤 CNTs 使其沿纵向发生聚集、重排，即对 CNTs 进行纵向铺展组装。纵向铺展组装有两个基本条件，一是 CNTs 溶液足够深，二是需要单向冷冻。单向冷冻需要特定的单向冷冻模具，主要设计思想是让冰从下至上连续结冰，防止从四周向内结冰，为此我们设计了一个单向冷冻模具，模具具体尺寸、实物图如图 5-63 所示。具体来说它主要包含两部分：聚四氟乙烯

194

纳米增强体有序组装三维结构陶瓷基复合材料

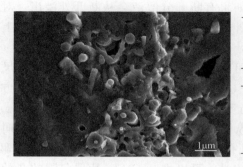

	元素	质量分数/%	原子分数/%
SiC 基体	C	33.2	53.8
	Si	66.8	46.2

	元素	质量分数/%	原子分数/%
SiCnw	C	24.0	42.0
	Si	74.3	55.7
	O	1.7	2.3

图 5-61　CVI-SiC 基体和 SiCnw/SiC 复合材料能谱分析
（白色"＊"和"＋"分别标识的是 SiCnw 和 SiC 基体）

（polytetrafluoroethylene，PTFE）和金属片，采用 PTFE 材质是鉴于其导热性差的特点，尽量使分散液处于单向温度梯度中，相反采用金属片一方面是鉴于其导热性好的特点，另一方面是垫于模具底部长孔处能防止 CNTs 分散液溢出。当将此模具放置于预冷的钢制托盘上时，冷源能通过金属片瞬间到达里面的分散液，尽量使分散液处于单向的纵向温度梯度环境中，横向方面由于 PTFE 材质导热性较差，冷源从外通过模具传到里面的速度很慢，当冷源传到分散液达到分散液冰点时，纵向的冷源早已传到并已促使分散液结冰，单向冷冻实验所利用的就是这个时间差。

(a) 过程

(b) 结束

图 5-62　纵向铺展示意图

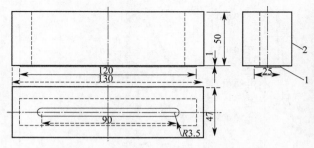

图 5-63　PTFE 模具尺寸以及实物图（图中数字单位是 mm）
1—金属片；2—PTFE 模具

实验时用刀片在双面胶中间挖出一个尺寸稍大于 90mm×7mm 的长孔，剩余的"回"

字形双面胶四周不能有任何断开，这是因为如果有断开分散液会从断开处溢出，对实验不利。将此"回"字形双面胶沿模具底部长孔外围粘牢，然后将金属片粘在双面胶上以堵住长孔。

冷冻干燥以后 CNTs 粉体组装成了一个可独立自支撑的宏观材料体，形状、尺寸与设计的形状、尺寸一致。图 5-64 是纵铺 CNTs 气凝胶表面形貌，发现在平行于冷冻方向气凝胶具有明显的长程有序结构，片层排布的平行度较好，片层表面存在大量的树枝状凸起，这是侧面冷源扰动引起的，占比很少，整体看纵铺 CNTs 气凝胶完整"复制"了单向温度场下冰晶取向性生长的形貌，呈现出良好的多孔孔道定向性和连通性，有利于气态前驱体的流通与运输。整个气凝胶中的孔即为冰坯中的冰晶，可以推断 CNTs 片层包围的孔的形貌即为冰坯中的片层状冰晶。

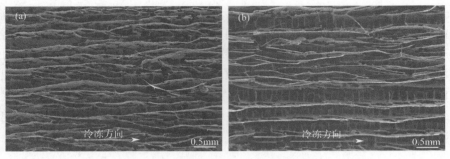

图 5-64　纵铺 CNTs 气凝胶表面形貌

图 5-65(a) 是纵铺 CNTs 气凝胶 N^2 吸附-脱附等温线，表明它属于大孔材料多分子层吸附，由于吸附材料表面的吸附空间没有限制，随着压力的升高吸附由单分子层向多分子层过渡[30]。当相对压力在 0～0.8 之间时，被吸附的 N_2 分子完全脱附，吸附-脱附曲线保持重合，当相对压力大于 0.8 时，吸附-脱附曲线出现轻微分离，出现较小滞后环，这是由孔的毛细凝聚引起的。此外测得纵铺 CNTs 气凝胶比表面积为 $74m^2/g$，可见其具有较高的比表面积。图 5-65(b) 是由非定域密度函数理论（non-local density functional theory，NLDFT）计算出的孔径分布，NLDFT 法是在密度泛函理论（density functional theory，DFT）的基础上发展起来的，它从分子水平描述受限于孔内的吸附质非均匀流体的行为，其应用可以将气体的分子性质与它们在不同尺寸孔内的吸附性能关联起来，因此 NLDFT 可用于微孔和介

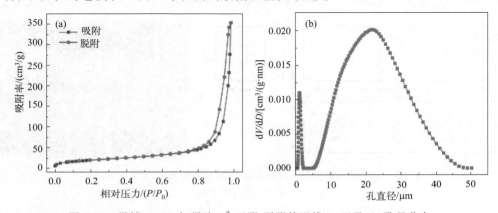

图 5-65　纵铺 CNTs 气凝胶 N^2 吸附-脱附等温线(a)以及(b)孔径分布

纳米增强体有序组装三维结构陶瓷基复合材料

孔的全范围孔径分布的表征[31]，由图 5-65(b)可知纵铺 CNTs 气凝胶的孔径主要集中在 1～2μm、10～40μm，呈现非均匀分布。

应用 TG 分析技术可以分析 CNTs 气凝胶的热稳定性以及催化剂残余，图 5-66 是纵铺 CNTs 气凝胶在空气中的 TG 分析曲线，清晰地看到 TG 曲线主要分两个阶段，这里分别用"A"、"B"表示。"A"段主要是 CMC-Na 的氧化，由于 CMC-Na 是天然纤维素经改性得到的衍生物，含有大量的 C、H、O，因此其首先被氧化，并在 300℃之前氧化殆尽。通常 CNTs 的氧化温度在 560～600℃之间[32]，观察"B"段 CNTs 的氧化发现 CNTs 的氧化温度大大提前，这是由于 CMC-Na 的氧化加速了 CNTs 的氧化。

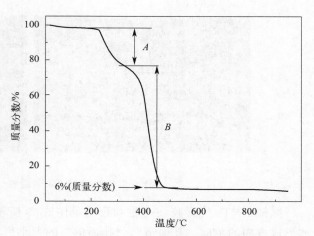

图 5-66　纵铺 CNTs 气凝胶热重分析曲线

500℃以后，剩余的质量百分比约为 6%，是铁/铝催化剂氧化后的产物。

首次 CVI 之后整个气凝胶表面沉积了一层 SiC 陶瓷基体，复合材料尺寸与纵铺 CNTs 气凝胶尺寸一致，没有明显的塌陷、收缩，与第 3 章观察到的一致。此时复合材料强度比较弱，不适合对其进行加工，所以在完成第 1 炉次 CVI 之后把复合材料板材上下面颠倒继续沉积。2 炉次 CVI 之后，复合材料有了足够强度，使用 800♯砂纸将试样上下表面均匀打磨至厚度 3mm，接着将复合材料板材继续沉积 2、4 炉次的 SiC，沉积时用碳纤维系住板材吊在石墨架子上即可。最后应用激光切割技术将复合材料板材切割成测试所需的试样，图 5-67 是加工后部分复合材料板材、试样照片。

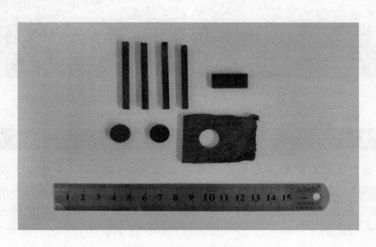

图 5-67　纵铺 CNTs 气凝胶/SiC 实物图

图 5-68 是纵铺 CNTs 气凝胶/SiC 试样表面形貌，图 5-68(a)是沉积 2 炉次加工之后的复合材料表面，发现有一些孔道平行于冰形成的方向，孔道未被 SiC 基体完全填充，孔道两侧是 CNTs/SiC 复合片层，形貌与纵铺气凝胶表面形貌特征、片层排列方式一致。又经过 2 炉

次 CVI，孔道被进一步填充，如图 5-68(b)所示，毫无疑问继续沉积会增加陶瓷沉积量，孔道会被进一步填充。

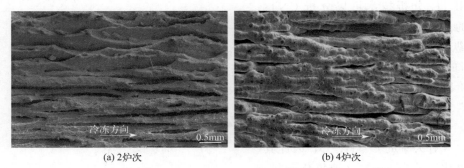

(a) 2 炉次　　　　　　　　　　　　　　　(b) 4 炉次

图 5-68　纵铺 CNTs 气凝胶/SiC 试样表面形貌

纵铺 CNTs 气凝胶/SiC 断口形貌如图 5-69 所示，由图可见，断口处呈现出众多平行于冰形成方向的单向"孔通道"，"孔通道"的大小形状各异，且被复合片层环绕、隔离，可以说 CVI 之后复合材料较为完整，"复制"了纵铺 CNTs 气凝胶的形貌特征。复合材料中孔道的形貌即是气凝胶中孔道的形貌，也即是原始冰坯中的冰晶形貌，由此推断原始气凝胶中的冰晶形貌呈不规则片层状。与之前横铺 CNTs 气凝胶/SiC 相比，复合片层之间均有陶瓷基体和孔隙，不同的是纵铺 CNTs 气凝胶/SiC 中复合片层互连较好，形成的片层孔道结构更好。

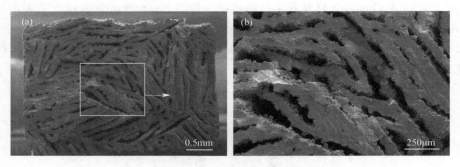

图 5-69　纵铺 CNTs 气凝胶/SiC 断口形貌（a）及其放大（b）

5.5.2　弯曲性能

图 5-70(a)给出了复合材料三点弯曲强度，发现横铺 CNTs 气凝胶/SiC 的弯曲强度仅有 47～157MPa，整体比较离散。为了分析复合材料弯曲强度相差较大并且较低的原因以及复合材料断裂行为，选取了拥有极大值、极小值以及中间值的三个试样作为分析对象。图 5-70(b)给出了弯曲强度为 47MPa、105MPa、157MPa 的 A、B、C 三个试样应力-应变曲线，发现曲线上有很多拐点，这是由于复合材料独特的片层结构，载荷从 CNTs/SiC 片层传递到下一 CNTs/SiC 片层时，载荷传递不连续造成的，计算出的三种试样断裂功分别是 173kJ/m^2、883kJ/m^2、1951kJ/m^2。

图 5-71 是 A、B、C 三个试样断裂表面形貌以及裂纹，白色箭头所指的是断裂的 CNTs/SiC 片层，即承载载荷的片层，白色方框所指的是平行于载荷方向的片层，没有承载

纳米增强体有序组装三维结构陶瓷基复合材料

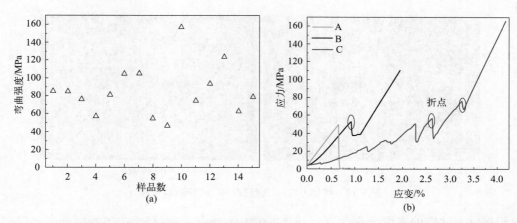

图 5-70　（a）横铺 CNTs 气凝胶/SiC 弯曲强度以及（b）A、B、C 三个试样弯曲应力-应变曲线

载荷。由图发现 A 试样承载载荷的片层只占试样断裂面积的 $10\%\sim15\%$，因此其弯曲强度仅有 47MPa，对于 C 试样几乎整个断裂面积内全是承载载荷的 CNTs/SiC 片层，因此其强度较高。A 试样的裂纹较为倾斜，这与倾斜的片层分布有关，在载荷加载时试样在最薄弱处断裂，而此时的薄弱处正好处于片层之间；C 试样的裂纹较为竖直，载荷几乎垂直于片层，在加载时几乎所有片层的同一位置接受力的传递，因而其裂纹较为竖直，并且具有较高的强度，此外从这些断口形貌也可以推断复合材料片层之间的互相连接较差。

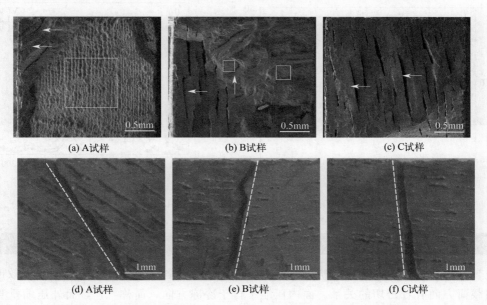

图 5-71　A、B、C 三个试样断口形貌（a）、（b）、（c）以及对应的表面断裂裂纹（d）、（e）、（f）
（白色箭头和方框分别标识出的是断裂的 CNT/SiC 片层以及片层之间的缝隙）

图 5-72(a)、(b) 分别是 2、4 炉次后纵铺 CNTs 气凝胶/SiC 断口形貌，由于 CVI 工艺的特点，只选择了沉积 2、4 炉次的作为对比，直观上看，两者差别不大，都有封闭的孔道。

以定量角度分析了复合材料的密度、开气孔率、孔径分布，分别如图 5-73(a)、5-73(b) 所示，毫无疑问，密度随 CVI 炉次的增加而增加，开气孔率随 CVI 炉次的增加而减少，2、

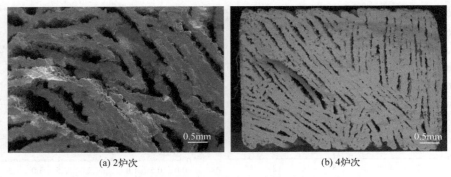

(a) 2炉次   (b) 4炉次

图 5-72 纵铺 CNTs 气凝胶/SiC 试样断口形貌

4、6 炉次后，试样的密度分别为 (1.76 ± 0.08) g/cm³、(2.15 ± 0.07) g/cm³、(2.27 ± 0.10) g/cm³，开气孔率分别达到 $(40.81\pm2.50)\%$、$(33.02\pm2.20)\%$、$(27.3\pm3.10)\%$。所有试样均表现为不均匀的单峰孔径分布形状，孔径变化范围 $2\sim350\mu m$，较高峰处所对应的孔，即相对含量较多的孔的孔径范围为 $10\sim100\mu m$。2 炉次复合材料相对体积含量最多的孔的孔径以及相对体积含量均大于 4、6 炉次复合材料，而后两者较为接近，这是由于 2 炉次加工后的复合材料还有一些开孔，继续沉积内部的部分孔道会被陶瓷基体填充，改变原来的孔径分布，4 炉次后表面已无开孔或很少开孔，此后的 CVI 对内部孔径的影响很小。

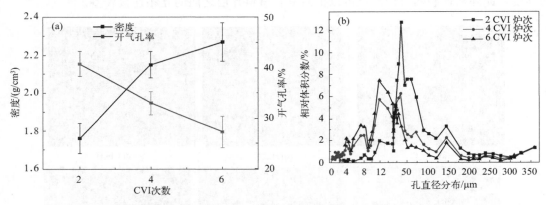

图 5-73 纵铺 CNTs 气凝胶/SiC 密度、开气孔率(a)以及孔径分布(b)

5.5.3 压缩性能

复合材料具有独特的片层结构，其压缩性能将会呈现各向异性，压缩强度、失效模式将与压缩载荷方向有着密切的关系。面内压缩平行于冷冻方向，简称"I"，面外压缩垂直于冷冻方向，简称"O"，在面外压缩模式中主要有四种具有代表性的压缩模式，其示意图如图 5-74 所示，分别是载荷平行于片层（Oa），载荷垂直于片层（Ob），载荷与片层呈近似 45°角度（Oc）以及在面外至少有两组平行的片层（Od）。图 5-75 是 Oa、Ob、Oc 以及 Od 四种面外压缩模式下的实物图。

五种主要压缩载荷下的压缩强度以及应力-应变曲线如图 5-74 所示，发现 I，Oa，Ob，Oc 以及 Od 模式下的强度分别是 (933 ± 55)、(619 ± 34)、(200 ± 45)、(199 ± 21)、(297 ± 41) MPa，面内压缩强度远高于面外压缩强度。分析各个模式下的应力-应变曲线发现，不

纳米增强体有序组装三维结构陶瓷基复合材料

仅面内、面外压缩失效模式不一样，四种具有代表性的面外压缩失效模式也表现出很大的差异性。

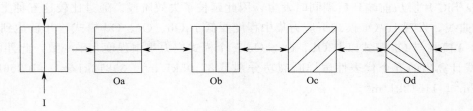

图 5-74　静态压缩示意图

I：面内；Oa：载荷平行于片层；Ob：载荷垂直于片层；
Oc：载荷与片层呈近似 45°角度；Od：面外至少有两组平行的片层

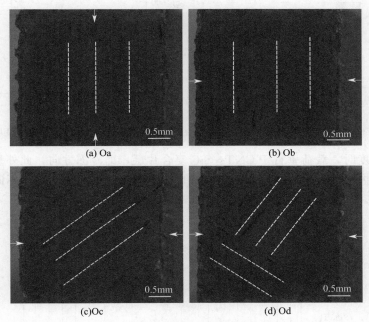

图 5-75　四种面外压缩模式实物图

（白线和白色箭头标识的是片层及载荷方向）

当载荷平行于 CNTs/SiC 片层时，应力分布在所有片层中直至突然断裂失效。I、Oa 压缩模式下的应力-应变曲线几乎完全重叠，然而 Oa 模式下的压缩强度为（619±34）MPa，相比于（933±55）MPa 的面内压缩强度低了 300MPa（图 5-76），这是由于垂直于冰晶生长方向的复合片层呈现微小的波状，在这些波状的地方易引起应力集中，所以具有较低的压缩强度。

当载荷垂直于 CNTs/SiC 片层时，由于片层之间有一些残余孔隙，应力经过片层接触点传递到下一片层时就会在接触点处引起应力集中，以至裂纹产生，甚至出现灾难性扩展。Od、Ob 模式下的失效行为具有很大的相似性，在达到极限载荷之前，具有一致的线弹性应力-应变响应，极限载荷之后应力突然下降 70%～80%，接着是相对平滑的尾端，直至最终失效。Od 模式下的最大应力高于 Ob 模式，这是因为应力主要集中在平行于 CNTs/SiC 片层的尖端，这些尖端的载荷承载能力要高于 Ob 模式。Oc 模式下的失效行为完全不同于其他模式，在失效阶段具有较多的波状，当载荷施加于试样表面时，应力在 CNTs/SiC 片层的前端集中，直至在最大载荷下前端失效，随着载荷的继续施加，裂纹扩展和片层失效就会沿着 CNTs/SiC 片层从前端到后端同时发生，因此延长了失效阶段。通过比较这五种主要的应力-应变曲线，发现 I、Oa 模式下应力集中程度要低于 Ob、Oc、Od 模式，并且达到最大应力之前，I 模式与 Oa 模式以及 Ob、Oc、Od 三个模式应力集中程度几乎一致，此外由应力-应变曲线计算出的五个代表性试样断裂功分别是 87103kJ/m^2、39812kJ/m^2、10266kJ/m^2、9229kJ/m^2、11512kJ/m^2。

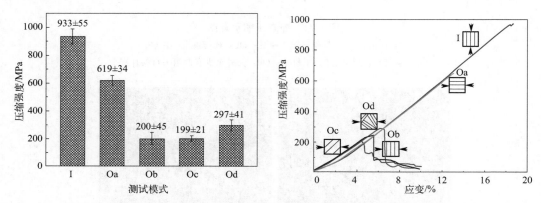

图 5-76　横铺 CNTs 气凝胶/SiC 不同压缩模式下的压缩强度以及应力-应变响应

测试弯曲强度时，载荷垂直于 CNTs/SiC 复合片层，即冷冻方向，此外复合材料压缩性能会有面外和面内之分，压缩强度、失效模式也因压缩载荷方向的不同而不同，面内压缩为平行于冷冻方向，面外压缩为垂直于冷冻方向，其示意图如图 5-77 所示。

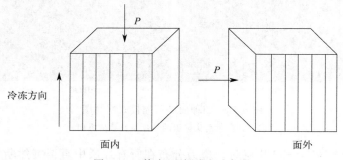

图 5-77　静态压缩测试示意图

图 5-78 给出了纵铺 CNTs 气凝胶/SiC 的弯曲强度和压缩强度，发现随着 CVI 炉次的增加，弯曲强度和压缩强度都在加强。2 炉次后复合材料弯曲强度为（60±5）MPa，4、6 炉次后增加至（200±7）、（240±5）MPa，分别提高了 230%、300%。面内压缩强度分别为（120±15）、（245±18）、（349±29）MPa，面外压缩强度分别为（35±4）、（50±7）、（87±15）MPa，面内压缩强度远高于面外压缩强度。

纵铺 CNTs 气凝胶/SiC 弯曲应力-应变曲线如图 5-79 所示，由图可见，复合材料从应力加载到最大应力均为线性变形，最大应力后材料发生断裂，整体上看呈脆性断裂模式。此外，应力-应变曲线上存在着一些折点，尤其 2 炉次后的复合材料最为明显，这是由载荷传递不连续造成的。纵铺 CNTs 气凝胶/SiC 具有诸多不规则孔道，孔道周围是 CNTs/SiC 复

纳米增强体有序组装三维结构陶瓷基复合材料

合片层，片层之间的结合有强有弱，此外复合材料内部致密化程度不均一，有高有低，这些因素易于造成载荷传递不连续。当陶瓷基体含量较少时，载荷传递过程中前端破坏应力与内部破坏应力相差不大，载荷达到表面破坏应力时，裂纹逐步从前端沿片层向内部扩展，由于片层中应力集中有强有弱，所以载荷传递不连续，在应力-应变曲线上就表现为折点。随着CVI炉次的增加，表面陶瓷基体含量增加较多，内部增加较少，表面陶瓷基体承载能力增强，前端破坏应力大于内部破坏应力，当载荷达到表面破坏应力时，裂纹能迅速从前端沿片层向内部扩展，造成内部片层迅速断裂，直至材料最终失效。载荷传递相对连续，在应力-应变曲线上就表现为无折点或较少折点。

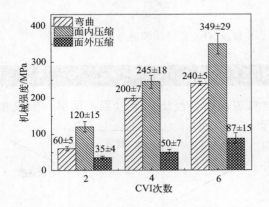

图 5-78　纵铺 CNTs 气凝胶/SiC
弯曲强度和压缩强度

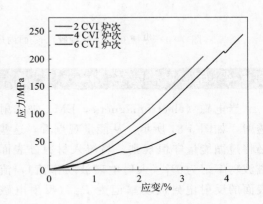

图 5-79　纵铺 CNTs 气凝胶/SiC
弯曲应力-应变曲线

表 5-6 给出了纵铺 CNTs 气凝胶/SiC 的弹性模量、断裂韧性以及断裂功，由表可见，随着 CVI 炉次的增加，复合材料弹性模量、断裂韧性、断裂功均有提高，2 炉次后的弹性模量、断裂韧性、断裂功较低，分别为(47 ± 9)GPa、(1.05 ± 0.10)MPa·m$^{1/2}$、(720 ± 65)kJ/m^2，经过 6 炉次的沉积提高至(101 ± 15)GPa、(3.24 ± 0.11)MPa·m$^{1/2}$、(4188 ± 118)kJ/m^2。

表 5-6　纵铺 CNTs 气凝胶/SiC 弹性模量、断裂韧性以及断裂功

CVI 次数	2	4	6
弹性模量/GPa	47 ± 9	97 ± 14	101 ± 15
断裂韧性/(MPa·m$^{1/2}$)	1.05 ± 0.10	3.05 ± 0.08	3.24 ± 0.11
断裂功/(kJ/m^2)	720 ± 65	2830 ± 150	4188 ± 118

面内压缩性能与面外压缩性能的差异不仅仅体现在压缩强度上，还表现在失效模式上，图 5-80 是纵铺 CNTs 气凝胶/SiC 面内、面外压缩应力-应变曲线，由图可知面内、面外压缩的失效模式呈现很大的差异性。当压缩载荷平行于冷冻方向，即平行于 CNTs/SiC 复合片层时，应力分布在所有片层中直至载荷最大时突然断裂失效，整个过程呈现线弹性响应、脆性失效。随着 CVI 炉次的增加，复合材料承载能力增强，但其失效模式没变。当载荷垂直于冷冻方向时，载荷与复合片层主要有两种接触情况，载荷平行于片层，载荷与片层有一定的角度（0～90°），又由于复合片层之间无规则地连接，载荷传输路径变得很曲折，这样在片层弯折、分叉等地方易引起应力集中，以至于主要宏观裂纹快速扩展，最终导致材料失效。片层之间大量的孔隙以及片层无规则形状等因素造成载荷传递不连续，在应力-应变曲线上表现出很多折点。

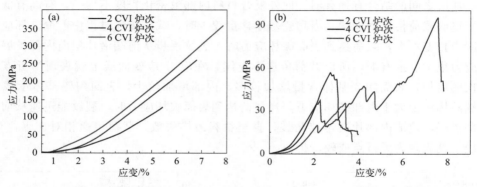

图 5-80　纵铺 CNTs 气凝胶/SiC 面内压缩（a）以及（b）面外压缩应力-应变曲线

5.5.4　电磁屏蔽效能

当电磁（electromagnetic，EM）波入射到材料表面时会经历以下过程：反射、吸收和透射，如图 5-81 所示。从能量观点看，这些过程必将遵循能量守恒规则。将流入材料外表面的电磁波功率记为 P_I（入射电磁波功率流），流出外表面的反射电磁波功率记为 P_R（反射电磁波功率流），流出外表面透射电磁波的功率记为 P_T（透射电磁波功率流），材料吸收的电磁波的功率流记为 P_A，那么 $P_I = P_R + P_T + P_A$。

当电磁波入射至介电材料时，首先遇到的微观机制是介质的极化。没有外电场时，内部电子处于束缚状态，具有可变化的双电中心，即正电荷中心和负电荷中心，正负电荷中心位置是重合的，并不显电性。但是，在外电场的作用下，这类物质的分子和原子产生电极化现象，正负电荷

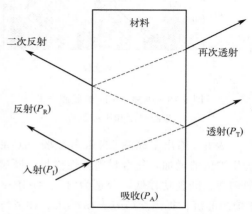

图 5-81　电磁波经过固体材料的传播示意图

的中心位置由重合变为分离，由此产生了转动的力矩-电偶极矩（电矩），并形成微弱电场。介电材料的损耗部分来源于极化过程的转动、取向，部分来源于漏电电导和外电场的频率与分子或原子热振动频率一致时引起的共振[33]。

介电材料的电磁特性由复介电常数 ε 表征，可表示为 $\varepsilon = \varepsilon' - j\varepsilon''$，$\varepsilon'$ 是介电常数实部，代表材料对电磁波极化的能力，ε'' 是介电常数虚部，代表材料对电磁波的损耗能力。依据 Debye 方程，材料将电磁波能量转化为其他形式能量的能力用损耗角正切（$\tan\delta$）表示，它反映的是材料在某一频率下介电损耗的相对大小，是一个无量纲的物理参数。

$$\tan\delta = \varepsilon''/\varepsilon' = \omega\tau(\varepsilon_s - \varepsilon_\infty)/(\varepsilon_s + \varepsilon_\infty \omega^2 \tau^2) \tag{5-5}$$

式中，ε_s 是静态介电常数，ω 是角频率，ε_∞ 是介电常数随 ω 升高而变化的极限值，即光频介电常数，τ 是弛豫周期。弛豫周期与温度 T 满足关系 $\tau = Ae^{B/T}$，也就是说弛豫周期随温度升高而降低。

介电常数是表征介电材料电磁属性的重要参数，可以起到调节电磁性能的作用，通过调整和优化材料的电磁参数从而达到对入射波的吸收、透射和屏蔽。对于吸波材料的设计，从

介质对电磁波吸收的角度来考虑，ε'、ε''越大越好，但设计中还需要考虑阻抗匹配问题，因此并非简单的越大越好，应当根据具体吸波材料的设计来确定电磁参数的最佳值。既要考虑阻抗匹配，减少电磁波在入射界面的反射，又要考虑加强对已进入介质的电磁波的吸收，避免电磁波再次返回，也就是说吸波材料的设计应具备阻抗匹配特性和衰减特性，具体到介电常数应具有低的ε'和适中的ε''。

透波材料一般称为电磁窗口材料（electromagnetic windows），电阻率越高，透波性能越好，但 $\tan\delta$ 值大的不宜用作透波材料，通常限制在 0.01 以下，并且ε'也尽可能低。此外，由于受服役条件的限制，透波材料还必须在耐热、抗风沙、抗冰雹袭击等方面满足使用要求。常见的透波材料除高分子材料外，还有无机材料，如金刚石、Al_2O_3、SiO_2 等。

屏蔽材料对电磁波应具有强反射或者强吸收的能力，以防止电磁波透过，所以应具有高介电常数、高损耗特性，很明显能提供较好屏蔽效果的材料一般具有良好的导电性。图 5-82 是电磁波经过具有不同复介电常数材料的传输模型，总体来说透波材料应具有低的ε'和ε''，吸波材料应具有低的ε'和适中的ε''，电磁屏蔽材料应具有高的ε'和ε''，表 5-7 给出了吸波、透波、屏蔽材料设计时可参考的ε'和ε''数值范围。

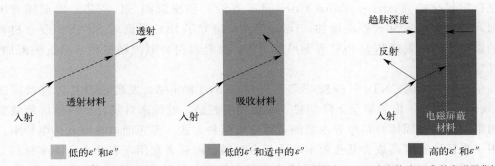

(a) 具有低的ε'和ε''的透波材料　(b) 具有低的ε'和适中ε''的吸波材料　(c) 具有高的ε'和ε''的电磁屏蔽材料

图 5-82　电磁波经过具有不同复介电常数材料的传输模型[34]

表 5-7　X 波段电磁波吸收、透过、屏蔽材料对介电常数的设计要求[34]

材料	性能要求	
	实部(ε')	虚部(ε'')
EM 吸收	5～20	1～10
EM 透过	1～5	$\tan\delta \leqslant 0.01$
EM 屏蔽	＞20	＞10

屏蔽材料对电磁波的屏蔽能力用电磁屏蔽效能（shielding effectiveness，SE）表示，它是衡量电磁屏蔽性能最重要的参数，单位为分贝（dB）。当材料的电磁屏蔽效能为 20dB 时，表示有 99％的电磁波被屏蔽，达到 30dB 时表示有 99.9％的电磁波被屏蔽。通常民用电磁屏蔽材料要求屏蔽效能在 20dB 以上，军用电磁屏蔽材料则要求至少为 30dB[35]。目前，常用的计算屏蔽材料屏蔽效能公式是 Schelkunoff 公式，该公式利用传输线模型，适用于导体平板型屏蔽材料。依据 Schelkunoff 理论，材料的电磁屏蔽效能（total EM SE，SE_T）包含三部分，分别是反射电磁屏蔽效能（reflection EM SE，SE_R）、吸收电磁屏蔽效能（absorption EM SE，SE_A）以及多重反射电磁屏蔽效能（multiple-reflections SE，SE_M）。SE_R 是指电磁波到达材料表面时被材料反射的电磁波，是由阻抗不匹配引起的，SE_A 是电磁波进

入材料内部被材料所吸收的电磁波，SE_M 是电磁波进入材料内部后未被完全衰减的电磁波，又碰到材料的其他界面被多次反射和透射，使得反射波被多次衰减吸收。SE_T 用公式可表示为：

$$SE_T = SE_A + SE_R + SE_M \qquad (5\text{-}6)$$

当趋肤深度小于材料厚度或 $SE_T > 15dB$ 时，SE_M 可忽略不计，这样 $SE_T = SE_A + SE_R$。趋肤深度（Skin Depth，δ）是指入射电磁波强度降低到原来强度的 $1/e$ 时所到达材料内部的深度，用式（5-7）表示[36]：

$$\delta = (\pi f \mu \sigma)^{-1/2} \qquad (5\text{-}7)$$

式中，f 是频率，μ 是磁导率常数（$\mu = \mu_o \mu_r$），$\mu_o = 4\pi \times 10^{-7} H/m$，代表的是空气磁导率，$\mu_r$ 是相对磁导率常数，σ 是材料的电导率。在这个公式中，相对磁导率常数被认为是 1。

针对 CVD/CVI 工艺制备的 SiC 陶瓷基复合材料的电磁性能，人们也进行了一些研究。Yu 等[37] 应用 CVD 工艺制备了 SiC/SiC 复合材料，由于 CVD-SiC 基体中含有大量自由碳，复合材料介电常数高（$\varepsilon' > 120$），对电磁波强反射。本实验室 Yin 等[38] 应用 CVI 工艺在多孔氧化钇稳定氧化锆（yttria-stabilized zirconia，YSZ）毡里沉积 SiC 陶瓷，发现随着沉积量的增加，介电常数 ε' 和 ε'' 逐渐增加。Ding 等[39] 研究了 PyC 界面对 SiC/SiC 复合材料电磁性能的影响，结果发现随着 PyC 界面厚度增大，复合材料介电损耗提高，阻抗失配加剧，电磁波反射性增强。

表 5-8 给出了横铺 CNTs 气凝胶/SiC 不同厚度下的电导率，发现随着复合材料厚度从 3.0mm 减至 2.0mm，电导率呈下降趋势。需要说明的是，电导率对复合材料的屏蔽效能有着巨大的影响，对于固体材料电导率的测试通常有两种方式，即表面电导率和体电导率，前者常常用于表征致密度高或者低孔隙率均质复合材料，而后者常用来表征高孔隙率材料。与均质材料相比，制备的横铺 CNTs 气凝胶/SiC 具有较高的孔隙率以及较差的致密化均匀性，表面基本封闭而内部多孔，因此选择体电导率较为合理。当复合材料厚度为 3.0mm、2.5mm、2.0mm 时，测得的平均电导率分别为 0.43S/cm、0.40S/cm、0.36S/cm，与本实验室 CVI 工艺制备的 2D C/SiC 复合材料电导率（5.18S/cm[40]）相比低了很多，片层之间的孔隙以及大量的陶瓷基体提高了电阻。当样品变薄时，较多的孔隙会暴露出来，复合材料整体孔隙率提高，这增加了电流路径的曲折度，因此厚度较薄的试样电导率低于较厚的试样。不同厚度复合材料试样的趋肤深度如图 5-83 所示，发现趋肤深度随电导率和频率的升高呈明显下降趋势。当平均电导率从 0.43S/cm 降至 0.36S/cm 时，平均趋肤深度从 0.76mm 升高至 0.83mm。

表 5-8　横铺 CNTs 气凝胶/SiC 不同厚度下的电导率

厚度/mm	3.0	2.5	2.0
电导率/(S/cm)	0.43	0.40	0.36

图 5-84 给出了不同厚度下横铺 CNTs 气凝胶/SiC 的 SE_R、SE_A 以及 SE_T。依据之前的讨论，试样的厚度大于趋肤深度，并且 $SE_T > 15dB$，因此可以忽略 SE_M，电磁波在材料中的屏蔽衰减主要由反射和吸收所致。由于 SE_T 是 SE_R、SE_A 之和，所以 SE_T 的变化趋势由 SE_R、SE_A 共同决定，这里先讨论 SE_A、SE_R。观察图 5-84 发现，SE_A 随着厚度的减少呈逐渐下降趋势，随着频率的提高呈上升趋势。对于厚度为 3.0mm 的试样，SE_A 在整个测试

纳米增强体有序组装三维结构陶瓷基复合材料

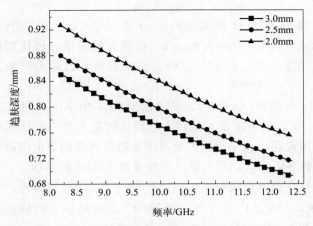

图 5-83　横铺 CNTs 气凝胶/SiC 趋肤深度

频率范围内增加了 6dB，达到 29dB，厚度为 2.5mm 和 2.0mm 的试样，SE_A 分别从 20.5dB、17.2dB 升高至 26dB、22.5dB，三种试样在整个测试频率范围内 SE_A 提高了 5.3~6dB。三种试样的 SE_R 几乎一致，曲线近乎重合，在整个 X 波段 SE_R 为 5~7dB，随频率的增加 SE_R 由 7dB 轻微下降至 5dB。

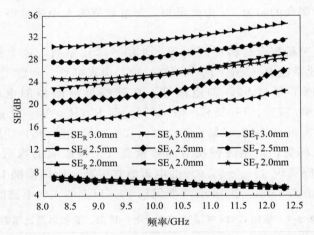

图 5-84　横铺 CNTs 气凝胶/SiC 反射、吸收以及总屏蔽效能

就导电均质材料而言（电导率 σ 不小于 0.009S/cm），SE_R 和 SE_A 可由式(5-8)、式(5-9)表示：

$$SE_R = 39.5 + 10\lg[\sigma/(2\pi f\mu)] \tag{5-8}$$

$$SE_A = 8.7d(\pi f\mu\sigma)^{1/2} \tag{5-9}$$

式中，μ 是磁导率，显然 SE_R、SE_A 与电导率成正比关系。厚度 3.0mm 的试样 SE_A 最高，是由厚度以及电导率共同影响的。需要指出的是材料的 EMI SE 受多种因素影响，如添加物固有电导率，在材料中的分散性、取向等。事实上正如之前的讨论，由于材料特殊的结构，随着试样变薄，电导率会不可避免降低，但降低幅度很小，因此 SE_A 主要受试样厚度影响。SE_R 是电磁波到达材料表面被材料反射的电磁波，是由阻抗不匹配引起的，由于三种试样的表面具有很高的相似性，其阻抗不匹配性差异很小，因此 SE_R 非常接近，曲线近乎重合。

SE_R、SE_A 相加得到复合材料的 SE_T，分别是 30.0～34.5dB（3.0mm）、27.5～31.5dB（2.5mm）、24.8～26.2dB（2.0mm）。应用矢量网络分析仪测得的是 S 参数，由 S 参数计算得出 SE_T、SE_R，SE_A 由 SE_T、SE_R 相减得出，因此为了叙述方便先说明 SE_A、SE_R，最后阐述 SE_T。

以上阐述了 CNTs 气凝胶/SiC SE_R、SE_A 以及 SE_T 随厚度、频率的变化规律，从数值上看 SE_A 高于 SE_R，SE_A 对 SE_T 的贡献较大，但反射是主要的屏蔽机理，为了说明这一问题需要从测试基本原理说起。首先应用矢量网络分析仪测得的是电磁散射 S 参数，即反射参数 S_{11}、S_{22}，透射参数 S_{12}、S_{21}，然后算出反射系数 R 和透射系数 T，因此这里的 R、T 是直接测得的，根据能量守恒原则吸收系数 A＝1－R－T。实际测量时，SE_T 被定义为电磁波 P_i/P_t 的对数，即 $SE_T=10\lg(P_i/P_t)$[41]（P_i 和 P_t 是电磁波中的物理量）。如果用 R、T、A 系数来定义 SE_T，即是 $SE_T=10\lg[(R+T+A)/T]=10\lg(1/T)=-10\lg(T)$。依据直接计算的 R 系数，反射屏蔽效能 $SE_R=-10\lg(1-R)$，根据已有的 SE_T、SE_R，在不考虑 SE_M 的情况下，$SE_A=SE_T-SE_R=-10[\lg(T)-\lg(1-R)]=-10\lg[(T/(1-R)]=10\lg[(1-R)/(1-R-A)]$，这里定义（1－R）为有效吸收系数（$A_{eff}$），它表示的含义是经过材料反射以后穿过材料的电磁波的吸收系数。依据 SE_T 最初的定义方法推理，$SE_A=10\lg[P_{A_{eff}}/P_{(1-R-A)}]=10\lg(P_{A_{eff}}/P_T)$，因此可以得出 SE_A 的计算是以穿过材料的电磁波的量为基础的，把反射后剩余的归为 1。由此可知，通过数值的大小简单得出吸收是主要屏蔽机理的结论是不合理的。

为了更为直观地分析复合材料屏蔽机理，使用了"比系数"这个概念，表 5-9 给出了 R、T、A 系数以及比系数 R/(R+A)、A/(R+A)，由表可见，系数 T 小于 1%，表明三种厚度的试样都屏蔽掉了超过 99%的电磁波，在这些被屏蔽掉的电磁波中，81.92%～72.00%、80.59%～69.57%、79.15%～67.05%［即 R/(R+A)］受益于电磁波反射，相比之下，18.08%～28.00%、19.41%～30.43%、20.85%～32.95%［即 A/(R+A)］受益于电磁波吸收。由此可见，电磁波被反射的数量要大于被吸收的数量。就屏蔽效能而言，SE_T 达到 20～30dB 能实现 99%～99.9%的电磁波被屏蔽，所以横铺 CNTs 气凝胶/SiC 无论厚度是 3.0mm 还是 2.5mm、2.0mm 均能阻挡 99%以上的入射电磁波。

表 5-9　横铺 CNTs 气凝胶/SiC 反射、透射、吸收以及比系数

厚度/mm	反射	透射	吸收	正常反射/%	正常吸收/%
3.0	0.72～0.82	0.00094～0.00035	0.28～0.18	81.92～72.00	18.08～28.00
2.5	0.70～0.80	0.00175～0.00072	0.30～0.20	80.59～69.57	19.41～30.43
2.0	0.69～0.79	0.00264～0.00112	0.31～0.20	79.15～67.05	20.85～32.95

应用体电导率可表征纵铺 CNTs 气凝胶/SiC 的导电性能，当复合材料厚度从 3.0mm 加工至 2.5mm、2.0mm 时，电导率变化不大，数值为（0.13±0.02）S/cm，计算出的趋肤深度值在 1.18～1.68mm 之间。对 2.0mm 厚复合材料继续沉积 2、4 炉次的 SiC 基体，测试了其密度和电导率，如表 5-10 所示，发现平均密度从 1.76g/cm³ 升高至 2.05g/cm³，与此同时平均电导率从 0.14S/cm 升高至 0.17S/cm，较低的电导率与复合材料结构有着密切的关系，片层之间的孔道减少了电流路径，因此纵铺 CNTs 气凝胶/SiC 具有较低的电导率。图 5-85 是 2mm 厚复合材料不同 CVI 炉次后的趋肤深度，由图可见，趋肤深度随电导率和频率的升高呈明显下降趋势，当沉积 4 炉次后趋肤深度从原始的 1.21～1.49mm 降至 1.10～1.35mm。

表 5-10　2mm 厚纵铺 CNTs 气凝胶/SiC 不同 CVI 炉次后平均密度及电导率

CVI 次数	0	2	4
密度/(g/cm^3)	1.76	1.91	2.05
电导率/(S/cm)	0.14	0.16	0.17

根据之前的讨论以及复合材料的厚度、趋肤深度等信息，纵铺 CNTs 气凝胶/SiC SE 的计算忽略了 SE$_M$。图 5-86 是复合材料从厚度 3.0mm 加工至 2.5mm、2.0mm 时的 SE$_A$、SE$_R$、SE$_T$，发现随着厚度的减少，SE$_A$ 逐渐下降，在整个 X 波段，每种试样 SE$_A$ 变化均不大。厚度为 3.0mm 时，SE$_A$ 为 14～17dB，当厚度减少至 2.5mm、2.0mm 时，SE$_A$ 分别为 12～13dB、9～10dB，SE$_A$ 的减少主要是厚度降低所致。复合材料 SE$_R$ 在整个 X 波段变化也不大，随着频率的升高大体呈下降趋势，2.0mm 厚的试样曲线波动稍大。然而与 SE$_A$ 相反的是随着厚度的减小 SE$_R$ 呈升高趋势，由 3.7～5.8dB 升高至 5.0～6.5dB。SE$_R$ 是

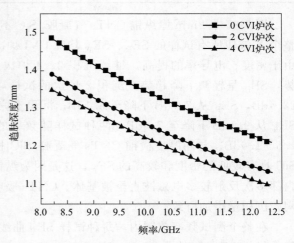

图 5-85　2mm 厚纵铺 CNTs 气凝胶/SiC
不同 CVI 炉次后的趋肤深度

由阻抗不匹配引起；此外，复合材料具有较多的孔道，越靠近内部孔道越多，电磁波与材料接触的表面积也就越大，反射出材料表面的电磁波也较多，因此 SE$_R$ 较高。

在整个测试频率范围内，每种试样 SE$_T$ 变化不是很大，分别为 19.4～20.3dB（3.0mm）、17.4～18.4dB（2.5mm）、15.2～16.7dB（2.0mm）。表 5-11 给出了 R、T、A 系数以及比系数 R/(R+A)、A/(R+A)，比较来看系数 T 极小，表明透过复合材料的电磁波极少，随着试样的变薄 T 变大意味着透过的电磁波增多，被屏蔽的电磁波减少，在这些被屏蔽的电磁波中，74.55%～58.51%、76.79%～64.31%、79.08%～70.43%得益于电磁波反射，25.45%～41.49%、23.21%～35.69%、20.92%～29.57%得益于电磁波吸收。

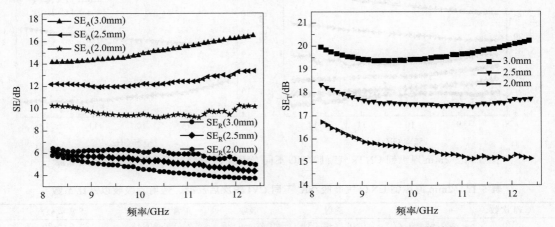

图 5-86　不同厚度纵铺 CNTs 气凝胶/SiC 反射、吸收以及总屏蔽效能

表 5-11 不同厚度纵铺 CNTs 气凝胶/SiC 反射、透射、吸收以及比系数

厚度/mm	反射	透射	吸收	正常反射/%	正常吸收/%
3.0	0.57~0.74	0.010~0.012	0.25~0.41	74.55~58.51	25.45~41.49
2.5	0.63~0.76	0.015~0.018	0.23~0.35	76.79~64.31	23.21~35.69
2.0	0.68~0.77	0.021~0.031	0.20~0.29	79.08~70.43	20.92~29.57

图 5-87 是 2mm 厚纵铺 CNTs 气凝胶/SiC 不同 CVI 炉次后的 SE_R、SE_A、SE_T，发现在整个 X 波段所有试样的 SE_R、SE_A 均随 CVI 炉次的增加而增加，此时 SE_R、SE_A 的升高是由于密度、电导率的提高。继续沉积 2、4 炉次后，复合材料 SE_A 随频率的提高呈上升趋势，SE_R 呈轻微下降趋势。沉积 2 炉次的试样，SE_A 在整个频率范围内从 19.6dB 提高至 22.4dB，SE_R 从 7.7dB 下降至 6.1dB；沉积 4 炉次的试样，SE_A 由 24.1dB 升高至 28.1dB，SE_R 从 9.1dB 下降至 7.6dB。两种试样随频率的升高 SE_A 提高了 2.8~4dB，SE_R 下降了 1.5~1.6dB。与同厚度横铺 CNTs 气凝胶/SiC 相比，沉积 2、4 炉次后纵铺 CNTs 气凝胶/SiC 具有较低的密度和较高的 SE_A，这是因为纵铺 CNTs 气凝胶/SiC 的孔道网络结构更能在内部多次反射较多电磁波直至被基体、CNTs 吸收耗散，SE_R 虽有提高但较少，主要由表面陶瓷沉积量增加所致。

在整个测试频率范围内，每种试样 SE_T 曲线波动同样不是很大，继续沉积 2、4 炉次后复合材料 SE_T 分别为 27.0~28.5dB、33.1~35.7dB，与原始 2.0mm 厚试样相比提高了 63%~88%、98%~134%，与横铺 CNTs 气凝胶/SiC 相比，纵铺 CNTs 气凝胶/SiC 具有较低的密度以及较高的屏蔽效能。表 5-12 同样给出了复合材料 R、T、A 系数以及比系数 R/(R+A)、A/(R+A)，发现随着沉积炉次的增加，系数 T 逐渐减小且比表 5-11 中的系数 T 小了很多，说明透过复合材料的电磁波极其稀少，在那些没有透过复合材料的电磁波中，79.08%~70.43%、83.37%~75.86%、87.72%~82.98% 的电磁波被反射，20.92%~29.57%、16.63%~24.14%、12.28%~17.02% 的电磁波被吸收，被反射的电磁波远多于被吸收的电磁波。

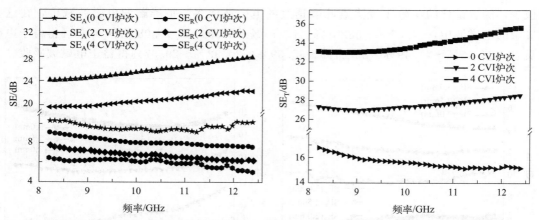

图 5-87 2mm 厚纵铺 CNTs 气凝胶/SiC 不同 CVI 炉次后反射、吸收以及总屏蔽效能

表 5-12 2mm 厚纵铺 CNTs 气凝胶/SiC 不同 CVI 炉次后反射、透射、吸收以及比系数

CVI 次数	反射	透射	吸收	正常反射/%	正常吸收/%
+0	0.68~0.77	0.021~0.031	0.20~0.29	79.08~70.43	20.92~29.57
+2	0.75~0.83	0.0015~0.0020	0.16~0.24	83.37~75.86	16.63~24.14
+4	0.83~0.88	0.0003~0.0005	0.12~0.17	87.72~82.98	12.28~17.02

SiC 陶瓷基复合材料主要服役于高温极端环境，热物理性能特别是高温热物理性能（如热导率、热扩散率等）关系到结构件间的匹配连接，并直接影响结构件抗热冲击、传热以及散热等性能，对材料使用寿命和范围有极大影响。因此，热物理性能是复合材料重要的性能之一，也是其在设计、制备、应用时必须考虑的重要因素之一。热物理性能与材料的组分密切相关，以 CFCCs 为例，复合材料热物理性能与纤维、界面和基体的含量、分布特点以及相互之间的结合等密切相关，而这取决于复合材料的制备工艺。针对所制备的纵铺 CNTs 气凝胶/SiC，主要研究了其热扩散率、热导率。热扩散率反映的是温度随时间变化的物体内部热量传递速率大小，热扩散率愈大，物体内热量传递速率愈大。热导率表征的是单位温度梯度下，单位时间内通过单位垂直面积的热量。热扩散率针对的是"速度"，热导率针对的是"量"，热扩散率比热导率有更直接的反映。

图 5-88 给出了纵铺 CNTs 气凝胶/SiC 在 25～1200℃的热扩散率变化，发现在整个测试温度范围内，三种试样的热扩散率呈现一致的变化趋势，即随着温度的升高，热扩散率逐渐下降，温度较低时，热扩散率下降速率较大，随着温度的升高下降速率开始减小，高温阶段曲线趋于平缓。沉积 2 炉次的复合材料在 25、200、400、600、800、1000、1200℃ 时的热扩散率 分 别 为 9.53、6.75、5.48、4.73、4.23、3.86、3.56mm^2/s，由最高时的室温热扩散率 9.53mm^2/s 下降至 1200℃ 时的 3.56mm^2/s，下降 63%，沉积 4、6 炉次的复合材料，热扩散率分别下降 67%、69%。此外，随着 CVI 炉次的增加，复合

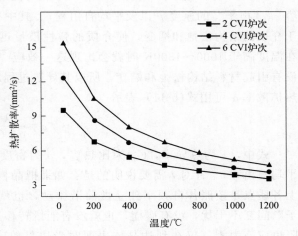

图 5-88　纵铺 CNTs 气凝胶/SiC
在 25～1200℃的热扩散率

材料热扩散率逐渐升高，从 2 炉次的 9.53～3.56mm^2/s 升高至 4 炉次的 12.33～4.12mm^2/s，再升高至 6 炉次的 15.27～4.71mm^2/s，6 炉次后复合材料在 25、200、400、600、800、1000、1200℃ 时 的 热 扩 散 率 分 别 达 到 15.27、10.52、7.98、6.70、5.81、5.23、4.71mm^2/s。

接下来对复合材料导热机理进行分析。固体可以通过电子运动导热，也可以通过晶格振动的格波传播导热，前者称为电子热导，是金属材料主要的导热机制，后者称为格波热导，是无机非金属晶体的主要导热机制[42]。依据固体晶格热传导理论，晶格振动的能量是量子化的，可把格波的"量子"称为"声子"，"声子"概念的引入给以下讨论带来了极大方便。当把格波的传播看成是质点——"声子"的运动以后，就可把格波与物质的相互作用理解成"声子"和物质的碰撞，把格波在晶体中传播时遇到的散射看成是"声子"同晶体中质点的碰撞，把理想晶体中热阻的来源看成是"声子"之间的碰撞。也正因为如此，晶格热运动系统可看成是"声子"气体，当样品存在温度梯度时，"声子"气体的密度分布是不均匀的，

高温处"声子"密度高，低温处"声子"密度低，因而"声子"气体在无规则运动的基础上产生平均的定向运动，这就是"声子"的扩散运动。"声子"是晶格振动的能量量子，"声子"的定向运动就意味着有一股热流，热流的方向就是声子平均的定向运动方向，因此晶格热传导可以看成是"声子"扩散运动的结果。依据这一理论可以得到介电固体热导率 λ，如式(5-10) 所示

$$\lambda = \frac{1}{3}\int c(\omega)vl(\omega)\mathrm{d}\omega \qquad (5-10)$$

式中，c 为单位体积热容，v 为"声子"速度，l 为"声子"的平均自由程，c 与 l 均是"声子"振动频率 ω 的函数。此外，固体中除了"声子"热导以外还有"光子"热导，"光子"热导是由于固体中分子、原子和电子的振动、转动等运动状态的改变辐射出频率较高的电磁波，此类辐射能占总能量的比例很小，在讨论热容、热导率时通常忽略不计，但在高温时它的影响就很重要了。

由式(5-10) 可知，在以"声子"导热为主的温度区间，决定热导率的因素有材料的热容 c、"声子"的速度 v 以及平均自由程 l。其中 v 通常可看作常数，只有在温度较高时，由于介质的结构松弛和蠕变，使介质的弹性模量迅速下降，才使 v 减小，如一些多晶氧化物在温度高于 $1000\sim1300\mathrm{K}$ 时就会出现这一效应[43]。对于 CNTs 气凝胶/SiC，$1200{}^\circ\mathrm{C}$ 的温度没有引起材料结构松弛和蠕变，所以其导热过程以"声子"导热为主。由公式(5-10) 可知，热扩散率 α 可用式(5-11) 表示

$$\alpha = \frac{\lambda}{\rho \times C_\mathrm{p}} \qquad (5-11)$$

式中，λ 为热导率，C_p 为比热容，ρ 为密度。由式(5-10)、式(5-11) 可知 $\alpha \propto l$（l 为平均自由程）。针对 l 需要说明的是：如果把晶格热振动看成是严格的线性振动，那么晶格上各质点是按照各自频率独立做简谐振动，也就是说格波间没有相互作用，各种频率"声子"间互不干扰，没有碰撞，也就没有能量转移，"声子"在晶格中畅通无阻，晶体中的热阻也应该为零（仅在到达晶体表面时受边界效应的影响），这样热量就以"声子"的速度（声波的速度）在晶体中传递，然而这与实验结果是不符的。实际上在很多晶体中热量传递是很迟缓的，这是由于晶格热振动并非是线性的，格波间有一定的耦合作用，"声子"间会产生碰撞，这样使"声子"的平均自由程 l 减小。格波间相互作用愈大，也就是"声子"间碰撞概率愈大，相应的平均自由程愈小，热扩散率 α 也就愈低，因此这种"声子"间碰撞引起的散射是晶体中热阻的主要来源。温度升高，平均"声子"数增加，"声子"间碰撞概率增大，平均自由程减少，因此热扩散率 α 减小。当温度较高时，平均"声子"数增加减缓并逐渐趋于恒定，因此热扩散率缓慢减小并趋于恒定。除此之外，晶体中的各种缺陷、杂质以及晶粒界面都会引起格波的散射，也就等效于"声子"平均自由程的减小降低了热扩散率。但是当温度高于材料制备温度时，SiC 基体的结晶化程度提高，晶体缺陷减少，缺陷对"声子"的散射作用减弱，"声子"平均自由程提高，故热扩散率提高，这也是 $1200{}^\circ\mathrm{C}$ 时复合材料热扩散率下降至很小的主要原因[44]。针对所制备的纵铺 CNTs 气凝胶/SiC，随着 CVI 炉次的增加，密度增加，相应的气孔率减少，很容易理解热扩散率会升高，从结构上说当热流辐射到材料表面时，热流会通过互连的 CNTs/SiC 片层向材料内部、另一端扩散。

图 5-89 给出了沉积 2、4 炉次后纵铺 CNTs 气凝胶/SiC 在升温、降温过程中的热扩散率变化趋势，发现无论是升温过程还是降温过程，热扩散性能随温度的变化规律并未发生改

变，测量结果几乎相等。热扩散率对材料结构单元、晶体结构和显微结构的微小变化都非常敏感，这说明 1200℃热处理后复合材料结构并未发生变化。李等[45] 曾研究了 CVD-SiC 的热扩散率，发现其从室温的 $49mm^2/s$ 逐渐下降至 1400℃的 $7mm^2/s$，虽然 CNTs 气凝胶/SiC 存在高热导率的 CNTs，但曾有研究报道 CNTs 界面层比 PyC 界面层更能提高 CVI-SiC/SiC 热扩散率[46]，相比来说 CNTs 气凝胶/SiC 的热扩散率还是处于较低的范围，这是由于复合材料有较高的孔隙率，孔隙的存在会大大降低热扩散率。

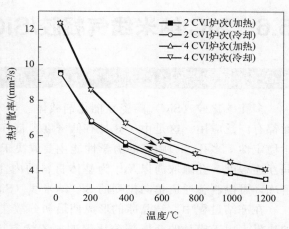

图 5-89 纵铺 CNTs 气凝胶/SiC 在 25～1200℃
范围内升温、降温过程中的热扩散率

纵铺 CNTs 气凝胶/SiC 在 25～1200℃的热导率如图 5-90(a) 所示，发现在 25～1200℃范围内，三种试样的热导率与热扩散率呈现大体相似的变化趋势，只是热扩散率的变化曲线较为平滑，热导率的变化曲线有些波动。沉积 2 炉次的复合材料在 25、200、400、600、800、1000、1200℃时的热导率分别为 15.39、14.17、13.27、12.55、12.71、12.33、11.77W/(m·K)，由最高时的室温热导率 15.39W/(m·K) 下降至 1200℃时的 11.77W/(m·K)，下降 24%，沉积 4、6 炉次复合材料的热导率分别下降 25%、26%，热导率的下降率远小于热扩散率的下降率。此外，随着 CVI 炉次的增加，复合材料热导率与热扩散率一样都是逐渐升高，从 2 炉次的 15.39～11.77W/(m·K) 升高至 4 炉次的 21.98～15.92W/(m·K)，再升高至 6 炉次的 27.43～20.28W/(m·K)，沉积 6 炉次后，复合材料在 25、200、400、600、800、1000、1200℃时的热导率分别达到 27.43、27.19、26.89、24.10、21.78、21.05、20.28W/(m·K)。图 5-90(b) 是 SiC 陶瓷的热容以及纵铺 CNTs 气凝胶/SiC 的热容，观察发现它们的热容随温度升高呈现升高趋势。热导率为热扩散率、热容以及密度之积，虽然热容随温度升高而升高，但热扩散率是降低的，综合下来也就呈现出如图 5-90(a) 所示的结果。

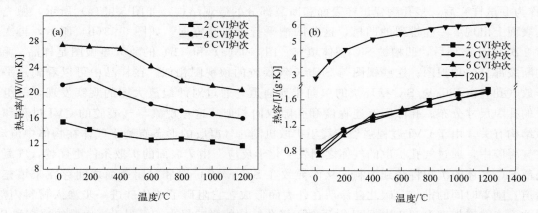

图 5-90 纵铺 CNTs 气凝胶/SiC 热导率（a）以及（b）纵铺 CNTs 气凝胶/SiC、SiC 陶瓷的热容

5.6 ▶ SiC 纳米线气凝胶/SiC 复合材料

5.6.1 显微结构

多孔碳化硅（SiC）陶瓷在催化剂载体、热气体或熔融金属过滤器以及高效燃烧器等方面都有广泛应用。这是由于其具有低密度，良好的抗热震性能，高机械性能和优良的高温化学稳定性。多孔 SiC 陶瓷的力学性能主要取决于制造方法，制造方法影响到孔径分布、孔隙间互连程度、孔隙取向以及作为基体材料的内在性能。通过对 SiCnw 溶液进行连续冷冻和解冻，可以制备通道单向排列的 SiC 纳米线（SiCnw）气凝胶。

在冻结过程中，结晶冰的形成使最初分散在水介质中的各种溶质被排出到相邻冰晶之间的边界。由于模具的金属部分比聚四氟乙烯有更高的导热性，特殊模具中的浆料会单向冻结，导致形成平行于冰生长取向的柱状冰，同时溶质被排出到柱状体之间的边界。在随后的冷冻干燥过程中，会产生包围最初冰晶空区域的冷冻凝胶。冷冻干燥过程使样品能保持容器的大小和形状。

图 5-91 为 SiCnw 气凝胶的 SEM 图片。图 5-91(a) 和（b）分别为气凝胶的前视图和顶视图，它们分别平行和垂直于冰晶形成方向的平面。气凝胶中可以观察到几百微米大小的开放微孔和微孔通道，它们沿着冰形成的宏观方向排列，类似于通道。图 5-91(d) 的高倍放大图像显示了气凝胶中的 SiCnw 壁，与初始 SiCnw 几乎相同 ［图 5-91(c)］，都呈现出黏结的网状形态。在冰壁中，有许多尺寸为几微米的小微孔，这是由于在冰浆中存在小的冰晶颗粒。这些微孔和微孔通道为碳化硅的后续渗透提供了途径。综上所述，气凝胶的结构是由采用冷冻干燥工艺实现的单向排列的通道网络。

多孔 SiCnw/SiC 陶瓷的 SEM 显微图如图 5-92 所示。如图 5-92(a) 所示，气凝胶中的 SiCnw 壁均被 SiC 基体完全填充。顶面也呈现出与 SiCnw 气凝胶形成过程相似的形态。图 5-92(b) 显示了 SiCnw/SiC 的横截面的典型微观结构；图中的黑线表示气凝胶中的 SiCnw 壁，两侧都有致密的 Si 基质沉积。

图 5-93(a) 和 5-93(b) 展示了分别经过 3 次 CVI 循环（称为 a 试样）和 5 次 CVI 循环（称为 b 试样）后，多孔陶瓷试样表面和断裂部分的微观结构。如图 5-93(a) 所示，抛光后的表面上出现了一些排列的凹槽，这些凹槽平行于成冰方向。如图 5-93(b) 所示，再次经过 2 次 CVI 循环后，凹槽被 SiC 基体填充。图 5-93(a) 和（b）的放大显微图是样品 a 和 b 的断裂部分的顶视图；这些视图与 SiCnw 气凝胶的顶视图相似。在样品中可以看到扁平的开放气孔和由 SiCnw/SiC 壁环绕的单向排列通道。通过对两组放大图的观察发现，两组试样的孔隙尺寸分布、孔隙间互连程度和孔隙取向相似。这一现象与气凝胶的 CVI 过程和孔隙结构有关。由于 CVI 过程强烈依赖于扩散机制，气凝胶的形态有利于气体在物体中流动。在气凝胶中，通过气孔扩散的气体之间发生化学反应。由于表面的扩散条件更优越，气凝胶内部 SiC 基体的沉积将受到抑制，从而导致在 SiCnw/SiC 壁和封闭表面之间存在未填充的通道。随着时间的推移，碳化硅涂层在外表面形成，它阻碍了碳化硅进一步渗入材料内部。因此，连续增加 2 次和 4 次 CVI 循环对陶瓷孔结构的影响很小，仅限于表面槽的填充和 SiC 镀层厚度的增加。图 5-94 显示了 SiCnw/SiC 壁断裂截面的放大显微图，并发现在两侧有致密的 SiC 基体。

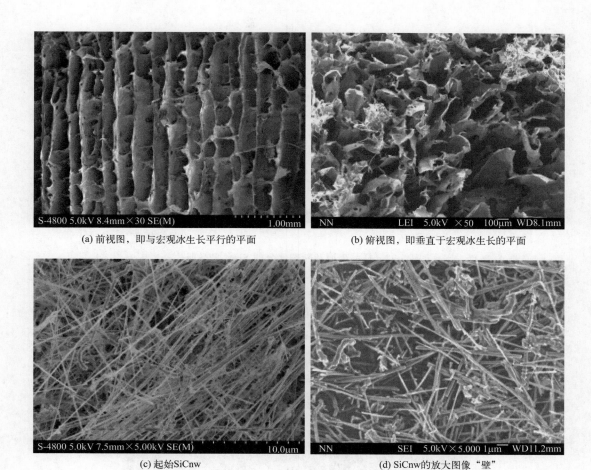

(a) 前视图，即与宏观冰生长平行的平面

(b) 俯视图，即垂直于宏观冰生长的平面

(c) 起始SiCnw

(d) SiCnw的放大图像"壁"

图 5-91　SiCnw 气凝胶的 SEM 显微照片

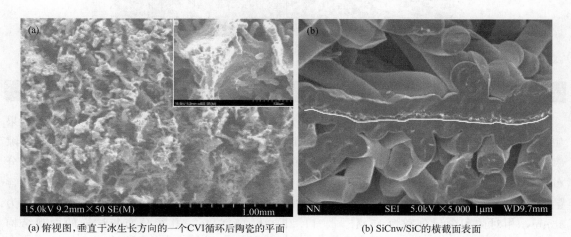

(a) 俯视图，垂直于冰生长方向的一个CVI循环后陶瓷的平面

(b) SiCnw/SiC的横截面表面

图 5-92　多孔 SiCnw/SiC 陶瓷的 SEM 显微照片

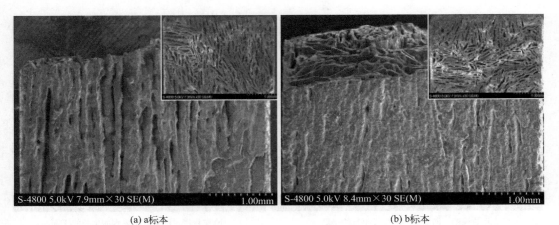

(a) a标本   (b) b标本

图 5-93   样品表面和断裂部分的 SEM 显微照片

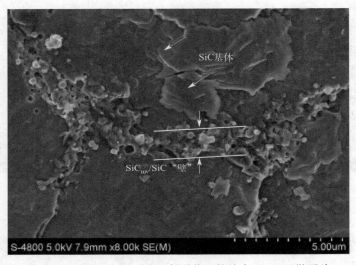

图 5-94   SiCnw/SiC "壁" 断裂截面的放大 SEM 显微照片

5.6.2   力学性能

在分别经过 3 次、5 次、7 次 CVI 循环后，用 MIP 法测定陶瓷的孔隙率和密度；结果如表 5-13 所示，三种多孔陶瓷的孔径分布曲线如图 5-95 所示。尽管不同样品的绝对孔隙率值存在差异，但所有样本的孔隙大小分布曲线形状几乎相同，都是不均匀且呈单峰分布。在 $20\sim350\mu m$ 的范围内，在孔径为 $30\sim80\mu m$ 处具有最大峰值。孔径的相对体积含量分别为 $4\%\sim16\%$（$30\sim80$）μm 和 $0\sim3\%$（$120\sim350$）μm。三个试样的最大孔径为 $36\mu m$，相对体积含量分别为 15.45%、11.25% 和 14.21%。孔径分布与试样的微观结构和 CVI 过程有关。再次经过 2 和 4 次 CVI 循环对陶瓷孔结构的影响很小。图 5-95（b）为三个试样的差异孔隙体积。研究发现，不同 CVI 循环次数的试样孔隙差异体积表现出几乎相同的趋势，并随着 CVI 循环次数的增加而显著减小，这与碳化硅涂层变厚以及孔隙体积相对减小有关。

表 5-13　多孔 SiCnw/SiC 陶瓷的孔隙率和密度

CVI 次数	3	5	7
孔隙率/%	32.23	23.44	9.23
密度/(g/cm³)	1.99	2.27	2.30

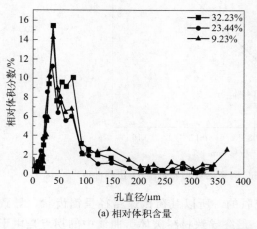

(a) 相对体积含量

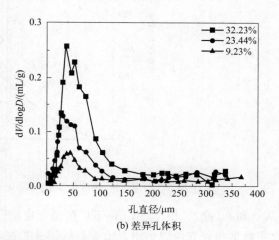

(b) 差异孔体积

图 5-95　多孔陶瓷样品的孔径分布曲线

图 5-96 显示了多孔陶瓷抗弯强度随孔隙率的变化。三个样品的抗弯强度分别为（122±10）MPa、（180±16）MPa 和（270±25）MPa，孔隙率分别为 32.23%、23.44% 和 9.23%，证明孔隙率与抗弯强度呈单调递减的线性关系。强度的增加主要是由于碳化硅涂层厚度的增加。试件的典型弯曲应力-位移曲线如图 5-97 所示。根据多孔陶瓷中的通道和 SiCnw/SiC "壁"可知，所有试样均表现出典型的脆性断裂，伴随低密度和高密度区域的波动，并出现一些较小的波状路径。

由于制备的试样的结构具有各向异性，所以其在压缩载荷作用下的强度和破坏模式与加载方向有关。在连续 3 次、5 次和 7 次 CVI 试验中，三个试样的横向抗压强度分别为（54±3）MPa、（65±5）MPa、（110±15）MPa，纵向抗压强度分别为（249±40）MPa、（401±20）MPa、（496±29）MPa，其纵向抗压强度明显高于横向抗压强度。多孔 SiCnw/SiC 陶瓷在平行和垂直于冻结方向上的典型压缩应力-位移曲线如图 5-98 所示。在冻结方向上的应力-应变曲线与垂直于冻结方向的曲线是不相同的。结果表明，冻干方向的抗压强度远大于垂直于冻干方向的抗压强度，其力学性质与冻干过程中微观结构的各向异性有关。当压缩载荷与冻结方向平行时，试件中的载荷平行于 SiCnw/SiC

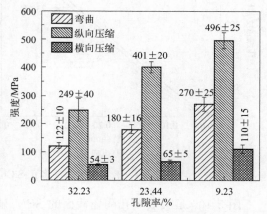

图 5-96　多孔陶瓷的弯曲和
压缩强度随孔隙率的变化

壁面，载荷均匀分布在所有 SiCnw/SiC 壁面上，直到突然断裂，发生脆性断裂行为与弹性破坏。当压缩载荷与冻结方向垂直时（加载平面被假定为图 5-99 中标记的白线），压缩负荷方向垂直于 SiCnw/SiC 壁面（a），并且加载方向与 SiCnw/SiC 壁面之间具有一定的角度

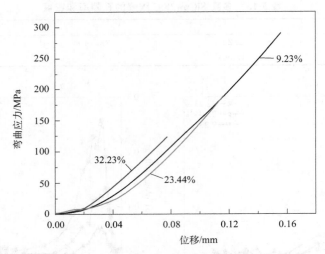

图 5-97　不同孔隙率的多孔 SiCnw/SiC 陶瓷的典型弯曲应力-位移曲线

（从 0 到 90 度）。由于 SiCnw/SiC 壁是不规则交联的，所以载荷传递路径呈锯齿状，导致应力在曲率和分支位置集中，宏观裂纹迅速扩展，最终导致材料破坏。曲线中的拐点是由于负载从一个 SiCnw/SiC 壁转移到另一个 SiCnw/SiC 壁。但在载荷达到峰值后，破坏区域的力学曲线较为平缓。这是由于 SiCnw/SiC 壁的连续渐进破坏，延长了破坏阶段。通过对曲线形状的观察，还发现弹性区域的曲线高度随着 CVI 循环次数的增加而增加；这一现象可以归因于碳化硅涂层厚度的增加，从而提高了多孔陶瓷的承载能力。

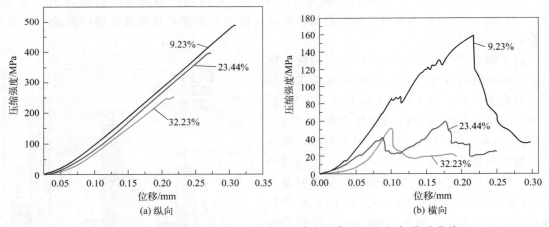

图 5-98　不同孔隙率的多孔 SiCnw/SiC 陶瓷的典型压缩应力-位移曲线

　　图 5-100 是失效多孔陶瓷截面的 SEM 显微图。可以观察到，纳米线由于其高的抗拉强度而保持了原来的外观，由于制备温度较低，经 CVI 处理后可以保持其物理力学性能。在图 5-100 中，黑色箭头表示纳米线从基体中拉出的位置，白色箭头表示由于纳米线完全脱离基体而产生的残余孔的位置。纳米线沿脱粘界面滑动导致纳米线拉出是一种增韧机制，与纳米线粗糙的表面和大纵横比消耗断裂能有关，能够有效提高纳米线的拉出阻力和阻止裂纹扩展。

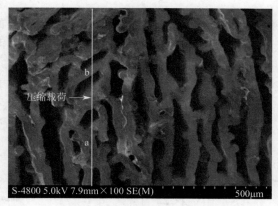

图 5-99　垂直于冷冻方向的压缩载荷示意图

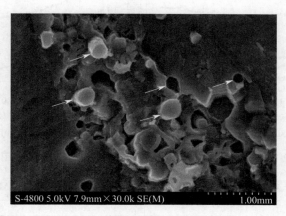

图 5-100　多孔 SiCnw/SiC 陶瓷的横截面上的纳米线拉出的 SEM 显微照片

其中黑色箭头表示从基体中拉出的纳米线，白色箭头表示由于纳米线拉出而产生的孔

5.6.3　电磁屏蔽性能

SiCnw/SiC 气凝胶的电导率为（0.185±0.055）S/cm，趋肤深度为（1.23±0.31）mm。由于趋肤深度小于试样厚度，因此可以认为样品的 SE_M 可以忽略不计。EM 辐射的衰减就可以完全归因于反射和吸收，所以 EM 就是 SE_A 和 SE_R 的总和。图 5-101 为试样厚度分别为 3.0mm、2.5mm 和 2.0mm 时，SE_A、SE_R 和 SE_T 作为 EM 辐射频率的变化。可以观察到，三个不同厚度样品的 SE_A、SE_R 和 SE_T 具有类似的趋势。随厚度的增加，全频范围内 SE_A 值增加 1～2dB，分别达到 18dB、14.5dB、11.5dB。SE_R 值随厚度和频率的增加而减小，其平均值分别为 3.5dB、4.5dB 和 5.5dB。SE_R 值的增加可以根据下面的理论来解释。当电磁波到达材料的各个表面或界面时，一部分从材料中透射出去，一部分反射到材料中。对于厚度为 3mm 的试样，大部分来自内表面的反射波会被材料吸收。当材料厚度降低到 2.5mm 和 2.0mm 时，表面会暴露出多孔通道，到达多孔通道的电磁波会反射到材料外面。由于 CVI 过程强烈依赖于气体扩散机制，复合材料的内部将会比外表面有更多的孔通道，从而导致复合材料致密度、均匀性较低。因此，SE_R 值随着陶瓷复合材料厚度减小而增大。对于 3.0mm、2.5mm 和 2.0mm 厚度的试件，其极限设定值分别为 19.5～20.5dB、17.5～

19dB 和 15～17dB。

为了确定吸收和反射对复合陶瓷整体屏蔽的贡献，分析了收集的 R、T 和 A 系数。表5-14 总结了试样在 8.2～12.4GHz 范围内的整体屏蔽（EMISE）相关系数值。由此得出，3.0mm、2.5mm 和 2.0mm 厚度试件的屏蔽效果分别为 98.9%～99.1%、98.2%～98.8% 和 97.0%～98.2%。表中，43.85%～64.43%、49.79%～74.30% 和 60.31%～76.67% 与电磁反射有关 [R/(R+A)]，56.15%～35.57%、50.21%～25.70%、39.69%～23.33% 由电磁吸收贡献 [A/(R+A)]。这些发现表明，反射所阻挡的能量要比吸收所阻挡的能量大。

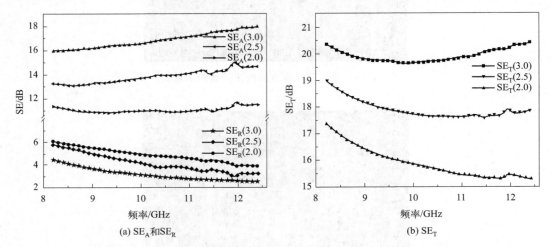

图 5-101　不同的厚度 SiCnw/SiC 复合陶瓷在 8.2～12.4GHz 的频率范围内的整体屏蔽性能

表 5-14　在 8.2～12.4GHz 范围内的不同厚度的 SiCnw/SiC 复合陶瓷的 EMISE 相关的详细系数

厚度/mm	R	T	A	标准 R/%	标准 A/%
3	0.434～0.637	0.009～0.011	0.557～0.352	43.85～64.43	56.15～35.57
2.5	0.496～0.731	0.012～0.018	0.492～0.251	49.79～74.30	50.21～25.70
2.0	0.592～0.747	0.018～0.030	0.390～0.223	60.31～76.67	39.69～23.33

对厚度为 2.0mm 试样分别进行 2 次和 4 次碳化硅 CVI 循环。然后分别将不同 CVI 循环次数的试件加工到厚度为 1.5mm 和 1.0mm。表 5-15 总结了经过 2 次和 4 次 CVI 循环后，厚度为 2.0mm，1.5mm 和 1.0mm 的陶瓷复合材料的平均密度、电导率、SiCnw 的相对量和趋肤深度。对于这些样品，可以忽略它们的 SE_M。图 5-102～图 5-104 为 2.0mm、1.5mm、1.0mm 厚度，密度不同的试样在 8.2～12.4GHz 范围内测得的入射波频率的 SE_A、SE_R 和 SE_T 的变化。结果发现，各样品的 SE_A、SE_R、SE_T 均随密度增大而增大，SE_R 变化范围在 4～14dB。经过 4 次 CVI 循环后，2.0mm、1.5mm 和 1.0mm 厚度的试样 SE_A 增加了 65%～200%，最大增加值分别为 29dB、26dB 和 31dB。对于导电材料，SE_R 和 SE_A 可以表示为频率 f 和电导率的函数，即：

$$SE_R = 39.5 + 10\lg[\sigma/(2\pi f\mu)] \tag{5-12}$$

$$SE_A = 8.7d(\pi f\mu\sigma)^{1/2} \tag{5-13}$$

式中，μ 是材料的磁导率，d 是样品厚度。显然，随着屏蔽率的增加，反射屏蔽和吸收屏蔽都明显增加。值得一提的是，填充材料本征电导率、分散性、分布和取向等因素可能对复合材料的电磁屏蔽有显著影响。

对于均质材料，式(5-12)和式(5-13)可以用于精确预测 EMI SE。从方程中可以看出电导率是一个重要参数。由于 CVI 工艺强烈依赖于扩散机制，复合材料通常表现出较低的致密化均匀性。理论上，预制件尺寸越小，致密化均匀性越好，但仍然存在渗透梯度。因此，不同次数 CVI 循环和不同厚度的材料微观结构特征，如孔径、孔容、孔隙分布等也不相同。另一方面，随着 SiC 基体的沉积，微/纳样品表面和内部的孔将被填充和覆盖，因此 SE_R 和 SE_A 随着电导率的增加呈现非线性增加。在该研究中，相同厚度的试样 SE_R（SE_A）的增加可以归因于复合材料的电导率的增加。所有试样在 8.2～12.4GHz 范围内整体屏蔽的详细系数见表 5-16。研究发现，在利用 SiC 基体填充孔隙的 CVI 循环后，复合材料表现出超过 99％的强电磁屏蔽效率，其中 75％以上的入射电磁波被反射。随着密度的增加，电磁反射系数和 R 大幅度增加，大部分入射能量被反射挡住。

表 5-15　SiCnw/SiC 复合陶瓷的平均密度、电导率、趋肤深度、SiCnw 的相对 SE_T 和具体 SE_T

厚度/mm		2.0			1.5			1.0		
CVI 次数	0	2	4	0	2	4	0	2	4
密度/(g/cm³)	1.98	2.15	2.31	2.32	2.50	2.54	2.15	2.65	2.68
电导率/(S/cm)	0.16	0.18	0.21	0.58	0.67	0.74	0.53	3.03	3.92
趋肤深度/mm	1.25	1.18	1.09	0.65	0.61	0.58	0.69	0.29	0.25
SE_T/dB	16	29	35	22	30	35	16	34	44
具体 SE_T/(dB·cm³/g)	8.08	13.45	15.15	9.48	12.00	13.78	7.44	12.83	16.42
SiCnw 相对含量(质量分数)/%	0.38	0.35	0.32	0.32	0.30	0.30	0.35	0.28	0.27

表 5-16　不同厚度（1.0mm、1.5mm、2.0mm）的 SiCnw/SiC 复合陶瓷的整体屏蔽相关的详细系数

厚度/mm	密度/(g/cm³)	R	T	A	标准 R/%	标准 A/%
2.0	1.98	0.592～0.747	0.018～0.030	0.390～0.223	60.31～76.67	39.69～23.33
	2.15	0.753～0.832	0.001～0.0014	0.246～0.167	75.39～83.29	24.61～16.71
	2.31	0.827～0.877	$(1.9～3.5)\times10^{-4}$	0.173～0.123	82.67～87.71	17.33～12.29
1.5	2.32	0.658～0.828	0.005～0.007	0.337～0.165	66.20～83.33	33.80～16.67
	2.50	0.778～0.859	$(8.3～11.4)\times10^{-4}$	0.221～0.140	77.91～85.96	22.09～14.04
	2.54	0.817～0.875	$(2.3～4.3)\times10^{-4}$	0.182～0.124	81.76～87.58	18.24～12.42
1.0	2.15	0.747～0.802	0.020～0.024	0.233～0.174	76.37～81.98	23.63～18.02
	2.65	0.936～0.953	$(3.8～4.6)\times10^{-4}$	0.064～0.047	93.61～95.31	6.39～4.69
	2.68	0.946～0.964	$(0.3～0.5)\times10^{-4}$	0.054～0.036	94.59～96.42	5.41～3.58

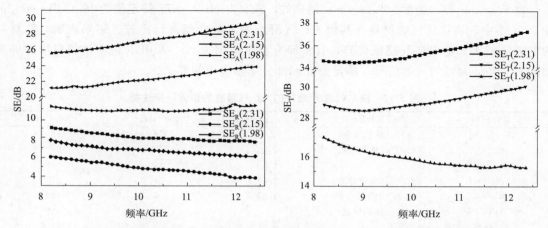

图 5-102　在 X 波段中在不同密度下具有 2mm 厚度的 SiCnw/SiC 复合陶瓷的整体屏蔽性能

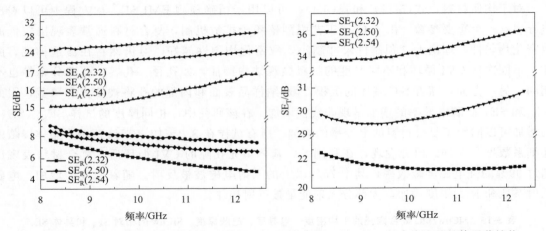

图 5-103 在 X 波段中在不同密度下具有 1.5mm 厚度的 SiCnw/SiC 复合陶瓷的整体屏蔽性能

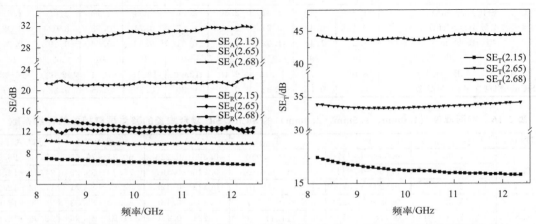

图 5-104 在 X 波段中在不同密度下具有 1.0mm 厚度的 SiCnw/SiC 复合陶瓷的整体屏蔽性能

特定 EMI SE（SE 按密度归一化）是在应用中常用来比较不同材料的屏蔽性能的参数。表 5-15 汇总了所有试件的 SE_T 平均值和特定值。其中，可以观察到 SE_T 特定值随密度增大而增大。对于 1.0mm 厚、密度为 $2.68g/cm^3$ 的试件，SE_T 为 44dB，SE_T 特定值为 $16.42dB \cdot cm^3/g$。在表 5-17 中，将该研究的材料与其他 SiC 气凝胶的屏蔽性能进行比较。结果表明，该材料的电磁屏蔽比其他 SiC 气凝胶优异，且本研究设定范围为 $20 \sim 44dB$，说明该材料能够屏蔽 $99.0\% \sim 99.994\%$ 的入射信号，满足商业和部分军事应用的要求。

表 5-17 由 CVI 生产选择的 SiC 气凝胶的整体屏蔽性能

复合材料	SiC 基质的量	密度/(g/cm^3)	厚度/mm	SE_T/dB
SiC/Si_3N_4	11%（体积分数）	2.1	5.6	46.1
C/SiC	42.2%（体积分数）	2.05	3	31.5
$C/(PyC\text{-}SiC)n$		1.43	4	41
（YSZ）/SiC	97.9%（质量分数）	2.18	3	21.5
SiC_f/SiC	10.26%（质量分数）	1.89	2.5	30
$SiC_f/PyC/SiC$	37%（体积分数）		2	25
SiC 海绵		0.87	3	21.5
SiCnw/SiC	**99.73%（质量分数）**	**2.68**	**1**	**44**

纳米增强体有序组装三维结构陶瓷基复合材料

5.7 ▶ 小结

  本章主要介绍了三维组装体/陶瓷基复合材料，包括 CNTs 阵列/SiC 复合材料、CNTs 泡沫/SiC 复合材料、CNTs 海绵/SiC 复合材料、CNTs 气凝胶/SiC 复合材料、SiC 纳米线气凝胶/SiC 复合材料五种三维纤维增强的陶瓷基复材。从微观结构、力学性能、电磁屏蔽性能等多方面对改性后的复合材料进行表征，并探索其增强机制及应用。

参考文献

[1] M. José-Yacamán, M. Miki-Yoshida, L. Rendón, et al. Catalytic growth of carbon microtubules with fullerene structure [J]. Applied Physics Letters, 1993, 62 (2): 657-659.

[2] Y. Wang, F. Wei, G. Luo, et al. The large-scale production of carbon nanotubes in a nano-agglomerate fluidized-bed reactor [J]. Chemical Physics Letters, 2002, 364 (5/6): 568-572.

[3] Z. Dai, L. Liu, X. Qi, et al. Three-dimensional sponges with super mechanical stability: Harnessing true elasticity of individual carbon nanotubes in macroscopic architectures [J]. Scientific Reports, 2016, 6: 18930.

[4] M. B. Bryning, D. E. Milkie, M. F. Islam, et al. Carbon nanotube aerogels [J]. Advanced Materials, 2007, 19 (5): 661-664.

[5] J. Zou, J. Liu, A. S. Karakoti, et al. Ultralight multiwalled carbon nanotube aerogel [J]. ACS Nano, 2010, 4 (12): 7293-7302.

[6] N. Thongprachan, K. Nakagawa, N. Sano, et al. Preparation of macroporous solid foam from multi-walled carbon nanotubes by freeze-drying technique [J]. Materials Chemistry and Physics, 2008, 112 (1): 262-269.

[7] S. Haiyan, X. Zhen, G. Chao. Multifunctional, ultra-flyweight, synergistically assembled carbon aerogels [J]. Advanced Materials, 2013, 25 (18): 2554-2560.

[8] L. Chen, X. Yin, X. Fan, et al. Mechanical and electromagnetic shielding properties of carbon fiber reinforced silicon carbide matrix composites [J]. Carbon, 2015, 95: 10-19.

[9] X. Li, L. Zhang, X. Yin, et al. Effect of chemical vapor infiltration of SiC on the mechanical and electromagnetic properties of Si_3N_4-SiC ceramic [J]. Scripta Materialia, 2010, 63 (6): 657-660.

[10] K. Wei, R. He, X. Cheng, et al. A lightweight, high compression strength ultra high temperature ceramic corrugated panel with potential for thermal protection system applications [J]. Materials & Design, 2015, 66, Part B: 552-556.

[11] K. Wei, X. Cheng, F. Mo, et al. Design and analysis of integrated thermal protection system based on lightweight C/SiC pyramidal lattice core sandwich panel [J]. Materials & Design, 2016, 111: 435-444.

[12] S. Biamino, V. Liedtke, C. Badini, et al. Multilayer SiC for thermal protection system of space vehicles: Manufacturing and testing under simulated re-entry conditions [J]. Journal of the European Ceramic Society, 2008, 28 (14): 2791-2800.

[13] J. Li, L. Porter, S. Yip. Atomistic modeling of finite-temperature properties of crystalline β-SiC: II. Thermal conductivity and effects of point defects [J]. Journal of Nuclear Materials, 1998, 255 (2/3): 139-152.

[14] R. E. Taylor, H. Groot, J. Ferrier. Thermophysical Properties of CVD SiC [J]. TRPL1336, Thermophysical Properties Research Laboratory Report, School of Mechanical Engineering, Purdue University, 1993.

[15] D. J. Senor, G. E. Youngblood, C. E. Moore, et al. Effects of neutron irradiation on thermal conductivity of SiC-based composites and monolithic ceramics [J]. Fusion Technology, 1996, 30: 943-955.

[16] W. Feng, L. Zhang, Y. Liu, et al. The improvement in the mechanical and thermal properties of SiC/SiC composites by introducing CNTs into the PyC interface [J]. Materials Science and Engineering: A, 2015, 637: 123-129.

[17] W. Feng, L. Zhang, Y. Liu, et al. Thermal and mechanical properties of SiC/SiC-CNTs composites fabricated by CVI combined with electrophoretic deposition [J]. Materials Science and Engineering: A, 2015, 626: 500-504.

[18] W. Ma, L. Song, R. Yang, et al. Directly synthesized strong, highly conducting, transparent single-walled carbon nanotube films [J]. Nano Letters, 2007, 7 (8): 2307-2311.

[19] D. R. Uhlmann, B. Chalmers, K. A. Jackson. Interaction between particles and a solid-liquid interface [J]. Journal of Applied Physics, 1964, 35 (10): 2986-2993.

[20] M. C. Gutiérrez, M. J. Hortigüela, J. M. Amarilla, et al. Macroporous 3D architectures of self-assembled MWCNT surface decorated with Pt nanoparticles as anodes for a direct methanol fuel cell [J]. The Journal of Physical Chemistry: C, 2007, 111 (15): 5557-5560.

[21] S. M. Kwon, H. S. Kim, H. J. Jin. Multiwalled carbon nanotube cryogels with aligned and non-aligned porous structures [J]. Polymer, 2009, 50 (13): 2786-2792.

[22] T. Skaltsas, G. Avgouropoulos, D. Tasis. Impact of the fabrication method on the physicochemical properties of carbon nanotube-based aerogels [J]. Microporous and Mesoporous Materials, 2011, 143 (2-3): 451-457.

[23] N. Thongprachan, K. Nakagawa, N. Sano, et al. Preparation of macroporous solid foam from multi-walled carbon nanotubes by freeze-drying technique [J]. Materials Chemistry and Physics, 2008, 112 (1): 262-269.

[24] S. Ohmori, T. Saito, B. Shukla, et al. Fractionation of single wall carbon nanotubes by length using cross flow filtration method [J]. ACS Nano, 2010, 4 (7): 3606-3610.

[25] J. Kuang, W. Cao. Silicon carbide whiskers: Preparation and high dielectric permittivity [J]. Journal of the American Ceramic Society, 2013, 96 (9): 2877-2880.

[26] H. Kenji. Application of high-resolution electron microscopy to the study of structure defects and grain boundaries in Si_3N_4 and SiC-A brief review [J]. Science Reports of the Research Institutes, Tohoku University Ser. A, Physics, Chemistry and Metallurgy 1984, 32: 1-20.

[27] D. P. Stinton, D. M. Hembree, K. L. More, et al. Matrix characterization of fibre-reinforced SiC matrix composites fabricated by chemical vapour infiltration [J]. Journal of Materials Science, 1995, 30 (17): 4279-4285.

[28] G. D. Papasouliotis, S. V. Sotirchos. Experimental study of atmospheric pressure chemical vapor deposition of silicon carbide from methyltrichlorosilane [J]. Journal of Materials Research, 1999, 14 (8): 3397-3409.

[29] Y. Liu, C. Hu, W. Feng, et al. Microstructure and properties of diamond/SiC composites prepared by tape-casting and chemical vapor infiltration process [J]. Journal of the European Ceramic Society, 2014, 34 (15): 3489-3498.

[30] 刘玉荣. 介孔碳材料的合成及应用 [M]. 北京: 国防工业出版社, 2012: 34.

[31] 黄昆. 固体物理学 [M]. 北京: 高等教育出版社, 1988: 143.

[32] H. Mei, Q. Bai, K. G. Dassios, et al. Oxidation resistance of aligned carbon nanotube-reinforced silicon carbide composites [J]. Ceramics International, 2015, 41 (9, Part B): 12495-12498.

[33] 刘顺华, 刘军民, 董星龙, 等. 电磁波屏蔽及吸波材料 [M]. 北京: 化学工业出版社, 2014: 84-85.

[34] X. Yin, L. Kong, L. Zhang, et al. Electromagnetic properties of Si-C-N based ceramics and composites [J]. International Materials Reviews, 2014, 59 (6): 326-355.

[35] Y. Yang, M. C. Gupta, K. L. Dudley, et al. Novel carbon nanotube-polystyrene foam composites for electromagnetic interference shielding [J]. Nano Letters, 2005, 5 (11): 2131-2134.

[36] L. O. Hoeft, J. S. Hofstra. Measured electromagnetic shielding performance of commonly used cables and connectors [J]. IEEE Transactions on Electromagnetic Compatibility, 1988, 30 (3): 260-275.

[37] X. M. Yu, W. C. Zhou, F. Luo, et al. Effect of fabrication atmosphere on dielectric properties of SiC/SiC composites [J]. Journal of Alloys and Compounds, 2009, 479 (1-2): L1-L3.

[38] X. Yin, Y. Xue, L. Zhang, et al. Dielectric, electromagnetic absorption and interference shielding properties of porous yttria-stabilized zirconia/silicon carbide composites [J]. Ceramics International, 2012, 38 (3): 2421-2427.

[39] D. Ding, Y. Shi, Z. Wu, et al. Electromagnetic interference shielding and dielectric properties of SiC_f/SiC composites containing pyrolytic carbon interphase [J]. Carbon, 2013, 60: 552-555.

[40] H. Mei, D. Han, S. Xiao, et al. Improvement of the electromagnetic shielding properties of C/SiC composites by electrophoretic deposition of carbon nanotube on carbon fibers [J]. Carbon, 2016, 109: 149-153.

[41] Y. K. Hong, C. Y. Lee, C. K. Jeong, et al. Method and apparatus to measure electromagnetic interference shielding efficiency and its shielding characteristics in broadband frequency ranges [J]. Review of Scientific Instruments,

纳米增强体有序组装三维结构陶瓷基复合材料

2003，74（2）：1098-1102.

[42] 徐祖耀，黄本立，鄢国强. 中国材料工程大典：材料表征与检测技术 [M]. 北京：化学工业出版社，2006：376-377.

[43] L. Cheng, Y. Xu, Q. Zhang, et al. Thermal diffusivity of 3D C/SiC composites from room temperature to 1400 ℃ [J]. Carbon, 2003, 41 (4): 707-711.

[44] H. Bhatt, K. Y. Donaldson, D. P. I. Hasselman, et al. Role of interfacial carbon layer in the thermal diffusivity/conductivity of silicon carbide fiber-reinforced reaction-bonded silicon nitride matrix composites [J]. Journal of the American Ceramic Society, 1992, 75 (2): 334-340.

[45] 李开元，徐永东，张立同，等. 纤维编织结构对碳纤维增强碳化硅复合材料热膨胀和热扩散系数的影响 [J]. 硅酸盐学报，2008，36（11）：1564-1569.

[46] W. D. Kingery, H. K. Bowen, D. R. Uhlmann. 陶瓷导论 [M]. 北京：高等教育出版社，2010：494.

第6章

纳米增强体 3D 打印陶瓷基复合材料

6.1 ▶ 引言

陶瓷材料是航空航天等领域极为重要的战略性热结构材料，具有耐高温、抗氧化、耐磨损、耐腐蚀、低密度等优点，但陶瓷材料韧性差、加工难、成型工艺复杂，极大地限制了其应用[1-4]。陶瓷材料成型是陶瓷基复合材料制备工艺中十分关键的一步。传统陶瓷材料成型方法有等静压、模压、注浆、挤压、热压成型等[5-6]。这些成型方法是通过压力使陶瓷粉体或浆体在特定的模具中成型，得到所需要的形状。若要制备零件则需先准备其对应的模具，对于复杂的零件，对模具的要求较高，其模具制备困难。尽管新型陶瓷成型技术不断涌现，但仍未完全摆脱模具对生产的制约，无法满足日益缩短的产品更新周期、频繁的产品试制和改型。且在加压过程中容易出现压力分布不均的情况，导致材料出现一些缺陷，从而使性能降低，极大地阻碍了陶瓷材料的应用和发展。3D 打印可实现形状复杂产品的快速成型，零件的可复制性强，且无需机械加工，从而简化生产流程，缩短生产周期，降低生产成本，为解决这一问题提供了思路[7-11]。目前陶瓷材料的 3D 打印技术还处于初级阶段，效率低、工艺性差、孔隙率高，制备的材料强度和韧性往往低于传统工艺制备的陶瓷材料，难以满足应用需求，仍有待于进一步发展。那么如何提高 3D 打印陶瓷材料的强韧性成为近年来研究人员研究的热点之一。

6.2 ▶ 3D 打印技术

3D 打印技术，又称"增材制造技术"，是基于分层制造原理，根据计算机软件或逆向工程构造的 CAD 模型，通过逐渐给料方式制造出各种复杂结构实物模型的成型方法。3D 打印基本流程包括：①利用计算机软件或逆向工程绘制出物理实体的 3D 模型图，并将其切分为特定厚度的 2D 层片；②利用数字化控制结构驱动精密喷头或者激光热源实现 2D 层片的物理成型固化，最后层层堆叠制造出 3D 模型的实体产品。与传统 CNC 铣削等减材制造工艺和铸造工艺相比，3D 打印技术集软件建模、测量技术、接口软件技术、数控技术、精密机械技术、激光技术和材料技术于一身，集成了众多领域的先进技术，具有无模、无缝、快速、精确等优势，在尺寸小、精度要求高的复杂构件成型领域应用广泛。将 3D 打印技术应用于陶瓷复材领域，对于降低产品制造成本、提高生产效率和增强产品性能意义巨大。

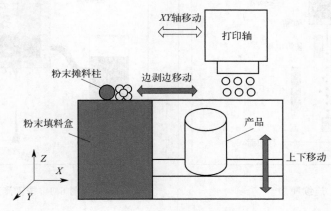

图 6-1　3D 打印流程示意图

6.3 ▶ 陶瓷材料 3D 打印

6.3.1　陶瓷材料 3D 打印原理

在陶瓷材料 3D 打印方面，其快速成型工艺主要有：三维打印成型（three-dimensional printing，3DP）、喷墨打印成型（ink-jet printing，IJP）、分层实体成型（laminated object manufacturing，LOM）、激光选区烧结（selective laser sintering，SLS）、熔融沉积成型（fused deposition modeling，FDM）及立体光刻成型（stereo lithography，SLA）[12-16]。

三维打印成型（3DP）这一概念最初由 Sachs 等[17] 提出，其原理如图 6-1 所示，首先将陶瓷材料粉末铺在工作台上，用辊子将粉末铺平。然后通过打印头将黏结剂按零件界面形状喷射出，将选定区域的陶瓷粉体粘接在一起，一层完成后，工作台下降，继续铺粉，重复上述过程，层层堆积直至最终零件形成[15,18-20]。最后对打印的胚体进行脱脂高温烧结处理得到所需的零件。目前，陶瓷原材料主要有氧化锆（ZrO_2）、氧化铝（Al_2O_3）、碳化硅（SiC）和氧化硅（SiO_2）等陶瓷粉体，所用的黏结剂有硅溶胶、高分子黏结剂等[21-24]。

喷墨打印成型（IJP）是在喷墨打印机原理的基础上，结合三维打印成型的原理发展而成的。喷墨打印成型是将陶瓷粉料和各种添加剂和有机物配制成陶瓷浆料（陶瓷墨水），随后用喷墨打印机将陶瓷墨水按照计算机指令逐层喷射到打印平台上，形成具有原先设计形状和尺寸的陶瓷胚体[12,16]。喷墨打印中液滴喷射的模型有连续喷墨（continuous mode）和按需滴落（drop on demand）2 种，原理如图 6-2 和图 6-3 所示[25-27]。顾名思义，连续喷墨工艺就是从连续流动的喷射墨水形成液滴开始。图 6-2 显示了连续喷墨的单喷射系统，从图中可以看出，打印过程为墨水被泵送出，通过喷嘴形成液体射流，在压力下被迫从喷嘴流出，通过射流的周期性扰动，并最终导致射流分解成均匀间隙和大小的液滴。按需滴落打印头通常有一排喷嘴，每个喷嘴只在需要形成图像时喷射墨滴，图 6-3 显示出了每个喷嘴的工作原

227

理，小墨滴在压力作用下由喷嘴射向基板，相比于连续喷墨模式，按需滴落模式提供更小的墨滴尺寸，更高的精度以及对墨水性质的限制较少。

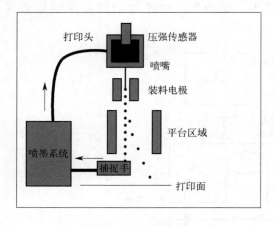

图 6-2　连续喷墨[27]

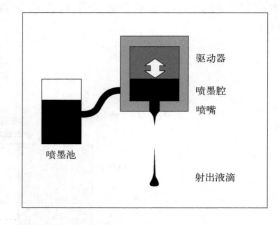

图 6-3　按需滴落[27]

如图 6-4 所示，分层实体成型（LOM）是 CO_2 激光器在计算机的控制下，按照 CAD 画图软件所提供的分层数据对含有黏结剂的陶瓷薄膜材料的轮廓进行切割，然后向下移动升降台，重复上述过程得到新的一层陶瓷薄膜叠加在之前的薄膜材料上，再通过加热辊对其加热，使刚切得的一层与先前的一层粘接在一起，不断重复上述过程，通过逐层切割与粘合，无需对材料进行剥离，即得到所需的三维零件[5,13,15,28-31]。之后同样经过脱脂、烧结得到陶瓷制件。

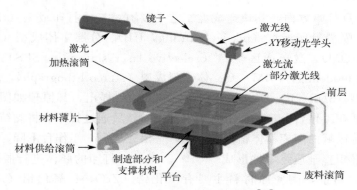

图 6-4　LOM 技术的原理示意图[29]

激光选区烧结（SLS）技术工作原理如图 6-5 所示，先在难熔的陶瓷粉末上包裹上高分子黏结剂，采用铺粉辊将一层陶瓷粉末与高分子黏结剂的混合粉末平铺在打印工作台上，通过控制系统控制 CO_2 激光束按照打印层的轮廓在混合粉层上进行扫描，使其中的高分子黏结剂升温至熔化点，对陶瓷粉末进行粘接，并与已经完成的部分实现粘接，而没有被激光照射的陶瓷粉末则呈现原先的松散状并作为支撑材料。当一层陶瓷粉粘接完后，工作台下降一层高度，如此反复，直至完成整个陶瓷胚体的打印[13,15,32-33]。目前 SLS 成型陶瓷使用的高分子黏结剂主要有：蜡（如硬脂酸）、无定形热塑性塑料（如 PMMA）、热固性树脂（如酚醛树脂）、（半）结晶热塑性塑料（如聚酰胺）等。

熔融沉积成型（FDM）技术制备陶瓷材料原理如图 6-6 所示。首先将陶瓷粉体和黏结剂粉体或颗粒均匀混合，通过螺杆挤出机做成一定直径，且具有良好塑性的丝状，这里的黏结剂通常为 PLA、PCL、ABS 等，其热塑性非常适合 FDM 3D 打印工艺。在制备好陶瓷丝材后，在计算机的控制下将零件的 CAD 模型进行分层处理并开始打印，陶瓷线材中的热塑性树脂经过加热至熔点而熔化，线材通过进丝装置的推动将熔融的陶瓷树脂匀速稳定地从喷嘴挤出，在计算机的控制下沿着特定的运动轨迹进行线移动，热塑性树脂在室温下沉积凝固，经过逐层沉积堆积，自下而上完成整个部件的打印[12,14-15,34]。成型的零件经过脱脂、烧结成最终陶瓷部件。

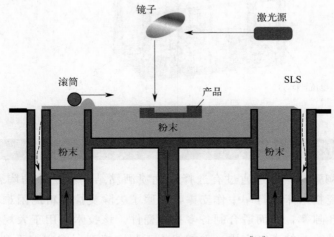

图 6-5　SLS 技术工作原理示意图[32]

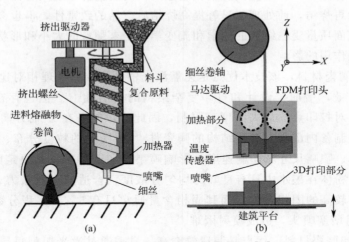

图 6-6　FDM 技术的原理示意图[34]

　　立体光刻成型（SLA）技术最早由 3D System 公司开发，该方法采用陶瓷粉末或者陶瓷前驱体与光敏树脂混合的浆料为原料，通过计算机控制，使特定波长和强度的紫外光（UV）聚焦至平台，按照打印机预设的打印路线在陶瓷光敏树脂材料表面进行扫描，使之按照点到线、线到面的顺序固化，当一个打印层完成后，成型平台向上移动一个层的高度，进行下一层的扫描固化，这样经过层层固化叠加最终成型为一个三维实体，原理示意图如图6-7 所示[4-5,13-14,19,35]。成型后的陶瓷胚体同样经过脱脂和烧结成最终成品。

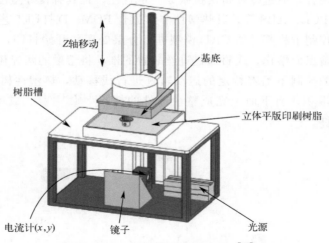

图 6-7　SLA 技术的原理示意图[35]

图中标注：Z轴移动、树脂槽、基底、立体平版印刷树脂、电流计(x,y)、镜子、光源

6.3.2　陶瓷材料 3D 打印技术特点

3DP 技术制备陶瓷材料，是通过有选择性地喷洒黏结剂将松散的陶瓷粉末粘接在一起打印陶瓷坯体，陶瓷粉末床在打印中作支撑，克服了去除支撑材料的困难，在打印中可调控陶瓷的孔径分布及孔隙率，因而适合制备多孔陶瓷件。该技术适用于大规模制造，成本比较低，广泛应用于各种行业的高级应用，例如组织工程、格架、航空航天和电子学用支架[7]。但制品密度较低、孔隙率大，难直接烧结，制造致密的陶瓷件难度大，需冷等静压或高压浸渗处理使其致密化再烧结，前处理能显著提高烧结后产品的致密性，但也会降低成品率。零件的制造精度和表面质量受黏结剂的化学和流变学、粉末颗粒的大小和形状、沉积速度、粉末与黏结剂的相互作用的影响[36-37]。

IJP 技术打印陶瓷材料，该技术优点是无需激光辅助，成型机理相对比较简单，打印成本低，工作快速高效，增加了设计和打印复杂结构的灵活性[7]。但也存在一定的局限性，陶瓷墨水液滴大小对打印点的最大高度有限制，因此难以制备在 Z 轴方向具有不同高度的三维构件，也无法制备内部具有多孔结构的陶瓷件[12]。陶瓷的粒度分布、油墨的黏度、固体含量、挤出速率、喷嘴尺寸和印刷速度是影响喷墨打印部件质量的决定因素[13]。陶瓷墨水的配制要求陶瓷粉体在墨水中具有良好的均匀分散性、合适的表面张力、黏度及电导率、较快的干燥速率和较高的固相含量，而其固相含量通常只有 5％（体积分数），研究者将其提高到 20％，但易堵塞喷头，造成喷射困难[38]。

LOM 技术打印陶瓷材料，优点是制造效率高，只需通过激光切割每层的轮廓，无须扫描整个面积，打印中不需支撑，适用于制备尺寸大、形状相对简单、要求具有一定强度的陶瓷件，LOM 已被应用于各种行业，如造纸、铸造、电子和智能结构等[7]。然而，LOM 打印的陶瓷件在未经后处理时具有较差的表面质量，有明显的阶梯纹，垂直与水平方向上的密度差异大，不利于陶瓷胚体的排胶和烧结，导致最终产品密度分布不均[39]。此外，材料利用率低，成本高，比较耗材，且不适合打印复杂、中空的零件。

SLS 成型工艺优点是打印过程无须设计支撑部分，打印完成后不需要干燥环节，成型快，工艺操作简单，材料选择性多。但是 SLS 技术所使用的设备成本非常高，烧结后具有成型精度不高、结构疏松多孔、表面质量差、易扭曲变形等缺点，且成型精度和成型件的强度还受黏结剂的种类、引入方式及添加量的影响。通常需要经过后期浸渍及温等静压等工艺提高陶瓷胚体的致密度，进而获得强度较高的陶瓷件[40-41]。

FDM 成型工艺优点是打印过程无激光辅助，成本较低，该技术操作简单，已进入初等学校作 3D 打印教学，且目前市场上售卖的 3D 打印笔也使用该原理。然而，适用于 FDM 工艺的丝材必须具备一定的力学和热性能，尤其在制备陶瓷线材的时候对丝材的黏度、黏结性能、弹性模量和强度要求极高，且该工艺制造微小结构件时层积不够精确，丝材黏结剂含量高，在去除过程中会出现鼓泡、变形及开裂等现象，因而通过此技术制备陶瓷材料研究还尚不成熟[42-43]。

SLA 3D 打印技术（光固化 3D 打印技术）是目前世界上研究最深入、技术最成熟、应用最广泛的快速成型方法[15]。该技术优点是成型精度高，在所有快速成型方法中精度是最高的，最大误差不超过 0.1mm。成型过程稳定平滑，所制备的陶瓷胚体表面光滑，加工质量高，可打印形状复杂的陶瓷零件。目前，在光敏树脂中加入陶瓷粉（陶瓷前驱体）的含量高达 50%～80%，但是成型所使用的设备和打印材料较为昂贵，打印过程中由于光敏树脂的固化层可能会因为漂浮产生错位，因而需设置支撑材料，并且固化时间的长短带来了成型周期的不确定性。除此之外，光敏树脂中含有有毒的有机物，会对人体造成伤害以及污染环境[44-45]。

综合上述 3D 打印技术原理及特点，光固化 3D 打印技术在制备形状复杂、高精度陶瓷部件时有其独特的优势，且目前该技术发展最为成熟，成本也可控制在能够接受的范围之内。

6.4 ▶ 3D 打印 Al_2O_3 多孔陶瓷

6.4.1 显微结构

图 6-8 列出的是未经烧结、经过烧结和 CVI SiC 基体 3D 打印结构的微观形貌，图（a）和（b）为 3D 打印完成后未经烧结试样的表面形貌，从中可以明显看出，陶瓷颗粒在 3D 打印结构件中均匀分布，最大颗粒尺寸在 $10\mu m$ 左右，所有陶瓷颗粒都被光敏树脂均匀地包裹着，并依靠光敏树脂的固化黏结而聚集在一起，所打印样品表面较为平整，说明在打印过程中光敏树脂将颗粒与颗粒之间的缝隙进行了有效填充。图（c）和（d）为打印结构件在空气气氛下经过 1250℃烧结后的微观形貌，可以看出，经过烧结后的材料微观结构表面粗糙不平整，出现了许多孔隙，同时存在大量的凸起和凹陷，这是因为包裹颗粒以及填充在颗粒与颗粒之间的光敏树脂在高温下发生裂解，通过阿基米德排水法计算得出：经过 1250℃烧结后试样的开气孔率为 58.54%，密度为 $1.19g/cm^3$，但正是由于这些孔隙的存在为后续 CVI SiC 基体、浸渍微纳米纤维/环氧树脂浆料、原位生长 CNTs 等方法引入微纳米增强体提供了有效的通道，使得 3D 打印多孔陶瓷结构内部可以迅速简单有效地引入微纳米材料，从而实现进一步增强。图（e）和（f）为经过烧结的试样再沉积 SiC 基体后的断口及表面形貌图，可以看出 SiC 基体迅速沉积到预制体内部，同时在外部覆盖了呈菜花状、致密、高强的 SiC 层，使表面及材料内部孔隙的尺寸和数量大幅度减小，说明 CVI SiC 基体可以有效填充

试样内部的孔隙。

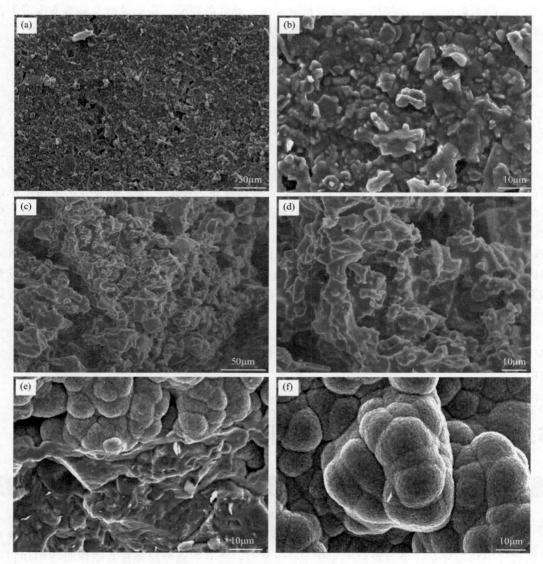

图 6-8　3D 打印多孔结构未经烧结、经过烧结和 CVI SiC 基体的 SEM 图
（a），（b）未烧结；（c），（d）烧结后；（e）CVI SiC 基体断口；（f）CVI SiC 基体表面

图 6-9 为 3D 打印结构未经烧结、经过烧结和 CVI SiC 基体后的 XRD 图谱，从图中可以看出，未经烧结试样的组成成分有 Al_2O_3、SiO_2 和 $CaCO_3$，其中 Al_2O_3 为主要陶瓷成分，经过 1250℃烧结试样的 XRD 图谱中出现了 Al-Si-Ca-O 化合物 $CaAl_2Si_2O_8$（钙长石）的峰，说明在烧结过程中，陶瓷光敏树脂中的 SiO_2 与 $CaCO_3$ 可作为烧结助剂与 Al_2O_3 发生了化合反应，这就合理地解释了为什么一般 Al_2O_3 陶瓷粉末的烧结温度需要达到 1600℃以上，而我们所用的光敏陶瓷浆料却可以实现在 1250℃的低温烧结。经过 CVI 处理后，出现 SiC峰，其主要沿（111）、（220）和（311）三个晶面生长，其中（111）晶面的衍射峰最强，为SiC 生长的主晶面。

将陶瓷光敏树脂固化之后在氮气气氛下以 10℃/min 的升温速率进行热重测试。图 6-10 为

纳米增强体有序组装三维结构陶瓷基复合材料

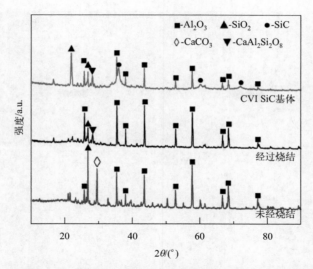

图 6-9　3D 打印多孔结构未经烧结、经过烧结和 CVI SiC 基体的 XRD 图谱

Al_2O_3 陶瓷光敏树脂的 TG 曲线，从中可以清晰地看出质量变化。Al_2O_3 光敏树脂在 25～300℃ 的区间里，质量基本没有变化，说明这段温度还未达到光敏树脂的脱脂温度。而在 300～500℃ 之间，曲线上的失重非常严重，这是由于在这段温度光敏树脂发生裂解，到 600～1200℃ 时质量基本保持稳定，表明 600℃ 左右脱脂完成，烧结后陶瓷产率达到了 58％（质量分数）。

　　通过打印机制备孔隙率为 80％，尺寸为 $d=20mm$，$h=20mm$ 的多孔金刚石结构，图 6-11 为分别在 1300℃、1400℃、1500℃、1600℃ 空气气氛下烧结的多孔陶瓷试样，从图中可以清楚地看出，试样经过 1300℃ 和 1400℃ 烧结后的外观形貌保持较好，没有发生变形与开裂，而经过 1500℃ 烧结的试样局部发生了轻微形变，边缘处有少量开裂，而经过 1600℃ 烧结之后的形变最为严重，不适合用来制备多孔结构件。

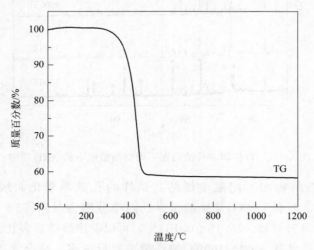

图 6-10　Al_2O_3 陶瓷光敏树脂的 TG 曲线

　　图 6-12 为 3D 打印试样分别在 1300℃、1400℃、1500℃ 和 1600℃ 烧结后的 XRD 图谱，如图所示，烧结温度为 1300℃ 时，陶瓷主要成分为 Al_2O_3，除此之外还含有少量的莫来石（$Al_6Si_2O_{13}$）和钙长石（$CaAl_2Si_2O_8$），当温度上升为 1400℃ 时，Al_2O_3 的峰基本消失，

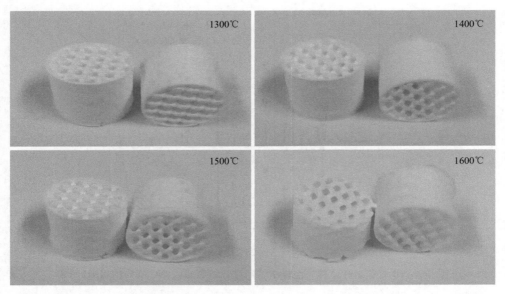

图 6-11　3D 打印金刚石结构经过 1300℃、1400℃、1500℃和 1600℃烧结后的宏观形貌

$Al_6Si_2O_{13}$ 成为主要成分，并有少量的 $CaAl_2Si_2O_8$，意味着此温度能够促使 Al_2O_3 与烧结助剂发生进一步化合，并随着温度的继续升高，莫来石的峰更尖锐，晶化程度越来越高

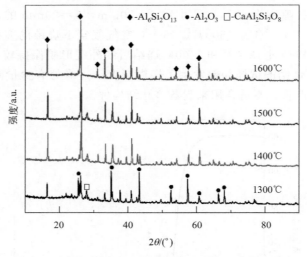

图 6-12　3D 打印多孔结构在不同烧结温度下的 XRD 图谱

　　图 6-13 为金刚石结构在不同温度烧结后试样的孔隙率变化曲线，如图所示，经过 1300℃、1400℃、1500℃和 1600℃烧结的试样孔隙率分别为（84.55±0.14）%、（82.70± 0.64）%、（81.60±0.15）%和（75.15±0.18）%，可以看出烧结后多孔试样的孔隙率随着烧结温度的升高而降低，尤其 1500～1600℃的孔隙率降低最多。结合宏观形貌图，发现烧结温度的提高会导致结构的收缩以及致密度的提高，这是因为陶瓷粉末在随着烧结温度提高时会发生以下 3 种变化：①晶粒尺寸以及密度的增大；②气孔形状的变化；③气孔尺寸和数量的变化。这些变化通常会使气孔率减小，宏观表现有一定的收缩，也会导致部分收缩不均匀而产生形变，当然温度越高，这种现象越明显，这就合理地解释了为什么经过高温烧结的多

纳米增强体有序组装三维结构陶瓷基复合材料

孔试样经过收缩与开裂后形状无法维持。

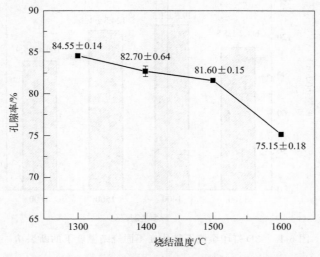

图 6-13　3D 打印金刚石结构在不同烧结温度下的孔隙率变化曲线

6.4.2　压缩性能

图 6-14 是 3D 打印结构件在不同烧结温度下的压缩应力-应变曲线及压缩强度。从图 6-14（a）中可以看出压缩应力-应变曲线呈现出许多波动，说明在压缩过程中整个结构是逐渐而不是突然发生破坏的。图 6-14（b）是压缩强度随烧结温度变化的柱状图，可以直观地反映出随着烧结温度的升高，3D 打印结构件的最大承受载荷也不断提升，不同烧结温度下平均压缩强度分别为（6.69±0.34）MPa、（7.30±0.12）MPa、（8.87±0.16）MPa 和（9.52±0.55）MPa，结合烧结过程中孔隙率的变化，证明了烧结过程收缩、孔隙率降低、致密度提高有利于多孔结构件强度的提高。图 6-15 为不同烧结温度下的断裂功，分别为（111.2±5.8）kJ/m² 、（129.5±1.5）kJ/m² 、（124.8±1.3）kJ/m² 和 100.4±3.9kJ/m² ，可以看出烧结温度为 1400℃时的断裂功最大，意味着经过 1400℃烧结的结构件在压缩过程中吸收的能量最高。

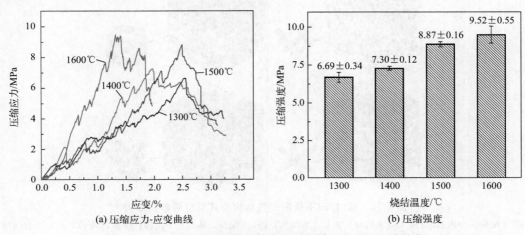

(a) 压缩应力-应变曲线　　　　　　　　　(b) 压缩强度

图 6-14　3D 打印金刚石结构件在不同烧结温度下的压缩性能

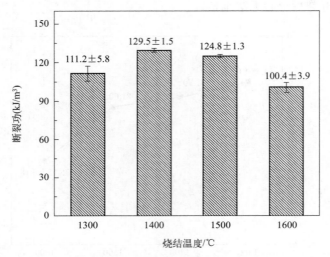

图 6-15   3D 打印金刚石结构在不同烧结温度下的断裂功

通过 SolidWorks 软件设计 60％孔隙率的四种不同配位数结构，图 6-16 展示了 3D 打印不同配位数结构与其对应的单元结构，图 6-16（a）是金刚石结构，金刚石结构中的每个原子与最相邻的 4 个原子形成共价键，配位数为 4，这 4 个共价键之间的角度都相等，约为 109.28°；图 6-16（b）是简单立方结构，每个原子的最近邻原子数目为 6，即配位数为 6；图 6-16（c）为体心立方结构（bcc），体心立方晶格的晶胞中，8 个原子处于立方体的角上，1 个原子处于立方体的中心，角上 8 个原子与中心原子紧靠，配位数为 8；图 6-16（d）为面心立方结构（fcc），除顶角上有原子外，在晶胞立方体 6 个面的中心处还有 6 个原子，与每个面上邻近的点，除了 4 个顶点外，还有紧挨的 8 个面的中点，配位数为 12。将这些结构进行 3D 打印成型、脱脂烧结、CVI 处理后得到最终的不同配位数多孔陶瓷结构。

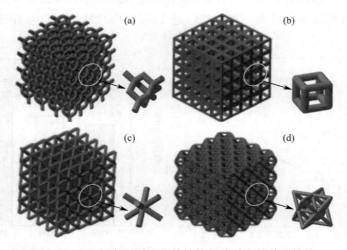

图 6-16   3D 打印不同配位数结构与其对应的单元结构

（a）4 配位，金刚石结构；（b）6 配位，简单立方结构；（c）8 配位，体心立方结构；（d）12 配位，面心立方结构

图 6-17 的（a）和（b）是 60％孔隙率不同配位数结构的压缩应力-应变曲线及压缩强度，从中可以看出，6 配位简单立方结构的压缩强度最大，可达到（41.93±3.51）MPa，其次为 8 配位的体心立方结构，强度为（33.68±2.44）MPa，4 配位与 12 配位承载能力相差不大，分别为（23.55±1.62）MPa 和（25.45±1.95）MPa。这是因为 6 配位结构中有垂直杆的存在，承载时承力边与载荷加载方向无夹角，整个杆件都可以用来承载，没有力的分散，而斜杆仅能承受部分力。图 6-18 是 60％孔隙率的不同配位数结构在压缩过程中产生的断裂功，其数值分别为（876.1±23.3）kJ/m²、（2126.7±120.2）kJ/m²、（867.5±55.7）kJ/m² 和（1283.0±25.8）kJ/m²，呈现 6 配位最优，其次为 12 配位结构，4 配位与 8 配位较低，意味着 6 配位由于垂直杆的存在使其在断裂过程中吸收的能量更高。

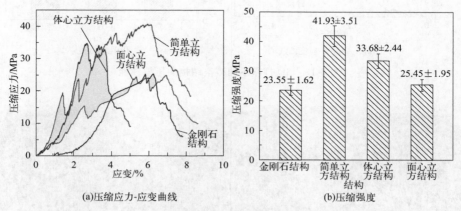

(a)压缩应力-应变曲线　　　　(b)压缩强度

图 6-17　3D 打印不同配位数结构的压缩性能

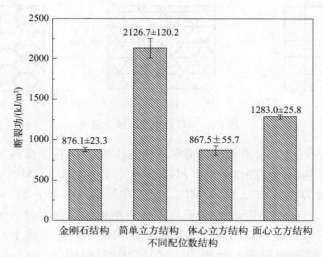

图 6-18　3D 打印不同配位数结构在压缩过程中产生的断裂功

6.4.4　不同镂空结构的 Al_2O_3/SiC 多孔陶瓷

使用光固化 3D 打印机制备出尺寸为 20mm×20mm×20mm 的三种不同多边形镂空结构，随后在空气气氛中进行 1400℃烧结，再经过 CVI SiC 基体处理后对其进行压缩试验（为了探究不同结构对性能的影响规律，本实验中的压缩方向为侧压，如图 6-19 中所示）。

图 6-20 为不同镂空陶瓷结构在沉积 SiC 后的宏观结构及俯视图，图中（a）～（c）依次为正方形镂空结构、三角形镂空结构以及六边形镂空结构（蜂窝状镂空）。

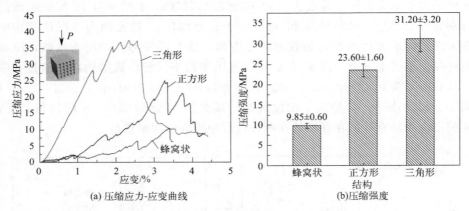

(a) 压缩应力-应变曲线　　　　　(b)压缩强度

图 6-19　3D 打印不同镂空结构的压缩性能

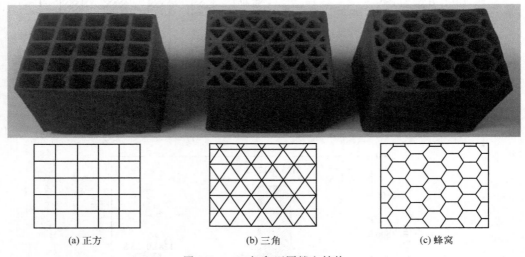

(a) 正方　　　　　　(b) 三角　　　　　　(c) 蜂窝

图 6-20　3D 打印不同镂空结构

图 6-19 的（a）和（b）分别为不同镂空结构的压缩应力-应变曲线及压缩强度，从中能够看出三角形镂空结构的压缩强度最高，可以达到（31.20±3.20)MPa，正方形镂空结构的压缩强度稍小，强度为（23.60±1.60)MPa，较三角形镂空降低了 24.36%，而蜂窝结构强度最低，仅为（9.85±0.60)MPa，约为三角形镂空结构压缩强度的三分之一、四方形镂空压缩强度的二分之一，明显可以看出三角形镂空结构的承载性能优于另两种镂空结构。图 6-21 为三种镂空结构的断裂功，分别为（801.8±25.7)kJ/m^2、（415.6±32.4)kJ/m^2、（117.5±29.6)kJ/m^2，同样呈现出三角形镂空结构断裂吸收功最大，蜂窝结构吸收功最低。从结构角度来看，三角形镂空结构单元为三角形，而众所周知三角形具有稳定性，且承力边与载荷加载方向有 30°夹角，可以将载荷分散给三角形的其他边，使载荷分散于整个三角形内，从而达到增强效果。在正方形镂空结构中，只有沿着载荷方向的一部分边承受载荷，而与载荷垂直的边不承载，且承载时承力边与载荷加载方向之间没有夹角，压力完全由承力边承担，这样会使承力部分受力过高而发生断裂，最终导致整个试样失效。蜂窝镂空结构则是

纳米增强体有序组装三维结构陶瓷基复合材料

一个个的正六边形相连，承力边与载荷加载方向也有 30°夹角，在承载时力与承力边始终有夹角，但其结构中并没有三角形镂空结构中的稳定三角形结构，三角形与其他多边形构造相比，具有形状不变的性质，即能在较大的力作用下还能保持原状，而蜂窝结构在承力边完全失效之前整个结构就可能因发生较大变形而失效。

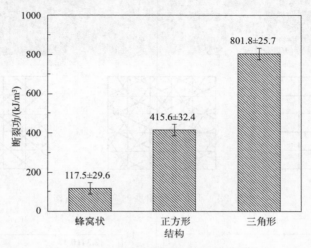

图 6-21　3D 打印不同镂空结构的断裂功

6.4.5　不同旋转角度的 Al₂O₃/SiC 多孔陶瓷

图 6-22 是在 SolidWorks 软件中将尺寸为 20mm×20mm×20mm 的正方形镂空结构按照顺时针方向分别旋转 3 种不同角度进行 10 次叠层，图 (a)～(c) 的旋转角度分别为 0°、30°和 45°，从而得到 20mm×20mm×20mm 的三维模型。随后对三种结构进行光固化 3D 打印、1400℃空气中烧结、CVI 沉积 SiC 基体，从不同旋转角结构的俯视图中，可以更宏观、更加清晰地看出这三种结构的叠层规律。

将这三种结构在万能试验机上进行压缩试验，压缩方向为正压，如图 6-23 所示。图 6-23 的(a) 和(b) 分别为不同旋转角度 3D 打印结构的压缩应力-应变曲线及压缩强度，对曲线进行观察可以发现曲线上有许多微小的波动，意味着当受到载荷时，多孔陶瓷结构每次的破坏为局部破坏，其他结构部位仍能承载，说明这种结构在使用过程中的失效破坏是缓慢的，而不是突然发生的。从压缩强度-不同旋转角度的柱状图中对比不同旋转角度所对应的最大应力，可以看出未经旋转进行叠层的压缩强度最高，可达 （12.34±0.47）MPa，而经过 30°、45°旋转叠层的压缩强度大大降低，分别下降到 （7.57±0.26）MPa 和 （9.23±1.23）MPa。图 6-24 为不同旋转角度结构在失效过程中产生的断裂功，可看出在这三种结构中，旋转角为 30°和 45°的断裂功相近且较小，分别为 （254.9±15.8）kJ/m² 和 （233.6±17.0）kJ/m²，而旋转角为 0°的结构断裂功最大，达到了 (1465.5±23.9)kJ/m²，为其他两种结构的 6～7 倍，说明未经旋转叠层的正方形镂空结构承载性能优于其他两种镂空结构。这是因为未经旋转的承载面从上到下一致，能够起到支撑巩固的作用，而经过旋转后的试样是由许多细杆两两搭接在一起的，前者接触为面接触，后者为点接触，且烧结过程中收缩不均匀，且每根杆收缩方向没有规律，更容易发生断裂，缺陷也更多，大大削弱了其承载能力。

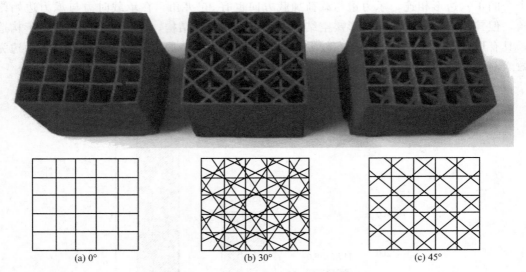

(a) 0°   (b) 30°   (c) 45°

图 6-22   不同旋转角度的 3D 打印结构

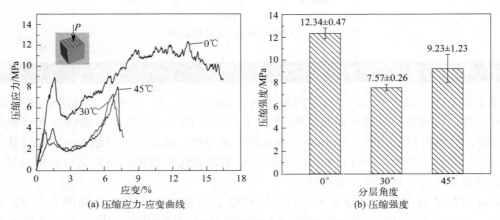

(a) 压缩应力-应变曲线   (b) 压缩强度

图 6-23   3D 打印不同旋转角度结构的压缩性能

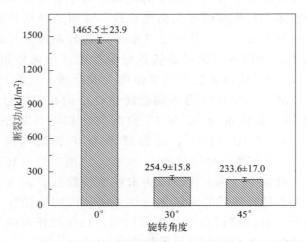

图 6-24   3D 打印不同旋转角度结构在失效过程中产生的断裂功

纳米增强体有序组装三维结构陶瓷基复合材料

图 6-25 所示的是不同浸渍 SiO_{2f} 次数下 3D 打印多孔陶瓷结构的表面形貌，图 6-25（a）和 6-25（b）为浸渍 1 次时的表面形貌，图 6-25（c）和 6-25（d）为浸渍 2 次时的表面形貌，图 6-25（e）和 6-25（f）为浸渍 3 次时的表面形貌，图 6-25（g）和 6-25（h）为浸渍 5 次时的表面形貌，图 6-25（i）和 6-25（j）为浸渍 7 次时的表面形貌。从图中可以看出，当浸渍 1 次时，多孔结构的表面及孔洞中分布着少量的 SiO_{2f}，可见，通过浸渍法可将 SiO_{2f} 轻松引入到 3D 打印多孔陶瓷结构中，且纤维为随机取向分布，避免了在加入打印浆料时，打印过程中纤维总是分布在各层中并平行于打印层方向，纤维的加入也会使打印精度以及打印效果受到影响。同时可以明显看出，随着浸渍次数的增多，表面上 SiO_{2f} 的含量越来越多，分布越来越密集，且比较均匀，孔隙中的纤维覆盖率也越来越大，直至逐渐将孔隙堵住，这种方法可以非常容易地对纤维含量及长度进行调控。

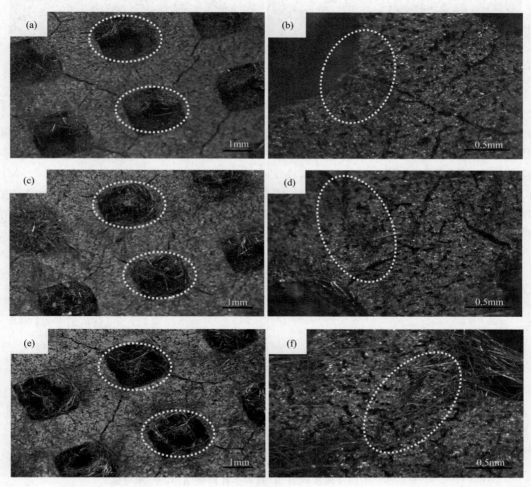

图 6-25

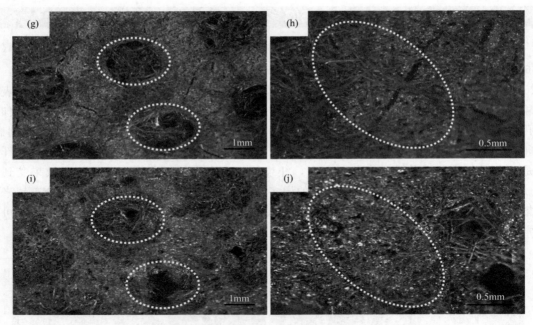

图 6-25　不同浸渍次数下 3D 打印多孔陶瓷结构表面形貌
(a)、(b) 1 次；(c)、(d) 2 次；(e)、(f) 3 次；(g)、(h) 5 次；(i)、(j) 7 次

图 6-26 中的（a）和（b）分别为不同浸渍次数的 3D 打印多孔陶瓷结构压缩应力-应变曲线和压缩强度，可以看出浸渍 1 次、2 次、3 次、5 次、7 次 SiO_{2f} 预浸料的 3D 打印多孔陶瓷结构压缩强度分别为（11.72±0.41）MPa、（13.82±0.53）MPa、（13.95±0.72）MPa、（16.24±1.44）MPa 和（23.76±0.72）MPa，总体呈现出随着浸渍次数的增加，压缩强度也在不断增加的趋势，意味着承载能力变强，其中，浸渍 7 次时压缩强度较浸渍 5 次提高了 46.31%，较浸渍 1 次提高了 102.73%，这要归功于所浸渍的纤维及环氧树脂裂解产物对结构的增强。

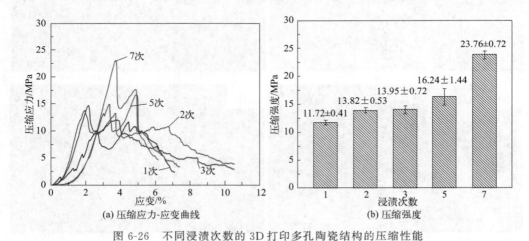

图 6-26　不同浸渍次数的 3D 打印多孔陶瓷结构的压缩性能

图 6-27 为不同浸渍次数结构在压缩测试中产生的断裂功，不同浸渍次数断裂功数值分别为（456.4±15.1）kJ/m²、（828.9±20.6）kJ/m²、（690.7±40.3）kJ/m²、（510.7±24.8）kJ/m²、（528.4±19.7）kJ/m²，可以看出浸渍 2 次时的断裂功最大，较浸渍一次提高了

纳米增强体有序组装三维结构陶瓷基复合材料

81.62%，但浸渍 3 次时的断裂功比浸渍 2 次下降了 16.67%，浸渍 5 次相较于浸渍 3 次下降了 26.06%，浸渍 7 次与 5 次的断裂功相差不大。结合压缩应力-应变曲线可以看出，浸渍 2 次和 3 次的试样其应变达到了 10% 以上，而浸渍 5 次和 7 次的应变分别为 7% 和 6% 左右，意味着适当的浸渍次数能够提高试样的强韧性，而随着纤维含量和碳含量的增大，会使材料发生韧性向脆性的转变，这是因为随着浸渍次数的增多，纤维的表面覆盖率越来越高，将进入试样内部的通道堵住，导致纤维无法在内部结构杆表面进行叠加巩固，而这时候环氧树脂仍然可以进入，致使其发生脆变。

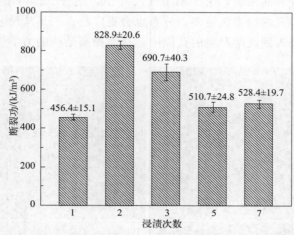

图 6-27　不同浸渍次数的 3D 打印多孔陶瓷结构在压缩测试中产生的断裂功

不同种类微纳米纤维增强 3D 打印多孔陶瓷结构的制备。首先将环氧树脂溶于丙酮中，然后分别配制 5%（质量分数）含量的 SiCnw、T-ZnO$_w$、SiO$_{2f}$ 环氧树脂预浸料，将烧结后的多孔结构分别浸入到不同微纳米纤维的预浸料中，待一段时间后取出试样，干燥去除丙酮后置于管式炉中，在 Ar 气氛下进行 250℃ 固化，1000℃ 裂解，得到不同微纳米纤维增强的 3D 打印多孔陶瓷结构。本小节主要研究 3 种从纳米线到晶须再到短纤维的微纳米纤维的引入对 3D 打印多孔陶瓷结构压缩性能的影响规律。

为了更加直观地观察引入微纳米纤维的 3D 打印多孔陶瓷结构的表面形貌，我们对试样进行了扫描电镜分析。图 6-28 给出了引入不同种类纤维的 3D 打印陶瓷结构的表面微观形貌，从图中可以看出，通过浸渍，含有微纳米纤维的环氧树脂浆料成功实现了从纳米线到晶须再到短纤维在 3D 打印陶瓷结构中的引入。其中图（a）和（b）为引入 SiCnw 后的表面微观形貌，可以观察到这些 SiCnw 可以均匀地分布在结构表面以及孔隙中。图（c）和（d）为引入 T-ZnO$_w$ 后的表面微观形貌，可以看出在结构表面分布着 T-ZnO$_w$，由于晶须为四针状，可以观察到多数晶须表现为其中一个或两个针头插在结构表面，将 T-ZnO$_w$ 固定在表面，可以明显看出分布在结构上的 T-ZnO$_w$ 数目明显比 SiCnw 少。这是因为在质量分数相同的情况下，其数量与材料密度以及尺寸有关，密度和尺寸越大，纤维数目越少，所选用的 SiCnw 密度为 3.21g/m^3，T-ZnO$_w$ 密度为 5.3g/m^3，造成了 T-ZnO$_w$ 的数目偏少。图（e）和（f）为引入 0.5mm SiO$_{2f}$ 后的表面微观形貌，可看出结构杆表面分布着 SiO$_{2f}$，结构烧结过程中产生的孔中基本没有短纤维。这是由于 SiO$_{2f}$ 尺寸过大，以至于不能浸入到烧结后产生的孔隙中。

图 6-29 的 （a） 和 （b） 分别为不同微纳米纤维增强 3D 打印多孔陶瓷结构的压缩应力-应变曲线和压缩强度，可以看出在引入 SiCnw 时，3D 打印结构的平均压缩强度为 （13.43±1.12)MPa，引入 T-ZnO$_w$ 时，压缩强度为 （12.42±0.46)MPa，在引入 SiO$_{2f}$ 时，压缩强度为 （11.72±0.41)MPa，总体呈现出相同质量分数时，SiCnw 的增强效果最好，SiO$_{2f}$ 的增强效果较差。图 6-30 为断裂功变化柱状图，不同微纳米纤维增强的 3D 打印多孔陶瓷结构的断裂吸收功分别为 （657.8±23.2)kJ/m^2、（619.8±16.3)kJ/m^2 和 （456.4±15.7)kJ/m^2，同样呈现出 SiCnw 的增强效果优于 T-ZnO$_w$，优于 SiO$_{2f}$。出现这种现象主要有两方面的原因：一是从增强体数量方面来讲，由于纳米线尺寸小，结合 SiCnw 的密度较小，所以相同质量分数的情况下，引入的纳米线更多，分布也会更广泛；二是从尺寸方面来讲，纳米线的尺寸小，因而更容易浸入到烧结产生的孔隙中，从而提高结构的力学性能。

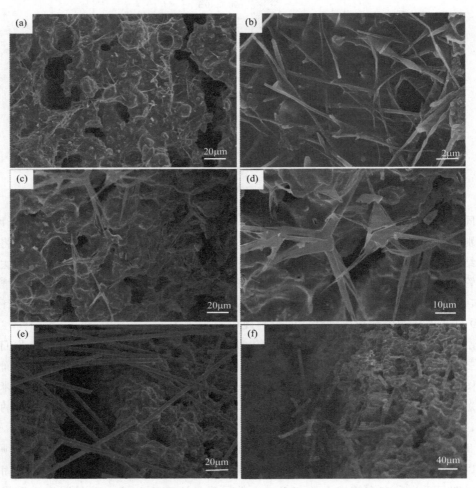

图 6-28　引入不同种类微纳米纤维的 3D 打印多孔陶瓷结构的表面微观形貌
(a)、(b) SiCnw；(c)、(d) T-ZnO$_w$；(e)、(f) SiO$_{2f}$

引入不同长度 SiO$_2$ 后，使用体视显微镜观察陶瓷以确定 SiO$_2$ 纤维是否已引入陶瓷基体。图 6-31 为引入 3% （质量分数） SiO$_2$ 纤维的陶瓷表面形貌，可以清晰地看到 0.5mm 长度的纤维在陶瓷内部孔隙附着较多，2mm 的纤维在陶瓷表面有较多附着。纤维已附着于陶

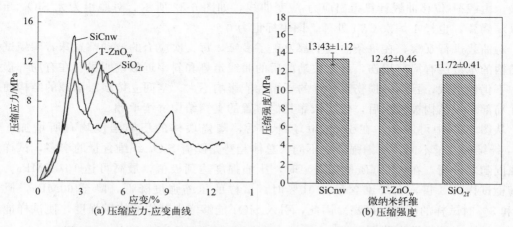

图 6-29 引入不同种类微纳米纤维增强 3D 打印多孔陶瓷结构的压缩性能

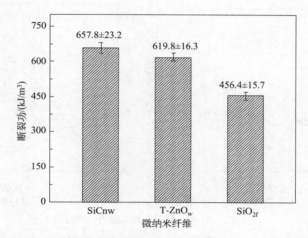

图 6-30 引入不同种类微纳米纤维的 3D 打印多孔陶瓷结构的断裂功

瓷表面，说明成功引入陶瓷基体。

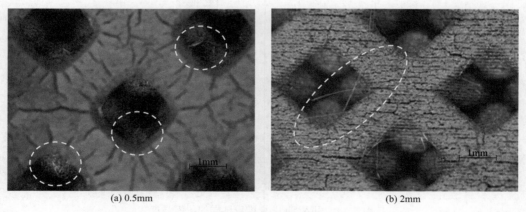

图 6-31 陶瓷表面附着的 SiO_2 纤维

引入 SiO_2 纤维后向陶瓷表面 CVI 沉积 1 炉次 SiC 形成复合材料，沉积完毕后进行压缩试验，由载荷-位移曲线计算得出应力-应变曲线，如图 6-32 所示。对照组为无 SiO_2 纤维的 Al_2O_3 陶瓷，也经 1 炉次 CVI 处理，图中标记为 0。

对曲线进行观察，在每条曲线上都发现了多峰，每一次应力的波动都意味着陶瓷试样空间结构的承载层有局部损伤，载荷波动前后的曲线走势和斜率近似说明材料在有局部损伤的状态下仍能承载，且局部损伤对试样的压缩性能影响不大。空间立体多层承载的结构使得试样在局部承载结构被破坏后，仍能依靠其他位置的支撑结构继续承载。

从图 6-33 中可看出，在引入 SiO_2 纤维后，陶瓷块体的压缩强度均有所增加，引入 SiO_2 纤维的含量不同，压缩强度也不同。总体趋势是随着 SiO_2 纤维含量的增多，试样的压缩强度随之升高，在 5%（质量分数）时，压缩强度达到极值，最高可达 107.5MPa，是原始陶瓷试样的 3 倍，在纤维含量为 10% 时，试样的压缩强度降低，降至 60MPa，但仍比 1% 和 3% 时试样的压缩强度高。因此，引入 SiO_2 能够增大试样的抗压强度，使试样能够承受更大的应变而不发生破坏。

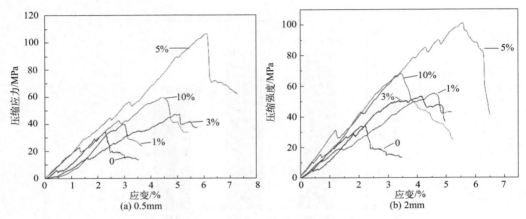

图 6-32 引入 SiO_2 纤维的应力-应变曲线

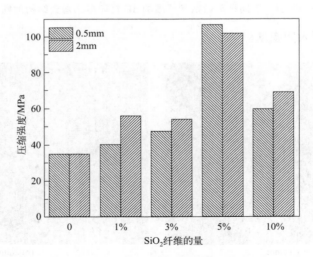

图 6-33 引入 SiO_2 纤维后试样的压缩强度

试验中选取了 0.5mm 和 2mm 两种不同长度的 SiO_2 纤维来增强 Al_2O_3 陶瓷基体，从应力-应变曲线（图 6-32）与压缩强度（图 6-33）中能够看出，虽然长度不同，但各自引入纤

纳米增强体有序组装三维结构陶瓷基复合材料

维的含量对陶瓷的增强规律是一致的。因此，在本节中只讨论引入长度为 2mm 的 SiO_2 纤维，来研究纤维含量对陶瓷压缩性能的影响。

对 2mm 纤维试样的应力-应变曲线进行线性拟合，求出各试样的模量值，如图 6-34 所示。图中可以看出添加较少量的 SiO_2 纤维时（1%、3%），试样的模量并没有明显的变化，在纤维量增多至 5% 与 10% 时，试样的模量有了较为明显的提升，相较于原始试样，提升幅度可达 1GPa。SiO_2 纤维添加量为 5% 与 10% 时，两者的模量值较为接近，均在 2.5GPa 左右。

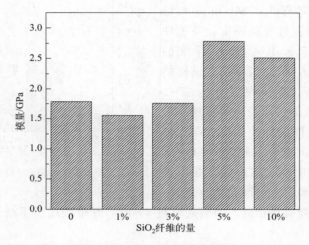

图 6-34　2mm 纤维试样模量值

在引入 SiO_2 纤维含量较低（<5%）时，SiO_2 纤维对试样的模量并没有明显的影响，添加 SiO_2 纤维后试样的模量近似于原始的 Al_2O_3 陶瓷试样。分析原因，是由于 SiO_2 纤维添加量过少，且都分散在陶瓷的立体多孔结构中，所以纤维多直接附着于陶瓷表面，附着密度不高，没有对陶瓷结构产生有效的支撑。而当含量逐渐达到 5% 左右，纤维能够在陶瓷的多孔结构中充分分散，在多孔结构中能够形成很多的支撑结构，经 CVI 工艺后会固定在陶瓷表面形成加强结构（图 6-35）。这些试样在进行压缩试验时，SiO_2 纤维的增强结构会在试

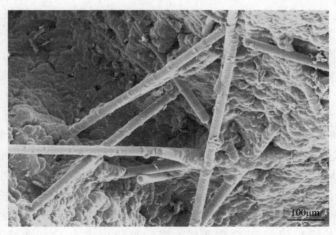

图 6-35　SiO_2 纤维增强结构

样有微变形趋势时阻碍微变形的产生，提升试样整体的刚度。在引入 SiO_2 纤维含量达到10%后，模量的计算显示纤维对陶瓷结构的增强效果与5%时相比有少许降低，可以推测此时纤维填充多孔陶瓷结构已达到饱和，多出的纤维不能形成有效的支撑结构，只是单纯地堆积在陶瓷表面，对陶瓷的性能没有增益。

通过载荷-位移曲线计算试样破坏时结构的吸能，图 6-36 给出各曲线吸能数据。首先，在未引入 SiO_2 纤维时，多孔 Al_2O_3 陶瓷自身的吸能很少，只有 $0.07MJ/m^3$，韧性较低，这与 Al_2O_3 陶瓷自身高硬度、高脆性的特性有关。相比于未引入 SiO_2 纤维的 Al_2O_3 陶瓷试样，引入 SiO_2 纤维后，试样的吸能有了较大的提高，提高幅度可达 4～9倍。这表明 SiO_2 纤维的引入较为明显地改善了多孔 Al_2O_3 陶瓷试样的韧性，使试样在被破坏前能够吸收更多的能量。同样，SiO_2 纤维的含量多少对试样吸能也有影响。在引入量较低（1%、3%）和引入纤维过多（10%）

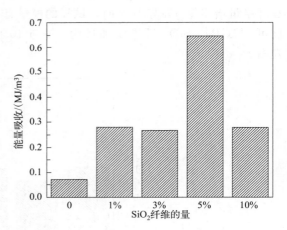

图 6-36　2mm 纤维试样吸能计算

时，纤维对试样的增韧效果相近，当引入量在5%时，纤维表现出了极强的增韧效果，吸能提升了9倍。

图 6-33 给出了两种不同长度的纤维增强陶瓷试样的压缩强度值，可以发现当纤维引入量较少时，2mm 长度的纤维增强试样有更高的压缩强度，在纤维引入量为1%（质量分数）时，2mm 纤维试样的压缩强度比 0.5mm 纤维试样大 15MPa。图 6-37 为两种长度 SiO_2 纤维的模量与吸能柱状图。在模量方面，当纤维引入量较少时（<5%），两种长度的纤维对试样的增强作用均不明显，但当引入量增多后，引入 2mm 纤维的试样的模量要比 0.5mm 纤维试样大 0.5GPa。在吸能方面，注意到纤维引入量较少时，2mm 的 SiO_2 纤维对试样的吸能有较明显的增益作用，在引入量为1%时，2mm 试样的吸能可达到 0.5mm 试样吸能量的3 倍，达到 $0.3MJ/m^3$，这种增益作用在引入量达到3%时几近消失，在引入更多纤维时，0.5mm 试样反而有较高的吸能，不过此时两者吸能相差不大。从纤维长度方面分析，推测在引入较少量的纤维时，部分 2mm 纤维在陶瓷空间结构内分布，能够形成少量的支撑结构，在承载时能够对试样起到支撑作用，增强试样的承压能力。而 0.5mm 的纤维因长度过短，且添加的纤维量很少，无法在试样内形成支撑结构，对试样整体的抗压性能没有明显增益作用。

与 SiC 相比，Si_3N_4 晶须具有更加优良的耐高温性、抗热震性、高强度、高模量和良好的化学稳定性。同时，Si_3N_4 晶须与 SiC、Al_2O_3 等陶瓷基体具有良好的物理和化学相容性，Si_3N_4 晶须在增强这些陶瓷形成复合材料时，能够使材料的复合性能得到较好的发挥。且在众多引入方式中，原位生长方式所引入的增强体均在基体表面原位生长而得，与基体连接较为紧密，形成的复合材料有更好的性能。因此在本节实验中，以原位生长的方式向 3D 打印的多孔 Al_2O_3 陶瓷基体中引入 Si_3N_4 晶须，探究其对陶瓷压缩力学性能的影响。

试样在压缩试验后生成载荷-位移曲线，经计算绘出应力-应变曲线与压缩强度（图 6-38）。从图中可以看出，在引入 Si_3N_4 晶须后，试样的压缩强度可达 121.13MPa，而原始的

纳米增强体有序组装三维结构陶瓷基复合材料

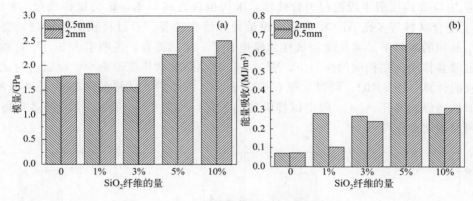

图 6-37　SiO₂ 纤维的模量（a）与吸能（b）

多孔 Al_2O_3 陶瓷的压缩强度仅有 33.97MPa，提升可达 3 倍。故引入 Si_3N_4 晶须能够增强多孔陶瓷的抗压性能，使试样能够承载更大的应力而不发生破坏。同时，曲线的多峰也显示出在压缩试验过程中，试样有局部承载了区域的破坏，这与多孔试样的结构特性有关。

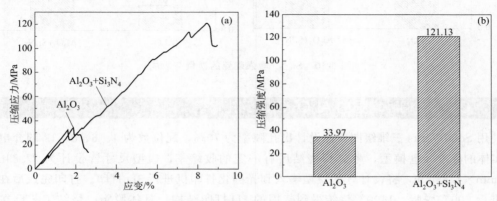

图 6-38　试样应力-应变曲线（a）与压缩强度（b）

压缩试验后，对破坏的试样进行 SEM 观察，能够发现试样内部孔隙中有如图 6-39（a）所示的三维网状晶须团，图 6-39（b）显示了晶须断口形貌，圆形断口中心小圆为原位生长的晶须，外围包裹 CVI 沉积的 SiC。

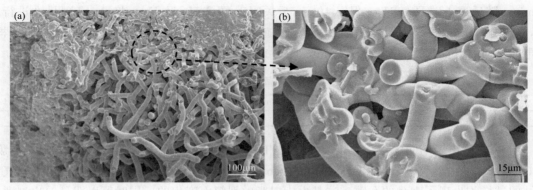

图 6-39　试样破坏后 Si_3N_4 晶须微观形貌

对应力-应变曲线前半段进行拟合处理，求得拟合直线斜率，记为试样模量（k），图 6-40 给出了复合材料与多孔 Al_2O_3 陶瓷的模量计算值和吸能。通过柱状图的比较，能够发现在 Si_3N_4 晶须的增强下，多孔陶瓷试样的模量有了一定的提升，说明引入 Si_3N_4 对陶瓷的刚度有一定增益作用，在相同的应力下，引入 Si_3N_4 晶须的试样变形更小。而通过对试样在破坏时的吸能计算（图 6-40），可以发现在引入 Si_3N_4 晶须后，试样的吸能有了显著的提升，能够近似达到原始多孔 Al_2O_3 陶瓷试样吸能的 6 倍。说明引入 Si_3N_4 晶须对多孔陶瓷结构有较为明显的增韧作用。

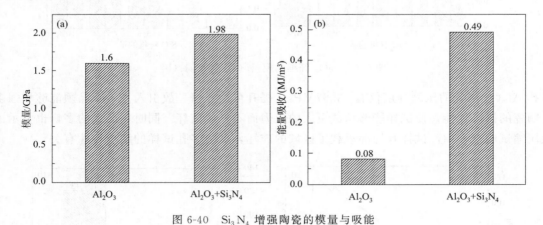

图 6-40 Si_3N_4 增强陶瓷的模量与吸能

6.4.7 CVD CNTs 增强的 Al_2O_3/SiC 多孔陶瓷

使用 SolidWorks 三维绘图软件设计出孔隙率为 70%，配位数为 4、6、8、12 的介电模型以及实体的标准介电模型，考虑到烧结后有一定的收缩率，模型尺寸皆设计为 27.89mm×12.39mm×4.88mm，将设计好的模型输入到光固化打印机进行 3D 打印。打印完成后在管式炉中进行 600℃脱脂、1400℃烧结得到待用的 3D 打印结构。具体脱脂、烧结工艺已在第二章详细描述，这里不再叙述。随后在双管式炉中进行 CNTs 原位生长。CVD 法催化生长 CNTs 的过程如下。首先配制浓度为 1%（质量分数）的氯化镍无水乙醇溶液，随后真空浸渍 30min，把催化剂浸入多孔陶瓷中，放入通风橱内自然晾干。将晾干的介电试样置于管式炉中，CVD 工艺参数如表 6-1 所示。通入 H_2、Ar，以 10℃/min 升温至 770℃，保温 10min，随后通入碳源 C_2H_4，保温 10min 后关闭碳源 C_2H_4 及 H_2，将 Ar 开到最大进行清洗，以 10℃/min 进行降温，待降到 300℃后随炉冷却，即获得 CNTs 复合的 3D 打印结构，介电测试时将样品尺寸打磨为 22.86mm×10.16mm×4mm。

表 6-1 CVD 法制备 CNTs 的工艺参数

T/℃	$[H_2]$/(mL/min)	$[C_2H_4]$/(mL/min)	$[Ar]$/(mL/min)	t/min
770	60	60	180	10

图 6-41 给出了不同气氛烧结以及经过 CVD CNTs 后 3D 打印标准介电试样的微观形貌。图 6-41(a) 为在空气中烧结的试样，图 6-41(b) 为在 Ar 中烧结的试样，可以看出不同气氛烧结的试样均出现了大量的孔隙，这是由于树脂的裂解而产生的，同时可以明显看出这两种气氛处理后的表面形貌不同，这是由于在 Ar 中烧结的试样残碳均匀附着于结构中。图 6-41

纳米增强体有序组装三维结构陶瓷基复合材料

（c）和（d）为在 Ar 中烧结的试样经过原位生长 CNTs 后的断面形貌，图 6-41（e）和（f）为在空气中烧结的试样经过原位生长 CNTs 后的断面形貌，可以看出在 Ar 中烧结试样原位生长的 CNTs 在结构中零星分布，数目较少，分布密度低，管状不太明显。这是因为 Ar 中烧结的试样在生长 CNTs 时出现了羟基积碳现象，残碳的存在影响了催化剂的活性位点及操作稳定性，抑制了 CNTs 的形核与生长，造成 C_2H_4 高温裂解后碳在结构表面的堆积，进一步封闭了活性位。而在空气中烧结的试样，原位生长的 CNTs 较好地填充在孔隙中，分布均匀，数目较多，表面粗糙度较低，单根纳米管轮廓也清晰可辨，CNTs 相互搭接，联结成网。在 770℃ 的温度下，Ni 颗粒的近表面区开始呈现出液相或半液相，大量的活性碳原子会被吸附而溶于其中，在界面区和表面区相连通的区域，碳原子浓度较其他地方大，更容易达到超饱和，导致两端形核和生长速率快于中间，最终生长成 CNTs。

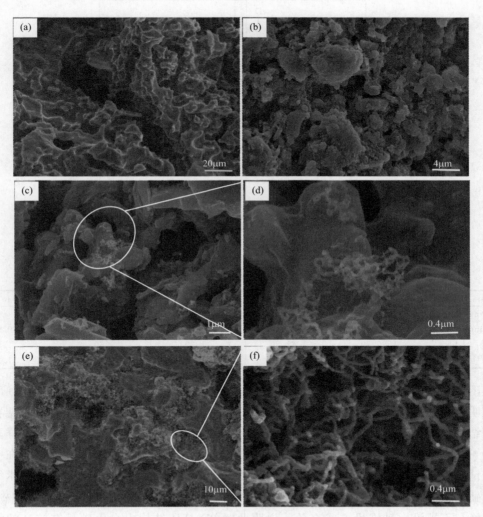

图 6-41　不同条件下处理的 3D 打印结构的微观形貌

（a）空气中烧结；（b）Ar 中烧结；（c），（d）Ar 中烧结后进行 CVD CNTs；（e），（f）空气中烧结后进行 CVD CNTs

　　图 6-42 是不同气氛处理的 3D 打印结构及经过原位生长 CNTs 后的拉曼光谱图。可以看出在 Ar 中烧结及不同气氛烧结后经过 CVD 处理过的试样均有两个典型的峰，其中位于

$1340 \sim 1360 cm^{-1}$ 的峰称之为 D 峰，与 CNTs 中的点、线、面缺陷和表面悬挂键有关；位于 $1580 \sim 1600 cm^{-1}$ 的峰是 G 峰，对应于 sp^2 碳原子之间的伸缩运动，也意味着石墨结构的存在。其中 D 峰和 G 峰的强度、位置和半高宽（FWHM）均与碳的结构相关。其中，半高宽越小，晶化程度越好，可以看出 $CNTs/Al_2O_3$ 具有较好的结晶度，而在 Ar 中烧结的试样由于残碳的存在结晶度最差。一般石墨的 G 峰会在 $1575 cm^{-1}$ 的位置，但是对于纳米石墨材料这样具有极小晶粒尺寸的材料来说，G 峰的位置会向高频率方向偏移。在图 6-42 中，CNTs 的 G 峰向高频方向偏移了 $11 \sim 25 cm^{-1}$，表明 CNTs 中存在纳米石墨结构。D 峰和 G 峰的强度比（I_D/I_G）表征碳簇的尺寸大小。表 6-2 给出了在空气中和 Ar 气氛中处理过的试样及经过原位生长 CNTs 后的 D 峰和 G 峰的位置、半高宽和 I_D/I_G 比值。

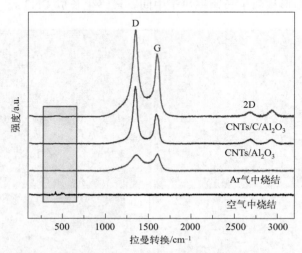

图 6-42　不同条件处理的 3D 打印结构的拉曼光谱图

表 6-2　不同条件处理试样的拉曼光谱参数

样品	G 峰位置/cm^{-1}	$FWHM_G$	D 峰位置/cm^{-1}	$FWHM_D$	I_D/I_G
Sintering in air	—	—	—	—	—
Sintering in Ar	1599.95	71.14	1358.04	171.39	0.93
$CNTs/Al_2O_3$	1586.79	61.80	1339.45	60.42	1.92
$CNTs/C/Al_2O_3$	1593.28	67.97	1344.47	76.82	1.38

从图 6-42 可以看出，相比于其他三个试样，在空气中烧结的试样没有出现 D 峰与 G 峰，说明试样中不存在 C，而是在 $400 \sim 600 cm^{-1}$ 可以观察到微弱的峰，这是氧化铝在高温下与烧结助剂 SiO_2 反应形成 Al_2O_3 的化合物（莫来石）的峰。在 Ar 中烧结的试样具有明显的 D 峰与 G 峰，I_D/I_G 为 0.93，经过 CVD CNTs 后，I_D/I_G 增大为 1.38，而在空气中烧结的试样经过原位生长 CNTs 后的 I_D/I_G 迅速增长为 1.92，意味其上生长的纳米线具有较高的缺陷密度和较低的石墨化程度。生长 CNTs 后的试样在 $2700 cm^{-1}$ 处均出现碳的 2D 峰，该峰与石墨沿 z 轴堆垛方式有关，说明此时 3D 打印结构中自由碳具有较高的结晶程度。在本章中为了描述方便，在后续研究中将空气中烧结的试样标记为 Al_2O_3，在 Ar 中烧结的试样标记为 C/Al_2O_3，在空气中烧结后原位生长 CNTs 的试样标记为 $CNTs/Al_2O_3$，在 Ar 中烧结后原位生长 CNTs 的试样标记为 $CNTs/C/Al_2O_3$。

通常，可以用屏蔽效能（SE）来评价材料的电磁屏蔽性能，屏蔽效能包括吸收屏蔽效

纳米增强体有序组装三维结构陶瓷基复合材料

能（SE_A）和反射屏蔽效能（SE_R）两部分。对屏蔽材料而言，强的电磁波反射和吸收都是有利的。当 SE_A 比 SE_R 大得多时，可被用来吸收电磁波。表 6-3 统计了不同结构及不同条件处理后试样的平均吸收、平均反射及平均总屏蔽效能，以便于更直观地比较数据。图 6-43 所示为空气气氛烧结不同结构试样原位生长 CNTs 后的三种屏蔽效能在 X 波段随频率变化的曲线，图 6-43（a）为吸收屏蔽效能，图 6-43（b）为反射屏蔽效能，图 6-43（c）为总屏蔽效能。从图中可以看出，在孔隙率相同的情况下，4 配位结构的 SE_A 和 SE_R 分别为 2.58dB 和 0.69dB，6 配位结构的 SE_A 和 SE_R 分别为 1.58dB 和 0.52dB，8 配位结构的 SE_A 和 SE_R 分别为 1.71dB 和 0.81dB，12 配位结构的 SE_A 和 SE_R 分别为 2.47dB 和 1.30dB，均表现为 SE_A 大于 SE_R，但都维持在较低水平，而未设计孔隙的结构 SE_A 和 SE_R 分别为 3.94dB 和 1.50dB，SE_T 分别为 3.27dB、2.10dB、2.52dB、3.77dB 和 5.44dB，整体表现为：标准样＞12 配位＞4 配位＞8 配位＞6 配位，通过 SolidWorks 软件计算，4、6、8、12 配位数介电试样的横截面积分别为 74.322mm²、36.311mm²、42.160mm²、85.452mm²，与电磁屏蔽效能呈现相同的变化趋势，造成这种现象的原因是横截面积越大，对电磁波的阻挡效果越好。

表 6-3　不同结构和不同条件处理试样的电磁屏蔽效能

试样	SE_A/dB	SE_R/dB	SE_T/dB	S_{min}/mm²
Al_2O_3	0.15	1.01	1.16	—
C/Al_2O_3	20.55	6.83	27.38	—
$CNTs/Al_2O_3$	3.94	1.50	5.44	—
$CNTs/C/Al_2O_3$	18.13	6.79	24.92	—
$CNTs/Al_2O_3$-4	2.58	0.69	3.27	74.322
$CNTs/Al_2O_3$-6	1.58	0.52	2.10	36.311
$CNTs/Al_2O_3$-8	1.71	0.81	2.52	42.160
$CNTs/Al_2O_3$-12	2.47	1.30	3.77	85.452

图 6-44 显示了不同气氛处理试样长 CNTs 后的三种屏蔽效能在 X 波段随频率变化的曲线，图 6-44（a）为 SE_A，图 6-44（b）为 SE_R，图 6-44（c）为 SE_T。从图中可以看出，在空气条件下烧结的 3D 打印标准试样的 SE_A 和 SE_R 分别为 0.15dB 和 1.01dB，SE_T 为 1.16dB，基本没有屏蔽性能，因为打印的坯体在烧结后陶瓷成分主要为 Al_2O_3，Al_2O_3 是一种低介低损的透波基体，常被作为 A 相，没有屏蔽效果。在空气中烧结的试样经原位生长 CNTs 后，SE_A 和 SE_R 分别为 3.94dB 和 1.50dB，SE_T 为 5.44dB，较没有 CNTs 的增长了 369%，这一方面归因于 CNTs 的加入，在原材料内部引入大量的移动载流子，使得材料的屏蔽性能变好，但是这个值仍处于较低水平。而在 Ar 中烧结的试样，SE_A、SE_R 和 SE_T 快速上升为 20.55dB、6.83dB 和 27.38dB，具有优异的电磁屏蔽性能，是典型的屏蔽材料，意味着 99.7% 左右的电磁波信号被材料屏蔽，并且其中绝大部分电磁波被吸收。这是因为在 Ar 中烧结后有残留的碳，这些碳是树脂的裂解产物，均匀分布在整个 Al_2O_3 陶瓷的孔隙结构中，碳的存在使电磁波入射到结构表面及内部时发生强烈反射，电磁波被损耗吸收，从而有效地阻挡了电磁波的通过。在 Ar 中进行烧结的试样在经原位生长 CNTs 后的 SE_A、SE_R 和 SE_T 分别为 18.13dB、6.79dB 和 24.92dB，与未经原位生长的相比略有下降，下降了 9%，结合微观形貌可以看出，在 Ar 中烧结的试样上所生长的碳纳米管稀稀疏疏很少，另外，试样经过打印、烧结、打磨，试样内部的结构无法保证完全一样，会存在一定的误差，但其仍具有优异的电磁屏蔽性能，并且同样以吸收为主，这种性能可以满足多数商业应用要求。

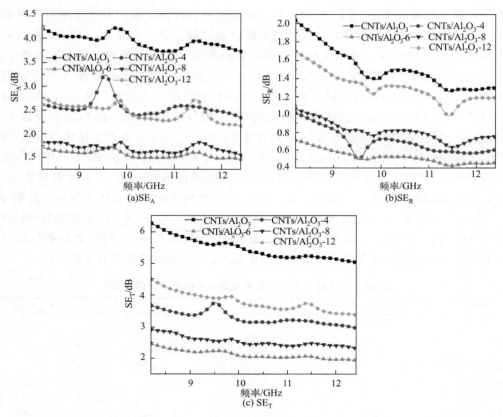

图 6-43　不同结构 CNTs/Al$_2$O$_3$ 试样的电磁屏蔽效能在 X 波段随频率变化的曲线

材料对入射电磁波的响应行为有反射、吸收和透过三种效应，其遵循光学定律。当电磁波进入到介电材料中时，电场会诱导产生两种电流，即传导电流和位移电流。在介电材料中，大部分电荷是受限的，不能直接参与导电。然而，在外部电场的作用下，这些束缚电荷可能发生位移而形成一个偶极子场，方向与外加电场相反，此时材料处于极化状态。位移电流矢量和总电流矢量之间的夹角正切值（tanδ）被称作介电损耗。介电材料的电磁性能可用复介电常数 ε 描述，如式（6-1）所示

$$\varepsilon = \varepsilon' - j\varepsilon'' \qquad (6-1)$$

式中，ε′ 和 ε″ 分别是介电常数的实部和虚部，介电损耗可用两者比值来衡量，如式（6-2）所示

$$\tan\delta = \varepsilon'' / \varepsilon' \qquad (6-2)$$

使用矢量网络分析仪测量不同结构 CNTs/Al$_2$O$_3$ 陶瓷在 X 波段的介电常数，结果如图 6-45 所示。图（a）为介电常数实部，图（b）为介电常数虚部，图（c）为介电损耗，呈现出标准结构的介电常数最大，12 配位结构的介电常数大于其他结构，6 配位结构的介电常数最小。3D 打印标准结构的平均介电常数实部和虚部分别为 4.0 和 2.14，介电损耗为 0.54，表现为中介中损，而微波吸收材料应该具备中等的介电常数实部和虚部，因而非常适合作为吸波材料。6 配位结构实部和虚部分别为 1.89 和 0.43，8 配位结构实部和虚部分别为 2.29 和 0.50，6 配位和 8 配位结构的介电损耗分别为 0.23 和 0.22，表现为低介电常数、低介电损耗特性，为低效率吸波材料。4 配位结构平均介电常数实部和虚部分别为 2.16 和 0.76，

纳米增强体有序组装三维结构陶瓷基复合材料

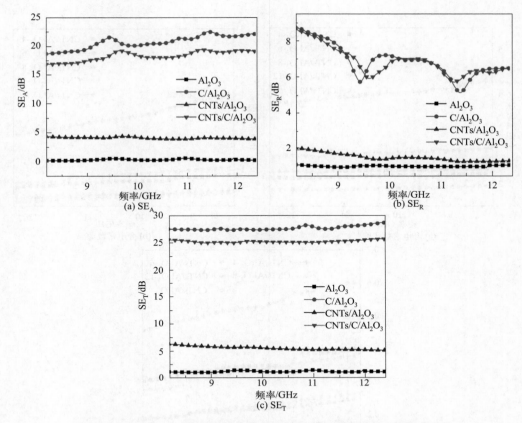

图 6-44 不同条件处理试样的电磁屏蔽效能在 X 波段随频率变化的曲线

介电损耗为 0.35，12 配位结构介电常数实部和虚部分别为 2.67 和 0.89，介电损耗为 0.33，在四种配位结构中，4 配位和 12 配位的介电常数和介电损耗较 6、8 配位高，具备一定的电磁波损耗能力。

MATLAB 根据介电常数可计算反射系数（RC），RC 的数值和电磁波反射百分比有着直接的关系，如式(6-3) 和式(6-4) 所示

$$dB = 10 lg \gamma \qquad (6-3)$$
$$r + a = 1 \qquad (6-4)$$

式中，dB 表示反射系数 RC 的值，r 表示电磁波反射部分所占百分比，a 表示吸收部分所占百分比。RC 可以更直观地反映材料电磁波吸收性能的高低，表 6-4 列出了一些 RC（dB）值对应的电磁波吸收百分数，可以看出 RC 的值越小，吸收电磁波的能量越多。当 RC 小于 −10dB 时，仅有不到 10% 的电磁波能量被材料反射，超过 90% 的电磁波能量被吸收，能满足大部分应用领域对材料吸波性能的要求。

表 6-4 反射系数 RC（dB）与吸收率之间的对应关系

RC/dB	−10	−15	−20	−25	−30	−35	−40	−45	−50
吸收率/%	90	96.838	99	99.684	99.9	99.968	99.99	99.997	99.999

图 6-46 是不同打印结构在 X 波段的反射系数。其中图 6-46(a)～(e) 分别为 4 配位、6 配位、8 配位、12 配位以及标准试样 5 种结构经过原位生长 CNTs 后的反射系数三维曲线图，可以看出，标准试样表现出最优异的吸波性能，其他配位结构虽然具备一定的吸波能

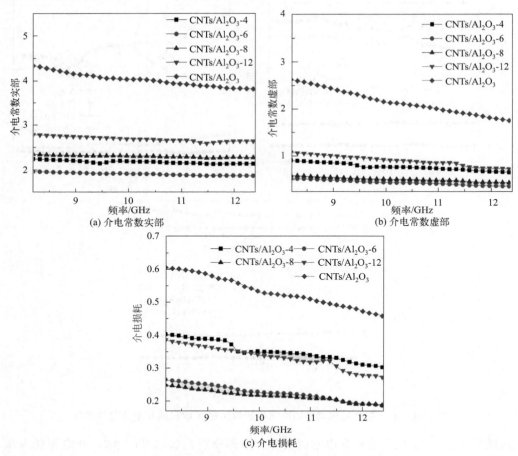

图 6-45　不同结构 CNTs/Al$_2$O$_3$ 陶瓷的介电性能

力，但性能较差。这是因为所打印的标准样在经过烧结后本身具备一定的孔隙率，原位生长的 CNTs 可均匀分布在整个标准样孔隙中，当电磁波在陶瓷内部传播时，电磁波和陶瓷内电子结构相互作用，原位生长的 CNTs 和 Al$_2$O$_3$ 的界面可以产生界面散射，将电磁波在材料内部吸收掉，从而消耗电磁波达到提高吸波性能的效果，而打印结构孔隙率为 70% 的不同配位数结构，使得进来的部分电磁波还未经反射、散射等消耗，就通过孔隙穿过了试样，所以会大大削弱吸波效果。图 6-46(f) 是厚度为 4mm 时不同结构反射系数随频率的变化曲线，从中可以看出当厚度为 4mm 时，标准试样的最小反射系数为 −41.59dB，而 4 配位、6 配位、8 配位、12 配位最小反射系数分别为 −6.64dB、−3.75dB、−4.49dB、−9.00dB，根据公式（6-3）、式（6-4）可计算出四种配位结构在厚度为 4mm 时分别有 78.323%、57.830%、64.437%、87.411% 的电磁波被吸收。整体趋势表现为 12＞4＞8＞6 配位，与横截面积具有相同的变化，这是因为横截面积越大，电磁波进入试样时越多的部分与材料内部电子作用而被消耗，没有横截面的部分电磁波会直接通过。

图 6-47 为 3D 打印标准结构 CNTs/Al$_2$O$_3$ 陶瓷在不同厚度下的反射系数，从图中可以看出，RC 曲线呈抛物线形，并且出现了一个最小值（RC$_{min}$），厚度为 3.85mm 时，CNTs/Al$_2$O$_3$ 复相陶瓷的最小 RC 为 −43.72dB，意味着 99.996% 的电磁波被材料有效吸收，表现出最优异的吸波性能；当厚度为 4mm 时，CNTs/Al$_2$O$_3$ 复相陶瓷的最小 RC 为 −41.59dB，

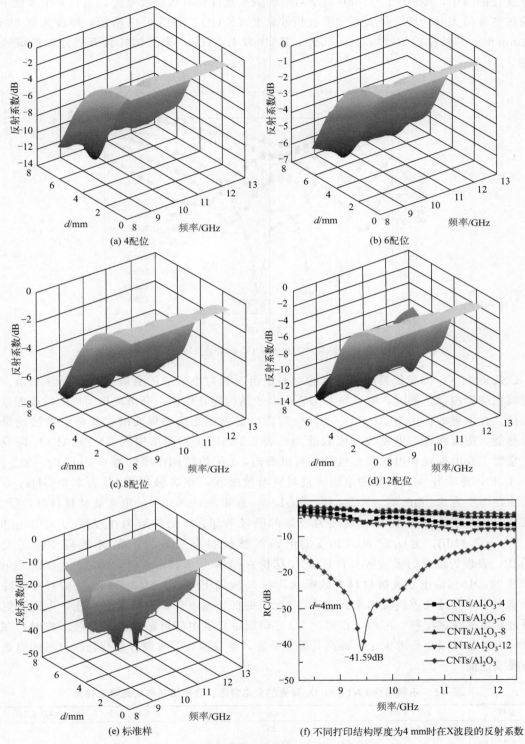

图 6-46　不同打印结构在 X 波段的反射系数

意味着有 99.99％的电磁波被材料有效吸收，同样具有极为优异的吸波性能。在反射系数随频率变化曲线中，RC 小于－10dB 时所对应的频率宽度为有效吸收宽度，当在某个厚度下所对应的宽度最大时，即为最大有效吸收频带宽度（EAB），如图 6-47 所示，厚度为 3.85mm 与 4mm 时，X 波段内 RC 均小于-10dB，EAB 为 4.2GHz，表明试样具有极好的微波吸收性能。

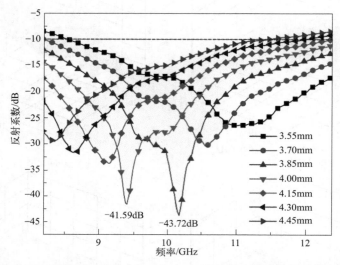

图 6-47　3D 打印标准结构 CNTs/Al$_2$O$_3$ 陶瓷在不同厚度下的反射系数

　　CNTs/Al$_2$O$_3$ 陶瓷优异的吸波性能主要是由于其对电磁波的衰减能力和干涉相消。当电磁波在陶瓷内部传播时，电磁波和陶瓷内电子结构相互作用，会出现界面反射以及能量消耗现象。在电磁波作用下，CNTs/Al$_2$O$_3$ 陶瓷内部极化弛豫和界面散射等将电磁波能量转化成热能，提高陶瓷对电磁波的吸收能力。表 6-5 列出了不同结构的 CNTs/Al$_2$O$_3$ 陶瓷的介电常数、介电损耗和电磁吸波性能，可以看出，4 配位结构在厚度为 6.1mm 时，RC$_{min}$＝－13.15dB，意味着 95.158% 的电磁波被材料有效吸收，在 X 波段 EAB 为 1.99GHz；6 配位结构在厚度为 6.5mm 时，RC$_{min}$＝－6.91dB，意味着 79.630% 的电磁波被材料有效吸收，在 X 波段 RC 均大于－10dB，表现为较差的吸波效果；8 配位结构在厚度为 6.5mm 时，RC$_{min}$＝－7.04dB，意味着 80.230% 的电磁波被材料有效吸收，在 X 波段 RC 均大于－10dB，表现为较差的吸波效果；12 配位结构在厚度为 6.15mm 时，RC$_{min}$＝－12.23dB，意味着 94.016% 的电磁波被材料有效吸收，在 X 波段 EAB 为 1.18GHz。结构对吸波性能的影响主要是通过孔隙横截面来影响的，6 配位的杆为垂直杆，宏观含有通孔，电磁波更容易通过孔隙而穿过材料。因而，在通过 3D 打印制备具有电磁屏蔽性能的超轻结构时，在结构设计上要通过减小孔隙大小，提高孔隙复杂度，避免通孔等来调控多孔超轻材料的电磁屏蔽与吸波性能。

表 6-5　不同结构 CNTs/Al$_2$O$_3$ 陶瓷的介电常数、介电损耗和电磁吸波性能

试样	ε'	ε''	tanδ	厚度/mm	RC$_{min}$/dB	EAB/GHz
CNTs/Al$_2$O$_3$-4	2.16	0.76	0.35	6.10	－13.15	1.99/4.2
CNTs/Al$_2$O$_3$-6	1.89	0.43	0.23	6.50	－6.91	0
CNTs/Al$_2$O$_3$-8	2.29	0.50	0.22	6.50	－7.04	0
CNTs/Al$_2$O$_3$-12	2.67	0.89	0.33	6.15	－12.23	1.18/4.2
CNTs/Al$_2$O$_3$	4.00	2.14	0.54	3.85	－43.72	4.2/4.2

6.5 ▶ 连续碳纤维 3D 打印 SiOC 陶瓷

6.5.1 连续纤维 3D 打印陶瓷原理

连续纤维 3D 打印陶瓷技术的原理如图 6-48 所示。以连续纤维与热塑性陶瓷前驱体为原材料，将陶瓷前驱体送入到 3D 打印头中，在打印头内部加热熔融，熔融陶瓷前驱体在推力作用下进入到打印喷嘴。同时，连续纤维通过纤维导管送到同一个 3D 打印头内，穿过整个打印头在喷嘴内部被熔融陶瓷前驱体浸渍包覆形成复合丝材，浸渍后的复合丝材从喷嘴出口处挤出，随后树脂基体迅速冷却固化，使得纤维能够不断地从喷嘴中拉出。同时，打印头在控制下不断运动，复合材料丝不断从喷嘴中挤出堆积，形成单层实体；单层打印完成后，Z 轴工作台下降层厚距离，重复打印过程，实现 3D 打印连续纤维增强热塑性陶瓷前驱体复合材料构件的制造。若想利用连续纤维 3D 打印技术打印高强韧性的陶瓷材料，则首先应研制出低温热塑性可用于 3D 打印、高温可裂解转化为陶瓷的材料。

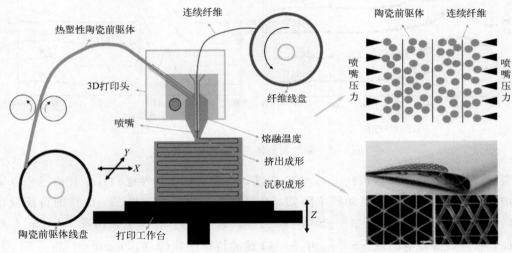

图 6-48 连续纤维 3D 打印陶瓷的原理示意图

6.5.2 热塑性陶瓷前驱体热行为规律

为制备可用于连续纤维 3D 打印的热塑性陶瓷前驱体，将热塑性树脂、陶瓷前驱体、交联固化剂按照一定比例进行均匀混合。图 6-49(a) 为混合后样品在低温下循环加热的差示扫描量热图（DSC），可以看出混合后的样品在两次加热过程中均可以熔融，具有良好的热塑性。

随后对样品进行高温裂解，对混合物的裂解产物进行表征，图 6-49(b) 是样品在不同温度下裂解产物的红外光谱图。由图中可以看出，在 $1074cm^{-1}$ 处有一个明显的吸收峰，在 $796cm^{-1}$ 处有较弱的吸收峰。经分析可得，$796cm^{-1}$ 处的吸收峰属于 Si—C 键的吸收峰，$456cm^{-1}$ 处的吸收峰应属于 $[SiO_4]$ 中 Si—O 键的吸收峰，故裂解产物为 SiOC 陶瓷。$1074cm^{-1}$ 处的吸收峰与 $[SiO_4]$ 中 Si—O 键在 $1090cm^{-1}$ 处的吸收峰相差了 $16cm^{-1}$，是

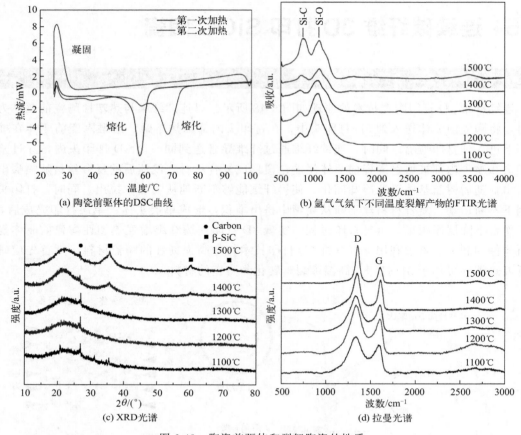

(a) 陶瓷前驱体的DSC曲线

(b) 氩气气氛下不同温度裂解产物的FTIR光谱

(c) XRD光谱

(d) 拉曼光谱

图 6-49　陶瓷前驱体和裂解陶瓷的性质

因为裂解产物中的一部分 C 取代了 O 与 Si 成键，由于 C 的电负性比 O 小，使得 Si—O 键的极性增大，弹性常数减小，振动频率降低，在红外光谱中就表现出 Si—O 键的特征吸收峰位置向低波数偏移，形成了一种 $[Si(O,C)_4]$ 结构。同时，在图中只出现 $1074cm^{-1}$ 处一个特征吸收峰，并没有出现 $[SiO_4]$ 中 Si—O 键的特征吸收峰（$1090cm^{-1}$）和 $[SiC_4]$ 中 Si—C 键的特征吸收峰（$830cm^{-1}$）这两个独立的特征吸收峰。这说明所形成的 $[Si(O,C)_4]$ 结构中，Si、C、O 三种原子是无序混合的，而不是 $[SiC_4]$ 和 $[SiO_4]$ 两相的简单混合。

图 6-49(c) 为样品在不同温度下裂解产物的 XRD 图谱，从图中可以看出，裂解产物表现出无定形结构，而且根据红外光谱分析可知裂解产物为 SiOC 陶瓷，SiOC 陶瓷常为无定形结构。在 $2\theta=22°$ 附近观察到一个较宽的峰，这对应的是无定形的 SiO_2，在 $2\theta=27°$ 处出现碳的微弱的衍射峰，说明在该温度下裂解生成了微量的碳。

当温度升高到 1300℃，XRD 图谱特征没有显著变化，说明裂解陶瓷在这个温度下保持稳定。当裂解温度达到 1400℃时，在 2θ 为 35.4°、60°、72°处出现微弱的吸收峰，对应的是 β-SiC，说明随着温度的升高，SiO_2 和自由碳发生了热还原反应，生成气体，导致质量损失。热还原反应方程式如式（6-5）所示

$$SiO_2(s)+3C(s)\longrightarrow SiC(s)+2CO(g) \tag{6-5}$$

当温度达到 1500℃时，SiC 吸收峰的强度增加，表明产生了更多的 SiC。同时，在红外光谱中 [图 6-49(b)]，随着热解温度的增加，吸收峰强度有明显变化，Si—C 键强度与 Si—O 键的比率逐渐增加，在 1500℃时，Si—C 键的强度甚至略高于 Si—O 键的强度，这也证明了较多 SiC 的产生。

图 6-49(d) 是样品在不同温度下裂解产物的拉曼光谱图。从 1100℃到 1500℃可以观察到峰位置，半峰宽和峰强的明显变化。谱图可以分成两个位置，即在 1335cm^{-1} 和 1600cm^{-1} 处的峰。位于 1335cm^{-1} 和 1600cm^{-1} 的两个峰分别属于自由碳的 D 模和 G 模。G 模是 sp^2 成键的碳 E2g 面内对称伸缩震动光学模。对于多晶或无定形碳，其峰的宽度随有序度的提高而减小。D 模只会在晶体中出现了缺陷的多晶石墨的拉曼光谱中出现。它是一种无序诱导（Disorder-induced）的拉曼模式。

表 6-6 是 G 模位置、半高宽和 I_D/I_G 比值。对于从 1100℃到 1500℃热解的 SiOC 陶瓷样品，可以从中观察到随着温度的增加，半高宽减小，这说明随着温度的升高，SiOC 陶瓷中自由碳结构有序度逐渐增加。I_D/I_G 比值可以用来表征存在缺陷的多少，从表中可以看出，I_D/I_G 在 1500℃时最大，表明此温度下，碳热还原反应更加剧烈，出现许多材料缺陷。

表 6-6　不同温度下裂解产物拉曼光谱的特征参数

温度/℃	G Peak		I_D/I_G
	位置/cm^{-1}	半高宽/cm^{-1}	
1100	1589	87	1.24
1200	1600	74	1.39
1300	1602	64	1.33
1400	1604	58	1.22
1500	1605	54	2.33

图 6-50 为不同温度下裂解陶瓷的扫描电镜照片。可以观察到，在 1100℃至 1300℃的温度范围内，陶瓷骨架表面仍然保持致密 [图 6-50(a)~(c)]。当温度达到 1400℃时，在表面上出现很多微裂纹 [图 6-50(d)]，这是碳热还原反应产生挥发性气体逸出造成的，印证了上文对 XRD 图谱的分析。

6.5.3　连续碳纤维 3D 打印 SiOC 陶瓷基复合材料

利用连续纤维 3D 打印机，可以制备连续纤维增强复杂结构件。图 6-51(a) 是连续碳纤维打印的陶瓷前驱体蜂窝结构。陶瓷前驱体经过固化热解后，得到连续纤维增强陶瓷基复合材料。图 6-51(b) 展示了打印陶瓷的弯曲性能，可以看出，加入连续碳纤维后，打印陶瓷的性能得到了很大的提升，经过 CVI 致密化工艺后，其性能再次大大提升，相比于未加纤维的提升了约 7 倍。

从 SEM 照片中可以看出，碳纤维周围围绕着致密的陶瓷 [图 6-51(c)]，并且纤维和陶瓷的界面结合良好 [图 6-51(d)]。同时，在 TEM 图像中也可以看到陶瓷和纤维的相对良好的结合界面 [图 6-52(a)]。高分辨率成像可以识别纤维和陶瓷的晶格。在图 6-52(b) 中可以看到短程有序的晶格结构，这是碳纤维的典型特征。在图 6-52(c) 中可以清楚地看到无定形陶瓷结构，电子衍射图也证明了这一点。EDS 光谱 [图 6-52(d)] 显示无定形陶瓷是 Si-OC 陶瓷，这与上文分析一致。

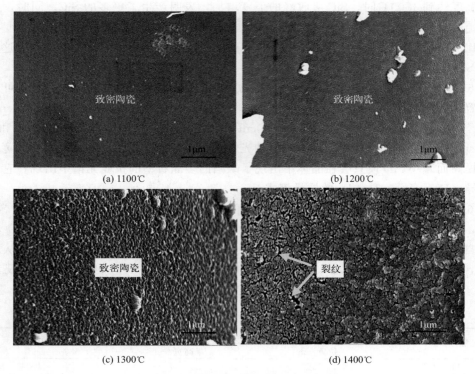

(a) 1100℃　　　　　　　　　　　(b) 1200℃

(c) 1300℃　　　　　　　　　　　(d) 1400℃

图 6-50　不同温度下裂解陶瓷的扫描电镜照片

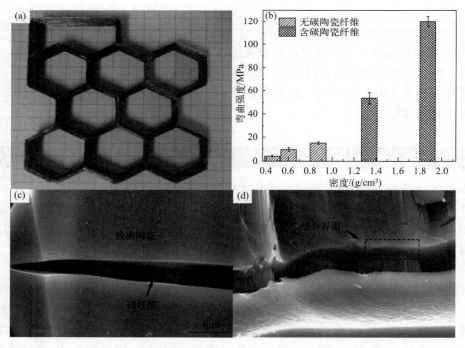

图 6-51　（a）连续纤维 3D 打印陶瓷前驱体蜂窝结构；（b）打印陶瓷的弯曲性能；
（c）致密陶瓷和碳纤维的 SEM 照片；（d）纤维和陶瓷的紧密结合界面的 SEM 照片

在打印过程中，一束碳纤维与熔融原料一起挤出。通常为了保护纤维，在一束纤维的外表面上有一层树脂。树脂层有助于打印过程的顺利进行，但会阻挡陶瓷前驱体进入纤维束。因此，纤维束内部的陶瓷基质很少［图 6-53(a)］。这种情况限制了连续纤维的增强。因此，样品需要致密化处理并且可以进一步提高强度。从样品致密化前后的截面 SEM 照片［图 6-53(a)，(b)］中可以看出，致密化之前，纤维束内部几乎没有陶瓷基体，连续纤维的增强作用受到了较大限制；而致密化之后，在纤维束内部填充了大量的 SiC 陶瓷，使得样品更加致密、纤维与基体有更多的界面结合，最终使得力学性能提高。

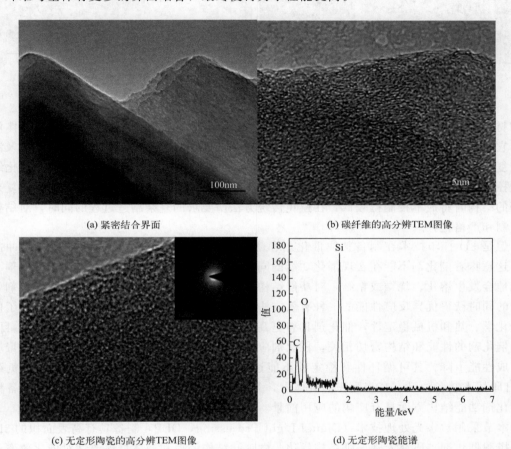

(a) 紧密结合界面 (b) 碳纤维的高分辨TEM图像

(c) 无定形陶瓷的高分辨TEM图像 (d) 无定形陶瓷能谱

图 6-52　连续碳纤维打印陶瓷样品的 TEM 显微照片

6.6 ▶ 3D 打印三维高比表面积催化剂载体结构

近年来，越来越多的研究集中在催化剂结构与催化效率之间的密切关系上。随着人们环保意识的增强，在光催化、电催化等领域，大量结构精细的高效催化剂被开发。同时，工业上的大规模应用和可持续合成的理念对探索新的催化剂体系提出了严峻挑战。由于功能材料的结构复杂，需要复杂的制备过程，同时这些成型方法成本高昂，无法实现大规模的生产和应用，因此需要更简单和灵活的方法来制备功能三维结构。

除了传统结构材料的制造之外，3D 打印技术的扩展应用也不断被探索，包括电化学、

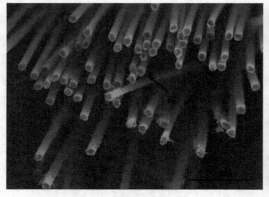
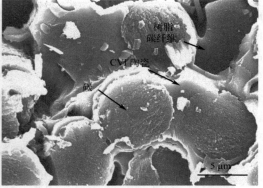

|(a) 致密化前|(b) 致密化后|

图 6-53　打印碳纤维增强陶瓷截面的 SEM 显微照片

生物材料和微流体装置的制备等。3D 打印技术在催化领域的重要应用之一是制备整体催化剂，它能够有效地解决温度快速变化过程中催化剂表面积减小、孔结构严重不稳定以及制备工艺复杂的问题。3D 打印技术的另一个潜在的应用是制备微反应器。打印得到的催化结构通过控制催化剂组分以及反应物的移动而与整个功能体系结合。3D 打印技术在制备复杂而精密的结构时将成本控制得较低，在避免传统方法所要求的复杂制造过程的同时，对结构进行定制和严格把控。

但是 3D 打印技术在制备整体催化剂和微反应器方面的致命缺点是强度低和耐冲击性差，这意味着催化剂不能在实现催化功能的同时承受外力。同时，在打印过程中催化剂不可避免地会发生熔化、烧结或粘结，对功能结构造成破坏。催化剂固定化是在提高催化剂可回收性的同时获得优异反应性能的一种有效方法。由于三维高比表面积催化剂载体提高了催化剂的化学、热和机械稳定性，催化剂具有更高的催化效率，可广泛用于工业生产中。目前，因为催化剂的性能和结构密切相关，催化剂应用的另一个制约是粉状催化剂会发生团聚现象而造成性能下降，其可循环性和稳定性不能达到实际生产的要求。因此，将催化剂负载在 3D 打印技术制备的具有高表面积的载体上，是获得超高催化效率的有效方法，在制备精细的催化剂功能结构方面具有广阔的应用前景。

本节采用数字光处理技术（Digital Light Processing，DLP）制备具有高表面积的 3D 载体并搭载催化剂，研究宏观三维结构优化、微观孔结构调控和载体材料改性对催化效率和稳定性的影响规律，为工程应用提供理论基础。研究了载体宏微观结构对催化性能的影响和研究活化改性与成分调控对催化性能的影响。分别研究了单元形状、单元尺寸、单元周期以及单元排布方式对催化性能的影响，设计并优化打印载体的宏观结构以获得利于搭载的高表面积；研究造孔剂种类和含量对微观孔结构和最终催化性能的影响；研究打印载体表面活化处理及氮掺杂对催化剂形貌和性能的影响；通过向打印浆料添加催化剂原料及调控浆料成分配比优化最终催化性能。

6.6.1　显微结构

通过 DLP 技术设计并打印制备了极小曲面三维结构，并通过化学镀方法在陶瓷载体表面镀铜进行化学改性，进而解决陶瓷材料导电性差的问题。通过电化学工作站对改性后的载

纳米增强体有序组装三维结构陶瓷基复合材料

体材料进行氧化，进而制备出具有高比表面积的海胆状纳米氢氧化铜针刺结构。通过溶胶-凝胶法在针刺表面搭载二硫化钼光催化剂，构建载体-催化剂复合体系，并对其光催化、力学、成分、电化学等性能进行表征。

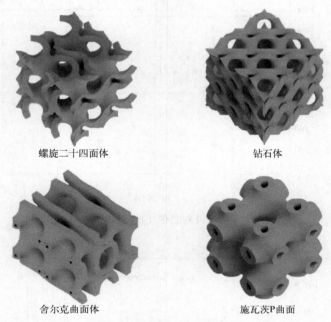

螺旋二十四面体	钻石体
舍尔克曲面体	施瓦茨P曲面

图 6-54　设计并打印的四种极小曲面结构载体

三周期极小曲面（Triply Periodic Minimal Surfaces）是一种在三维空间的三个方向中任意方向均具备周期性并可无限扩展的极小曲面。这种极小曲面大量存在于自然界中，如硅酸盐、溶质胶体等，因此其受到结构工程师的广泛关注。随着增材制造技术的迅猛发展，极小曲面的制造随之变得更为便捷。极小曲面可产生光滑连续、连通性良好的孔隙结构，不仅有简洁的几何描述，更在曲面内部连通，便于实际的流体运动，符合实际工业生产对催化材料及载体轻量化连通性结构的要求。选取了典型的 Gyroid（G）、Diamond（D）、Scherk（S）、Schwarz P（P）曲面作为载体结构，并通过三角函数近似描述，通过 3D 打印制备并于 1400℃烧结，获得陶瓷载体材料（图 6-54）。

市售陶瓷浆料的主要成分为 α-Al_2O_3 与 SiO_2，同时掺杂少量烧结助剂，通过光固化树脂在紫外光照射下成型。在散射角 $2\theta=30°$ 处的三个峰被认为是为了降低烧结温度而添加的烧结助剂。烧结后以 3∶2 的比例转化为莫来石（Mullite）陶瓷，分子式为 $3Al_2O_3 \cdot 2SiO_2$，TEM 选区电子衍射结果显示出均匀的衍射斑点阵，可证明烧结后的莫来石为单晶材料。在散射角 $2\theta=14°$ 和 39.5°处的明显衍射峰分别属于 MoS_2 的（0 0 2）和（1 0 3）面，从而清楚地证明了溶胶-凝胶法合成的 MoS_2 不是少层或单层结构（图 6-55）。

对 3D 打印得到的结构进行热重分析以此确定烧结过程中的温度控制。可以看出随着升温过程的开始载体的质量不断下降，在低温阶段，质量下降主要是来源于试样结晶水和浆料中有机溶剂的挥发，此过程发生的温度较低，过程也较短。但是 TG 曲线并未出现明显的下降，说明此过程的质量损失较小。从 200~600℃，质量损失速率显著加快，这证实此时树脂裂解且速率较快，在 400℃速率达到最大。DSC 曲线在 1200℃后由负变正，由于原料即

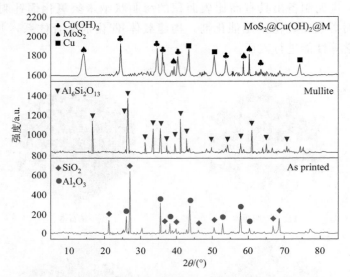

图 6-55　烧结前后及搭载催化剂后试样的 XRD 图谱

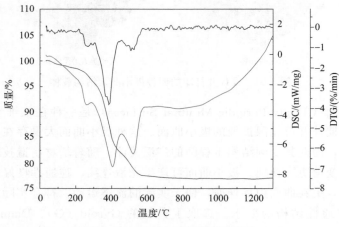

图 6-56　3D 打印试样的热重曲线

为 α-Al$_2$O$_3$，不存在晶型转化过程，主要是由于烧结成型过程放热造成的（图 6-56）。

由图 6-57 可以看出，在陶瓷浆料中添加碳酸氢铵造孔剂后，在陶瓷的烧结过程中，碳酸氢铵进行分解，产生的水蒸气、氨气和二氧化碳在聚集到一定气压后破裂从载体表面溢出，从而形成了大量的微米级孔隙，从而使表面结构更加复杂，从而从介观层面提高催化剂的搭载能力。

通过电化学方法制备的氢氧化铜针刺结构如图 6-58 所示。可以看到整个载体表面都由针刺状的氢氧化铜结构包覆，针刺长度在 2μm 左右，与载体表面垂直方向成一定夹角生长。每根氢氧化铜针刺由 3～5 根氢氧化铜纳米棒组成。同时较长时间的超声容易破坏氢氧化铜针刺的尖端，如图 6-59（a）所示，可以看到氢氧化铜针刺的断裂面。

从图 6-59 中可以看出二硫化钼催化剂已通过溶胶-凝胶法包覆在氢氧化铜纳米针刺表面，且在针刺结构的中部和前端包覆，在针刺的根部没有包覆，这保证了催化剂可以均匀地搭载到针刺结构的表面，而不是以大片或大颗粒形式覆盖在针刺结构表面，这既有效地分散

纳米增强体有序组装三维结构陶瓷基复合材料

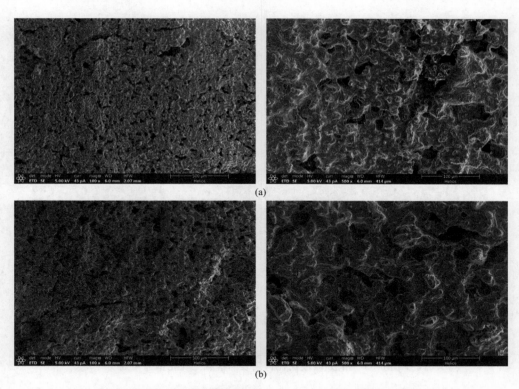

图 6-57　添加造孔剂碳酸氢铵前（a）后（b）微观孔隙结构变化

图 6-58　电化学方法制备氢氧化铜针刺结构

了催化剂避免团簇，也保护了氢氧化铜针刺结构不被破坏，进而在微观层面提供更多的催化剂搭载位点。

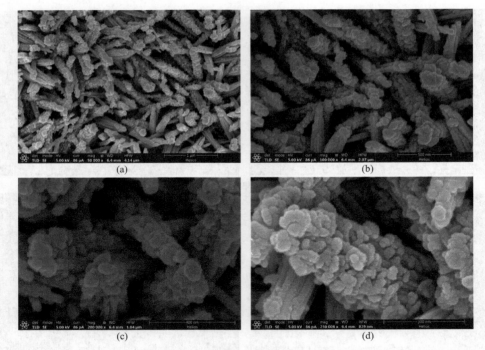

图 6-59　溶胶-凝胶法在针刺表面搭载二硫化钼催化剂

　　图 6-60 进一步解释了溶胶-凝胶法中二硫化钼搭载到氢氧化铜针刺表面的过程。二硫化钼先是形成小颗粒附着于针刺表面，随着反应进程不断聚集，最终包覆到整个针刺的中部和前部。这也解释了纳米针刺根部没有催化剂包覆的原因，由于针刺与溶液的润湿性使得结构较为密实的根部无法大量反应，进而几乎没有催化剂包覆。

图 6-60　溶胶-凝胶法在针刺表面搭载二硫化钼催化剂过程图

　　通过对搭载催化剂后的氢氧化铜纳米针刺进行能谱分析（图 6-61），证实所制备材料为搭载到氢氧化铜的二硫化钼，这与 XRD 结果吻合。

　　TEM 的元素分析与 SEM 的 EDS 面扫能谱分析是相契合的。选区电子衍射结果（图 6-62）处理后可以得出三条圆环由左向右分别对应二硫化钼的（１０３）、（１００）和（００４）晶面。高分辨结果显示晶格间距为 0.626nm，对应二硫化钼的（００２）晶面。

　　通过化学改性在莫来石陶瓷表面构建一层铜，这极大地改善了载体材料的导电性能（图

纳米增强体有序组装三维结构陶瓷基复合材料

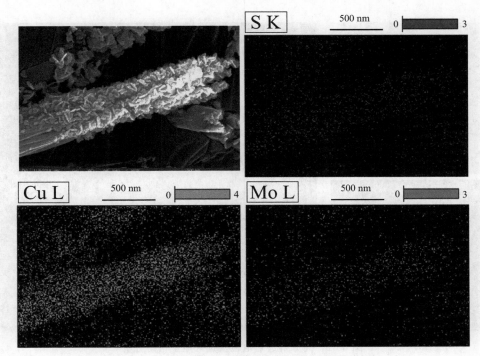

图 6-61　MoS₂@Cu(OH)₂@M 的 EDS 能谱分析

6-63)，但在电化学工作站氧化处理得到氢氧化铜及搭载的二硫化钼后，电导率有较为明显的下降，这主要是氢氧化铜和二硫化钼的导电性较差，增大了材料的电阻。由此可以证实光催化反应性能的提升主要是由于催化剂得到分散，有效避免了团聚从而暴露出更多的边缘活性位点，与能带变化无关。

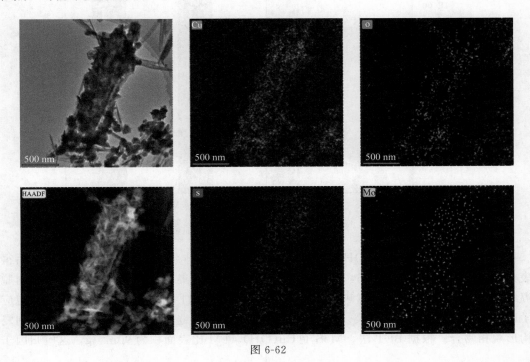

图 6-62

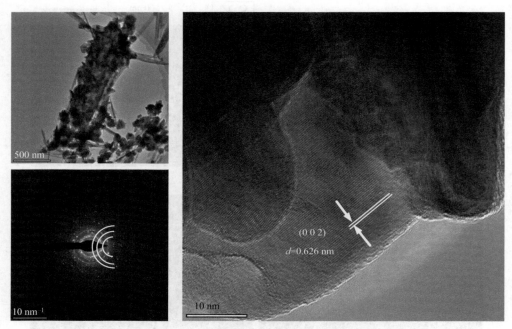

图 6-62 高分辨透射电镜及选区电子衍射分析

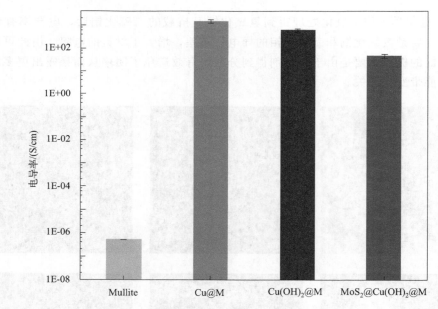

图 6-63 陶瓷载体改性及搭载催化剂前后导电性能

对搭载二硫化钼后的 $Cu(OH)_2$@M 载体-催化剂复合体系表征孔结构，处理数据后得到比表面积和孔径分布，由图 6-64 可以看出搭载后的孔主要集中在 2nm 左右。氮气吸附脱附等温线示出了 IV 型曲线，这意味着介孔结构的存在，同时回滞环的类型为国际纯粹与应用化学联合会重新分类后的 H3 类。H3 类回滞环见于产生狭缝的介孔，这与载体-催化剂复合结构形貌相吻合。根据 BET 法，MoS_2@$Cu(OH)_2$@M 比表面积为 $90m^2/g$，这应归因于纳

纳米增强体有序组装三维结构陶瓷基复合材料

米针刺结构上的纳米晶体。

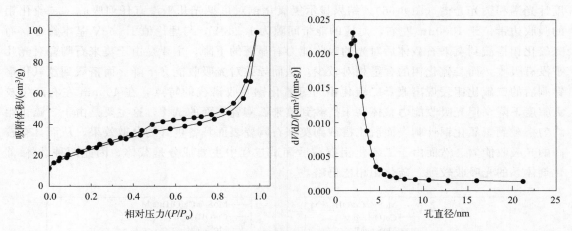

图 6-64   二硫化钼搭载 $Cu(OH)_2@M$ 载体后氮气吸附脱附曲线及孔径分布

6.6.2   催化及力学性能

分别测试了纯二硫化钼、$MoS_2@Mullite$、$MoS_2Cu(OH)_2@M$ 的光催化降解性能，由图 6-65 可以看出与纯二硫化钼相比，换算后相同质量催化剂下搭载到载体后均有提高，这主要是由于催化剂搭载后有效避免了团聚，使得催化剂能暴露出更多的活性位点。而搭载到氢氧化铜针刺后光降解效率的提升幅度更高，这说明从宏观-介观-微观三个层面的高比表面积载体的构筑极大地提高了催化剂的分散效果。同时，对于四种不同的极小曲面载体结构，D 曲面由于具有最高的比表面积，宏观层面搭载催化剂更多，从而表现出较高的催化效率，这说明催化剂载体的结构也较大程度影响了最后复合体系的催化效果。

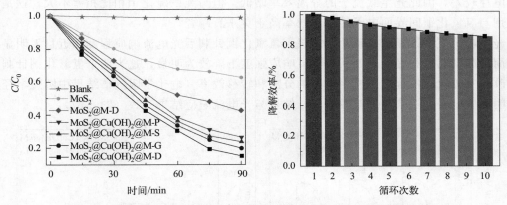

图 6-65   二硫化钼搭载 $Cu(OH)_2@M$ 载体前后光催化性能及循环实验

将光降解实验重复十次可以看出催化性能有所下降但逐步趋于稳定，最终保持在 85% 左右。这主要是由于每次反应结束后载体-催化剂复合体系的清洗过程会破坏部分氢氧化铜针刺，这在 SEM 图中已经被证实。同时，由于块状结构在光催化反应过程中会因搅拌而产生碰撞，也会造成微小的破坏，进而降低催化效果，但这一点是次要的，可以从催化效率趋于稳定这一点得到证实。

分别测试了纯二硫化钼、MoS_2@Mullite、$MoS_2Cu(OH)_2$@M-D 的紫外可见光分光光度计光谱和荧光光谱（图 6-66）。结果显示氢氧化铜对可见光几乎没有任何吸收。二硫化钼的吸收边带位于 1000nm 左右，对应的能带间隙为 1.24eV，与理论值 1.23eV 基本符合。而二硫化钼搭载到莫来石载体后对光的吸收能力有显著的下降，主要是由于莫来石陶瓷对光几乎没有吸收，而二硫化钼的含量相对较少，从而导致对光吸收能力下降。而搭载到氢氧化铜针刺后的二硫化钼表现出兼具二硫化钼与氢氧化铜吸收谱线的特点，在 400nm 左右产生较大幅度下降，但光吸收能力整体高于搭载到莫来石陶瓷表面的试样，这主要是由于二硫化钼均匀搭载到氢氧化铜针刺表面后比搭载到莫来石陶瓷表面具备更好的分散效果，从而具有较高的光吸收能力。然而由于二硫化钼搭载后测试过程中主要成分是载体，因此两种载体-催化剂体系的光吸收较纯二硫化钼相比仍略差。

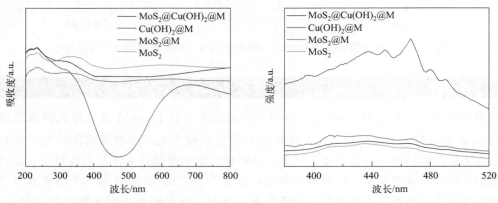

图 6-66 二硫化钼搭载 $Cu(OH)_2$@M 载体前后 UV-Vis 及 PL 光谱

PL 荧光光谱结果显示氢氧化铜荧光强度极高，说明其电子空穴对的复合极强。由于载体导电性较差，因此光生载流子的分离效率略低。但与纯二硫化钼相比相差不大，这是由于催化剂与氢氧化铜间界面电子转移的效率高于莫来石陶瓷。

光电流响应测试显示二硫化钼搭载到氢氧化铜针刺后光电流响应程度相近且无明显的差别，而搭载到莫来石陶瓷表面后光电流响应强度下降较为明显，这表明了氢氧化铜针刺并未显著改善二硫化钼催化剂中光生电荷的分离和转移效率。电化学阻抗谱结果中圆弧半径越小则表明光生电子和空穴更加有效分离，结果与光电流响应结果一致（图 6-67）。

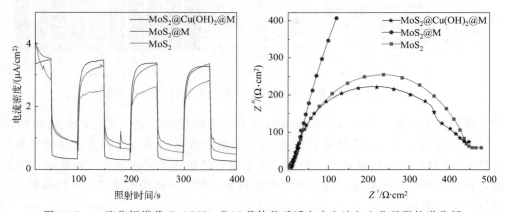

图 6-67 二硫化钼搭载 $Cu(OH)_2$@M 载体前后瞬态光电流与电化学阻抗谱分析

纳米增强体有序组装三维结构陶瓷基复合材料

对四种极小曲面结构进行压缩测试以表征其强度（图 6-68）。换算结果显示，D 曲面的强度、模量及断裂功是四种曲面中最高的，这主要是由于其较高的陶瓷体积分数，从而具有更好的承载能力。较高的断裂功也使得极小曲面结构在破坏前能吸收一定的能量，这对极小曲面结构作为载体是有利的。

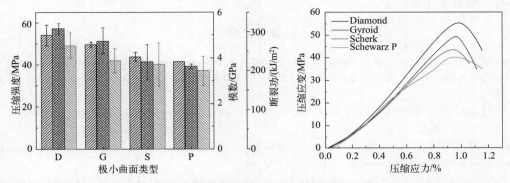

图 6-68　四种极小曲面压缩强度、模量、断裂功对比及典型压缩应力-应变曲线

通过纳米压痕对材料的模量与硬度进行表征，如图 6-69 所示，结果显示材料的模量为 92GPa，这个结果与通过孔隙率与模量公式计算得到的结果是一致的，但与压缩实验有较大的差距，主要原因有以下几点。首先是烧结助剂等添加剂的存在使陶瓷的成分不均一，不完全为莫来石陶瓷，破坏了结构的连续性与完整性；其次孔隙率不能代表纳米压痕受力局部的孔隙结构；烧结过程中热膨胀系数不匹配与微裂纹等进一步形成了缺陷；最重要的是烧结后的打印极小曲面不是完全平整的，广泛存在部分凸起与歪斜，在压缩过程中不完全表现为压缩破坏，可能存在局部的剪切破坏；由于测量的面积并不精确，也会影响最终计算得到的模量数值。

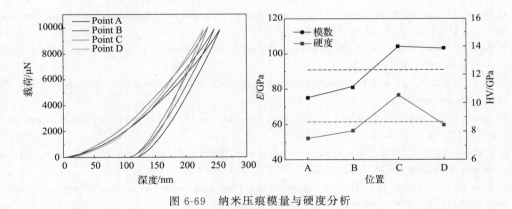

图 6-69　纳米压痕模量与硬度分析

6.7 ▶ 小结

3D 打印作为一种新兴的制造工艺，优势很突出，其不足也很明显。不论是何种打印方式，3D 打印的核心在于"分层制造，层层叠加"，层与层之间的结合强度必然没有陶瓷本体强度高，这就使得 3D 打印的多孔陶瓷在其本身的力学性能上要比传统方法制备的多孔陶瓷

逊色，在性能方面无法达到人们的实际应用要求。3D打印制备的多孔陶瓷在烧结后，陶瓷基体表面会产生微孔和微裂纹。这些缺陷会严重影响陶瓷本身的性能，进一步降低多孔陶瓷的强度。针对这一问题，在3D打印的多孔陶瓷中引入纳米增强体，再进行基体制备，能改善3D打印多孔陶瓷构件力学性能，也能打印复杂构件等。此外，一些材料还具有优异的电磁屏蔽、吸波等性能。

参考文献

[1] S. Li，W. Duan，T. Zhao，et al. The fabrication of SiBCN ceramic components from preceramic polymers by digital light processing（DLP）3D printing technology［J］. Journal of the European Ceramic Society，2018，38（14）：4597-4603.

[2] Z. C. Eckel，C. Zhou，J. H. Martin，et al. Additive manufacturing of polymer-derived ceramics［J］. Science，2016，351（6268）：58-62.

[3] D. Owen，J. Hickey，A. Cusson，et al. 3D printing of ceramic components using a customized 3D ceramic printer［J］. Progress in Additive Manufacturing，2018，3（1-2）：3-9.

[4] F. Doreau，C. Chaput，T. Chartier. Stereolithography for ceramic part manufacturing［J］. Ceramic Materials and Components for Engines，2007，12：353-357.

[5] H. Zhang，W. Ying，Y. Fu，et al. Advances in additive shaping of ceramic parts［J］. China Mechanical Engineering，2015，26（9）：1271-1277.

[6] W. Ji，H. Huang，L. Wen，et al. Forming methods of special ceramics［J］. Materials Review，2007，21（9）：9-12.

[7] T. D. Ngo，A. Kashani，G. Imbalzano，et al. Additive manufacturing（3D printing）：A review of materials，methods，applications and challenges［J］. Composites Part B：Engineering，2018，143：172-196.

[8] D. An，H. Li，Z. Xie，et al. Additive manufacturing and characterization of complex Al_2O_3 parts based on a novel stereolithography method［J］. International Journal of Applied Ceramic Technology，2017，14（5）：836-844.

[9] M. Lasgorceix，E. Champion，T. Chartier. Shaping by microstereolithography and sintering of macro-micro-porous silicon substituted hydroxyapatite［J］. Journal of the European Ceramic Society，2016，36（4）：1091-1101.

[10] C. Minas，D. Carnelli，E. Tervoort，et al. 3D printing of emulsions and foams into hierarchical porous ceramics［J］. Advanced Materials，2016，28（45）：9993-9999.

[11] H. Shao，D. Zhao，T. Lin，et al. 3D gel-printing of zirconia ceramic parts［J］. Ceramics International，2017，43（16）：13938-13942.

[12] Y. Li，Y. Si，X. Xiong，et al. Research and progress on three dimensional printing of ceramic materials［J］. Journal of the Chinese Ceramic Society，2017，45（6）：793-805.

[13] N. Travitzky，A. Bonet，B. Dermeik，et al. Additive manufacturing of ceramic-based materials［J］. Advanced Engineering Materials，2014，16（6）：729-754.

[14] L. C. Hwa，S. Rajoo，A. M. Noor，et al. Recent advances in 3D printing of porous ceramics：A review［J］. Current Opinion in Solid State and Materials Science，2017，21（6）：323-347.

[15] K. Zuo，D. Yao，Y. Xia，et al. The development of rapid prototyping technology and its application in ceramic product fabrication［J］. Materials China，2015，34（12）：921-927.

[16] 周振君，丁湘，郭瑞松，等. 陶瓷喷墨打印成型技术进展［J］. 硅酸盐通报，2000，19（6）：37-41.

[17] E. Sachs，M. Cima，P. Williams，et al. 3-Dimensional printing-rapid tooling and prototypes directly from a CAD model［J］. CIRP Annals-Manufacturing Technology，1990，39（1）：201-204.

[18] H. Liu，J. Mo，H. Liu. A review of three dimensional printing technology and its application［J］. Mechanical Science & Technology for Aerospace Engineering，2008（9）：1184-1186.

[19] 伍咏晖，李爱平，张曙. 三维打印成形技术的新进展［J］. 机械制造，2005，43（12）：62-64.

[20] P. Feng，X. Meng，J. Chen，et al. Mechanical properties of structures 3D printed with cementitious powders［J］. Construction and Building Materials，2015，93：486-497.

纳米增强体有序组装三维结构陶瓷基复合材料

[21] A. Butscher, M. Bohner, S. Hofmann, et al. Structural and material approaches to bone tissue engineering in powder-based three-dimensional printing [J]. Acta Biomaterialia, 2011, 7 (3): 907-920.

[22] D. Dimitrov, K. Schreve, N. de Beer. Advances in three dimensional printing - state of the art and future perspectives [J]. Rapid Prototyping Journal, 2006, 12 (3): 136-147.

[23] Z. Fu, L. Schlier, N. Travitzky, et al. Three-dimensional printing of SiC lattice truss structures [J]. Materials Science and Engineering: A, 2013, 560: 851-856.

[24] P. Patirupanusara, W. Suwanpreuk, T. Rubkumintara, et al. Effect of binder content on the material properties of polymethyl methacrylate fabricated by three dimensional printing technique [J]. Journal of Materials Processing Technology, 2008, 207 (1-3): 40-45.

[25] X. Liu, T. Tarn, F. Huang, et al. Recent advances in inkJet printing synthesis of functional metal oxides [J]. Particuology, 2015, 19: 1-13.

[26] W. F. Maier, K. Stöwe, S. Sieg. Combinatorial and high-throughput materials science [J]. Angewandte Chemie International Edition, 2007, 46 (32): 6016-6067.

[27] G. D. Martin, S. D. Hoath, I. M. Hutchings. InkJet printing - the physics of manipulating liquid jets and drops [J]. Journal of Physics: Conference Series, 2008, 105 (1): 1-14.

[28] D. Klosterman, R. Chartoff, G. Graves, et al. Interfacial characteristics of composites fabricated by laminated object manufacturing [J]. Composites Part A: Applied Science & Manufacturing, 1998, 29 (9-10): 1165-1174.

[29] D. Ahn, J. H. Kweon, J. Choi, et al. Quantification of surface roughness of parts processed by laminated object manufacturing [J]. Journal of Materials Processing Technology, 2012, 212 (2): 339-346.

[30] D. Klosterman, R. Chartoff, N. Osborne, et al. Laminated object manufacturing, a new process for the direct manufacture of monolithic ceramics and continuous fiber CMCs [C]. Proceedings of the 21st Annual Conference on Composites, Advanced Ceramics, Materials, and Structures-B: Ceramic Engineering and Science Proceedings, 2008, 18 (4): 112-120.

[31] A. K. Sridharan, S. Joshi. An octree-based algorithm for the optimization of extraneous material removal in laminated object manufacturing (LOM) [J]. Journal of Manufacturing Systems, 2001, 19 (6): 355-364.

[32] L. Jin, K. Zhang, T. Xu, et al. The fabrication and mechanical properties of SiC/SiC composites prepared by SLS combined with PIP [J]. Ceramics International, 2018, 44 (17): 20992-20999.

[33] J. P. Kruth, X. Wang, T. Laoui, et al. Lasers and materials in selective laser sintering [J]. Assembly Automation, 2003, 23 (4): 357-371.

[34] B. Khatri, K. Lappe, M. Habedank, et al. Fused deposition modeling of ABS-barium titanate composites: A simple route towards tailored dielectric devices [J]. Polymers, 2018, 10 (6): 1-18.

[35] Z. Weng, Y. Zhou, W. Lin, et al. Structure-property relationship of nano enhanced stereolithography resin for desktop SLA 3D printer [J]. Composites Part A: Applied Science and Manufacturing, 2016, 88: 234-242.

[36] B. Utela, D. Storti, R. Anderson, et al. A review of process development steps for new material systems in three dimensional printing (3DP) [J]. Journal of Manufacturing Processes, 2008, 10 (2): 96-104.

[37] X. Wang, M. Jiang, Z. Zhou, et al. 3D printing of polymer matrix composites: A review and prospective [J]. Composites Part B: Engineering, 2017, 110: 442-458.

[38] K. A. M. Seerden, N. Reis, B. Derby. Direct ink-jet deposition of ceramic green bodies: I - formulation of build materials [J]. Mrs Proceedings, 1998, 542: 141-146.

[39] K. Liu, H. Sun, J. Wang, et al. Techniques of 3D printing combined with densification processes for the fabrication of ceramic parts [J]. Advanced Ceramics, 2017, 38 (4): 286-298.

[40] Y. P. Kathuria. Microstructuring by selective laser sintering of metallic powder [J]. Surface and Coatings Technology, 1999, 116-119: 643-647.

[41] K. Subramanian, N. Vail, J. Barlow, et al. Selective laser sintering of alumina with polymer binders [J]. Rapid Prototyping Journal, 1995, 1 (2): 24-35.

[42] O. A. Mohamed, S. H. Masood, J. L. Bhowmik. Optimization of fused deposition modeling process parameters: A review of current research and future prospects [J]. Advances in Manufacturing, 2015, 3 (1): 42-53.

[43] J. S. Chohan，R. Singh，K. S. Boparai，et al. Dimensional accuracy analysis of coupled fused deposition modeling and vapour smoothing operations for biomedical applications ［J］. Composites Part B：Engineering，2017，117：138-149.

[44] 杨萌萌. 基于注射成型的 Al_2O_3 陶瓷 3D 打印技术工艺研究 ［D］. 兰州：兰州大学，2018.

[45] M. L. Griffith，J. W. Halloran. Freeform fabrication of ceramics via stereolithography ［J］. Journal of the American Ceramic Society，1996，79 (10)：2601- 2608.

纳米增强体有序组装三维结构陶瓷基复合材料